普通高等院校"十四五"精品教材

环境科学与工程概论

主　编◎ 张胜利

副主编◎ 杨红薇　　王　群　　陈海堰

　　　　刘翠容　　贺玉龙　　王绍笳

　　　　吴文娟

西南交通大学出版社
·成　都·

内容简介

本书简洁而系统地介绍了环境科学的基本概念、基本原理以及环境污染防治的主要途径与关键技术，同时引入典型案例和最新环境标准。在内容编排上，以各个环境要素为主线，并包含了生态学基础、环境评价及环境管理等方面的内容。全书共分八章，包括绪论、生态与环境、水污染防治、大气污染控制、固体废物处理与处置、土壤污染与防治、噪声及其他物理性污染控制、环境影响评价等内容。

本书可作为高等学校非环境专业学生学习环境科学或环境工程基础课程的教材，也可作为环境类专业学生的入门教材，还可作为环境保护管理和工程技术人员的参考用书。

图书在版编目（ＣＩＰ）数据

环境科学与工程概论 / 张胜利主编. — 成都 ： 西南交通大学出版社，2022.3
普通高等院校"十四五"精品教材
ISBN 978-7-5643-8552-1

Ⅰ. ①环… Ⅱ. ①张… Ⅲ. ①环境科学—高等学校—教材②环境工程—高等学校—教材 Ⅳ. ①X

中国版本图书馆 CIP 数据核字（2021）第 279938 号

普通高等院校"十四五"精品教材

Huanjing kexue yu Gongcheng Gailun
环境科学与工程概论

主编　张胜利

责任编辑	牛君
封面设计	GT 工作室

出版发行　西南交通大学出版社
　　　　　（四川省成都市金牛区二环路北一段 111 号
　　　　　西南交通大学创新大厦 21 楼）
邮政编码　610031
发行部电话　028-87600564　028-87600533
网址　http://www.xnjdcbs.com
印刷　四川森林印务有限责任公司

成品尺寸	185 mm × 260 mm
印张	16.75
字数	377 千
版次	2022 年 3 月第 1 版
印次	2022 年 3 月第 1 次
定价	39.80 元
书号	ISBN 978-7-5643-8552-1

课件咨询电话：028-81435775

前 言
PREFACE

　　环境是人类赖以生存和发展的基础。第二次产业革命以来，社会、经济和科学技术得到迅猛发展，环境问题也日益突出，成为全球共同面临的重要问题之一，世界各国对其广泛关注并付诸行动。然而时至今日，一些旧的环境问题尚未解决，新的环境问题又不断涌现。"极端气候""雾霾""新污染物""微塑料""垃圾分类""生态红线""碳达峰"和"碳中和"等新环境问题、新环境名词让人应接不暇。对新一代大学生而言，了解这些内容，掌握基本的环境科学知识，树立正确的环境观，是成为新世纪高素质复合型人才的重要一环。

　　环境科学与工程是伴随经济发展过程中出现的各种环境问题以及社会对解决环境问题的迫切需求而产生和发展的，是一门集自然科学、技术科学、工程科学和社会科学于一体的新兴综合性交叉学科。近年来，环境科学与工程学科迅猛发展，产生了诸多新的理论、方法和技术，相关法律法规也不断完善。我国"水十条""大气十条""土十条"已出台，生态文明建设和环境保护正以前所未有的力度加快推进。

　　本书简洁而系统地介绍了环境科学的基本概念、基本原理以及环境污染防治的主要途径与关键技术，并注意环境科学与环境工程两方面的内容并重，同时引入典型案例和最新环境标准。在内容编排上，以各个环境要素为主线，并包含了生态学基础、环境评价及环境管理等方面的内容。全书共分八章，包括绪论、生态与环境、水污染防治、大气污染控制、固体废物处理与处置、土壤污染与防治、噪声及其他物理性污染控制、环境影响评价等内容。在每一章前列出"学习要求"，章后精心设计了"思考题"，并在书中设置专栏介绍一些阅读材料、重要法律法规和典型的环境问题及案例。

本书可作为高等学校非环境专业学生学习环境科学或环境工程基础课程的教材，也可作为环境类专业学生的入门教材，还可作为环境保护管理和工程技术人员的参考用书。

本书编写分工如下：第一章，张胜利；第二章，杨红薇；第三章，王群；第四章，陈海堰；第五章，刘翠容；第六章，张胜利；第七章，王绍笳、贺玉龙；第八章，吴文娟。全书由张胜利负责统稿与审定。

本书的编写得到西南交通大学地球科学与环境工程学院、土木工程学院领导和老师们的大力支持，特别是李启彬教授、郑爽英副教授提出了许多宝贵的意见，在此深表谢意。本书的出版得到西南交通大学教材基金的立项支持。同时，衷心感谢所有为本书编写、审定、修改和出版付出辛勤劳动的相关人员。

本书引用了一些国内外相关文献和案例，在此对原作者表示诚挚的谢意。

本书编写工作中，在选材的科学性、知识性和新颖性等方面都做了很大的努力。但由于环境科学与工程是一门新兴学科，涉及的学科范围非常广泛，研究成果仍在不断丰富，再加上编者能力所限，书中难免有不完善之处，敬请读者提出宝贵意见。

编　者

2021 年 10 月

目 录

CONTENTS

第一章

绪 论

学习要求

1. 了解环境的概念和分类，环境要素的定义和属性。
2. 了解环境问题的产生与发展，掌握环境问题的概念、分类和特点。
3. 了解全球和我国的环境问题，世界和我国的环保历程。
4. 了解环境科学和环境工程学的概念、形成与发展，掌握其主要研究内容和任务。

引 言

    人类从诞生之日起就与自然环境产生了千丝万缕的联系，一方面依赖自然环境，另一方面又改变着自然环境。在漫长的相互作用过程中，环境问题逐渐累积并日益突显，成为21世纪全球关注的热点问题之一。为此，体悟和谐之道的先行者们开始关注并投身于医治满目疮痍的地球，环境理论和污染治理技术不断取得进展和突破，一门新的学科——环境科学与工程随之诞生。

第一节　环境概述

一、环境的概念

环境是一个古老而又内容宽泛的概念。它不能孤立存在，总是相对某一中心事物而言，是指某一主体周围的空间及空间中的介质。《世界大百科全书》对环境的定义是"环境是指生物体周围的物理和生物要素，其包括生物性要素（如植物、动物、微生物）和非生物性要素（如温度、土壤、大气和辐射）"。联合国环境规划署则将环境定义为"影响生物个体或群落的外部因素和条件的总和，其包括生物体周围的自然要素和人为要素。"

对环境科学而言，中心事物是人，因此环境的含义是以人为中心的客观存在。它包括自然环境与社会环境两部分。自然环境是指环绕于人类周围的各种自然因素的总和，由空气、水、土壤、阳光和各种矿物资源等环境因素组成，一切生物离开了它就不能生存。社会环境是指人类的社会制度等上层建筑条件，包括社会的经济基础、城乡结构以及同各种社会制度相适应的政治、经济、法律、宗教、艺术、哲学的观念与机构等。

我国环境法规对环境的定义相当广泛，包括前述的自然环境和人工环境。《中华人民共和国环境保护法》第一章第二条规定："本法所称环境，是指影响人类生存和发展的各种天然的和经过人工改造的自然因素的总体，包括大气、水、海洋、土地、矿藏、森林、草原、湿地、野生生物、自然遗迹、人文遗迹、自然保护区、风景名胜区、城市和乡村等。"

二、环境要素及其属性

1. 环境要素

环境要素又称环境基质，是指构成人类环境整体的各个独立的、性质不同而又服从整体演化规律的基本物质组分，分为自然环境要素和人工环境要素。自然环境要素通常指水、大气、生物、阳光、岩石、土壤等；人工环境要素包括综合生产力、技术进步、人工产品和能量、政治体制、社会行为、宗教信仰等。

环境要素组成环境结构单元，环境结构单元又组成环境整体或环境系统。例如，河流、湖泊、海洋等地球上各种形态的水体组成水圈；空气、水蒸气等组成大气圈；岩石和土壤构成岩石圈或称岩石-土壤圈；动物、植物、微生物组成生物群落，全部生物群落构成生物圈；阳光提供辐射并为上述要素所吸收。水圈、大气圈、岩石-土壤圈和生物圈

4 个圈层则构成了人类的生存环境——地球环境系统。

2. 环境要素的属性

环境要素具有非常重要的属性，这些属性决定了各个环境要素间的联系和作用的性质，是人类认识环境、改造环境、保护环境的基本依据。在这些属性中，最重要的是以下几种：

（1）环境整体大于诸要素之和。某处环境所表现出的性质，不等于组成该环境的各个要素性质之和，而是在量变（各个环境要素个体效应）基础上的质变。

（2）环境要素的相互依赖性。环境诸要素在地球演化史上的出现，具有先后之别，但它们又是相互联系、相互依赖的。

（3）环境质量的最差（小）限制律。环境质量的一个重要特征是最差限制律，即整体环境的质量不是由环境各要素的平均状态决定，而是受环境要素中那个"最差状态"的要素控制的，且不会因其他要素处于良好状态得到补偿。

（4）环境要素的等值性。是指各个环境要素，无论它们本身在规模上或数量上如何地不相同，但只要是一个独立的要素，那么对于环境质量的限制作用则无质的差别。不过，任何一个环境要素对于环境质量的限制，只有当它们处于最差状态时，才具有等同性。

三、环境的分类

环境作为一个十分复杂的大系统，可按不同的原则进行分类。

（1）按环境功能分为生活环境和生态环境。

生活环境是指与人类生活密切相关的各种天然的和经人为改造过的自然因素，如房屋周围的空气、河流、水塘、花草、树木、城镇、乡村等。

生态环境是指影响生态系统发展的各种生态因素即环境条件，包括气候条件（如光、热、降水等），土壤条件（如土壤的酸碱度、营养元素、水分等）、生物条件（如地面和土壤中的动植物和微生物等），地理条件（如地势高低、地形起伏等）和人为条件（如开垦、栽培、采伐等）的综合体。因此，生态环境中包括天然的自然因素和经过人工改造过的自然因素。

生活环境和生态环境密切相关，它们共同组成了人类的环境。我国《宪法》第 26 条规定：国家保护和改善生活环境和生态环境，防治污染和其他公害。

（2）按环境范围的大小分为：居室环境、街区环境、城市环境、区域环境（如流域环境、行政区域环境等）、全球环境和星际环境等。

（3）按环境要素的不同可分为：大气环境、水环境（如海洋环境、湖泊环境等）、土壤环境、生物环境（如森林环境、草原环境等）、地质环境等。

（4）按环境要素的属性可分为：自然环境和人工环境两类。

第二节　环境问题

人类社会发展到今天，创造了前所未有的文明，但同时也带来了一系列的环境问题。

一、环境问题及分类

1. 环境问题的概念

三四十年前，人们对环境问题的认识只局限在环境污染或公害方面，因此那时把环境污染等同于环境问题，而地震、水、旱、风灾等则为自然灾害。可是近年来，自然灾害发生的频率及受灾的人数都在增加。以水灾为例，20 世纪 60 年代，全世界平均每年受水灾人数为 244 万人，70 年代增加到 1540 万人，即 10 年之内受水灾人数增加了 6 倍之多。1998 年夏季，长江、松花江、嫩江发生特大洪水。据初步统计，包括受灾最重的江西、湖南、湖北、黑龙江四省，共有 29 个省（自治区、直辖市）都遭受了这场空前的自然灾害，受灾人数上亿，经济损失达 1600 多亿元人民币。2008 年，中国 20 个省（自治区、直辖市）受低温、雨雪、冰冻灾害影响，直接经济损失超过 1500 亿元人民币。2013年"雾霾"成为中国年度关键词。这一年的 1 月，4 次较大范围的雾霾过程笼罩 30 个省（自治区、直辖市），在北京，仅有 5 d 不是雾霾天。

随着自然灾害日益频繁，人们对环境问题有了新认识。环境问题，可以从广义和狭义两个方面理解。广义的环境问题指在自然因素或人类活动的干扰下，环境质量下降或环境系统结构损毁，出现不利于人类及其他生物生存与发展的问题。狭义的环境问题是指人类的生产和生活活动，使自然生态系统失去平稳，反过来影响人类生存与发展的问题。

2. 环境问题的分类

从引起环境问题的根源考虑，可以将环境问题分为两类（图 1-1）：原生环境问题和次生环境问题。原生环境问题是由自然力引起的环境问题，又称第一类环境问题，如地震、洪涝、台风、干旱、海啸、泥石流和山体滑坡等。次生环境问题是由人类不恰当的生产活动所引起的环境问题，又称第二类环境问题。

```
              ┌ 原生：地震、海啸、干旱、洪涝、虫灾等
              │
              │            ┌ 环境污染 ┌ 污染：水体、大气、土壤等
环境问题 ┤            │         └ 干扰：噪声、振动、电磁辐射等
              │ 次生 ┤
              │            └ 生态破坏：森林破坏、草原退化、沙漠化、盐碱化、水土流失、物种灭绝等
```

图 1-1　环境问题的分类

次生环境问题又分为环境污染和生态破坏两大类。其中环境污染是指人类在工农业生产和消费过程中向自然环境排放的有毒污染物或污染因素，超过环境容量和环境自净

能力，使环境的化学组成与物理状态发生了改变，环境质量恶化，扰乱和破坏了生态系统，从而影响和破坏人类正常的生产和生活的现象。生态破坏主要指人类的社会活动引起的生态退化及由此而衍生的有关环境效应，它们导致了环境结构与功能的变化，对人类的生存与发展产生了不利影响。如过度砍伐引起森林覆盖率锐减，过度放牧引起草原退化，毁林开荒造成水土流失和沙漠化等。

目前，第一环境问题尚不能有效防治，只能侧重于监测和预报。环境科学领域所研究的环境问题主要指第二类环境问题。

二、环境问题的产生与发展

人们对环境问题的认识，不过是近几十年的事情。但实际上，环境问题并不是今天才发生的事情，而是伴随着人类的出现而产生的，只不过由于近年来人类对环境的掠夺和破坏加剧，遭受大自然的反噬之后，人类对环境问题才有了深刻的认识。环境问题正由小范围、低程度的危害，发展到大范围、对人类生存环境造成不容忽视的危害。一般来说环境问题的发展大致经历了以下 4 个阶段。

1. 采集和狩猎阶段

在人类诞生后很长的一段时间里，人口数量很少，生产力水平极低，人类生活完全依赖于自然环境，人类只是利用自然环境而很少有意识地去改造环境。那时，人们只能聚集在水草丰盛、气候适宜的地方，过着采集和狩猎的生活，主要以生活活动及生理代谢过程与环境进行物质和能量的交换。当采集和狩猎超过一定限度以后，居住区周围的物种被消灭，人类自身的食物来源遭到破坏，人类的生存受到威胁，早期的环境问题便产生了。为了生存，人类只能从一个地方迁徙到另一个地方，寻找足够的食物以维持自身的生存和发展，这也使被破坏的自然环境得以恢复。

2. 农业文明时期

随着人类的进化和生存能力的增强，人类在土地肥沃、雨水充足的地方稳定居住下来。为满足生活的需要，人类开始驯化和饲养动物、种植植物，原始的农业和畜牧业产生。人类自身的力量开始影响和改变局部地区的自然环境，与此同时引发了相应的环境问题。例如，砍伐森林、破坏草原、刀耕火种、反复弃耕，导致水土流失、土壤沙化；又如，兴修水利、不合理灌溉，往往引起土壤的盐渍化和沼泽化，使肥沃的土壤变成了不毛之地。人口集中产生的垃圾和污水造成了早期的一些环境污染问题。但此时人类对自然的作用还远远达不到造成全球范围环境破坏的程度，加上当时的生产技术有限，人类排入环境中的污染物都是自然界已经存在的物质，土壤中的微生物通常在一定时期内将其分解掉。

3. 工业文明时期

18 世纪 60 年代，瓦特发明了蒸汽机，人类文明史进入了以使用蒸汽机为标志的工业革命阶段。生产力获得了飞跃发展，社会大生产取代了手工劳动，交通和航海的发展使人类的足迹几乎遍及地球生物圈的各个部分，人类活动影响了整个地球的生物化学循环。随着生产力的迅猛发展，人类对资源的开发利用强度迅速增加。工业化引发了大批农民进入城市，使人口更加集中，城市的规模和数量不断增长。工业化和城市化的发展造成大片植被破坏，生产和消费导致"三废"成灾，环境的严重破坏和污染是前所未有的，环境问题也开始出现新的特点并日益复杂化和全球化。到 20 世纪中叶，环境污染已发展成为公害，震惊世界的"八大公害事件"就发生在 20 世纪中后期的 40 多年中，主要污染表现为 SO_2 污染、光化学污染、重金属污染和有毒物污染。

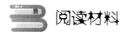 阅读材料

世界著名的八大公害事件

（1）马斯河谷事件：1930 年，比利时马斯河谷工业区由于二氧化硫和粉尘污染，一周内有 60 多人死亡，数千人患呼吸系统疾病。

（2）多诺拉事件：1948 年，美国多诺拉镇炼锌厂、硫酸厂排放的二氧化硫和粉尘造成大气严重污染，使 5900 多位居民患病，事件发生的第三天有 17 人死亡。

（3）洛杉矶光化学烟雾事件：20 世纪 40 年代初期，美国洛杉矶全市 50 多万辆汽车每天消耗汽油约 1600 万升，向大气排放大量碳氢化合物、氮氧化物、一氧化碳。该市临海依山，处于 50 km 长的盆地中，汽车排出的废气在日光作用下，形成以臭氧气为主的光化学烟雾。

（4）伦敦烟雾事件：1952 年，英国伦敦由于冬季燃煤排放的烟尘和二氧化硫在浓雾中积聚不散，5 天内非正常死亡 4000 多人，以后的两个月内又有 8000 多人死亡。

（5）四日市哮喘事件：1961 年，日本四日市石油化工排放的废气，引起居民的呼吸道疾病，尤其是哮喘病的发病率提高。1972 年，全市共确认哮喘病患者达 817 人，死亡 10 多人。

（6）米糠油事件：1968 年，日本北九州市、爱知县一带生产米糠油时所用的脱臭热载体多氯联苯由于生产管理不善，混入米糠油中，人食用后中毒，患病者超过 1400 人。7—8 月份，患病者超过 5000 人，其中 16 人死亡，实际受害者约 13 000 人。

（7）水俣病事件：1953—1956 年，日本熊本县水俣市含甲基汞的工业废水污染水体，使水俣湾和不知火海的鱼中毒，人食毒鱼后受害。1972 年，日本环境厅公布：水俣湾和新县阿贺野川下游汞中毒者有 283 人，其中 60 人死亡。

（8）痛痛病事件：1955—1972 年，日本富山县神通川流域锌、铅冶炼工厂等排放的含镉废水污染了神通川水体。两岸居民利用河水灌溉农田，使稻米含镉，居民食用含镉稻米和饮用含镉水而中毒。1963—1979 年 3 月，共有患者 130 人，其中死亡 81 人。

4. 生态文明时期

20 世纪 60 年代开始了以电子工程、遗传工程等新兴工业为基础的第三次工业革命，人类进入信息社会阶段。从 1984 年英国科学家发现南极上空臭氧层空洞，1985 年美国科学家证实开始，人类环境问题发展到生态文明阶段。这一阶段的主要问题集中在酸雨、臭氧层破坏和全球变暖三大全球性大气环境问题上。

随着新技术的发展，突发性的环境污染事件频繁出现，如苏联切尔诺贝利核电站泄漏、日本福岛核泄漏事件等。另外，新技术和新材料的应用产生新的环境效应，如光污染等。人类生产了一系列环境中不能识别的污染物，土壤中的微生物不能将其分解，导致这些污染物在地表堆积如山，并长期污染地表水和地下水。更严重的是，许多发展中国家遵循发达国家"先污染、后治理"的发展老路，世界经济发展的同时造成了更严重的环境污染和生态破坏，引发了一系列全球环境问题。

为了解决全球环境持续恶化的问题，1992 年 6 月 3—14 日，联合国环境与发展大会在巴西的里约热内卢举行，会议通过了《里约环境与发展宣言》和《21 世纪议程》两个纲领性文件及关于森林问题的原则性声明。这是联合国成立以来规模最大、级别最高、影响最为深远的一次国际会议。它标志着人类在环境和发展领域自觉行动的开始，可持续发展已经成为人类的共识。人类开始学习掌握自己的命运，摒弃不考虑资源、不顾及环境的生产技术和发展模式

三、环境问题的特点

纵观全球环境的发展和变化，当前的环境问题具有显著的时代特征，呈现出全球化、综合化、高技术化、政治化和社会化等特征。

1. 全球化

工业革命以前，环境问题的影响及危害主要集中于污染源附近的区域，对全球的环境影响不大。近年来，环境问题已超出国界，甚至越过大洲，其影响范围不但集中于人类居住的地球表面和低层大气空间，而且涉及高空和海洋。一个国家的大气污染，如 SO_2 污染、大气颗粒物污染，可能导致相邻国家和地区受到酸雨和雾霾的危害。而全球变暖、冰川消融和海平面上升，几乎对所有国家和地区，尤其是沿海国家和地区造成意想不到的灾难。

2. 综合化

工业革命阶段，环境问题主要是工业"三废"的污染和对生态环境的危害。但当代环境问题已远远超过这一范畴而涉及人类环境的各个方面，包括森林锐减、草原退化、沙漠扩展、土壤侵蚀等诸多领域。另外，环境治理和环境保护工作仅靠单一学科根本无法完成，必须采取多学科和多行业合作的方式全方位地开展研究。

3. 高技术化

原子弹、氢弹试验，核工业、信息技术和生物工程的发展，高新技术的应用，使人类制造了一系列前所未有的新物质。当某种条件下这些新物质进入环境中，环境中原有的微生物系统不能识别和分解时，就会导致污染物的累积，造成难以预测的生态灾害。

4. 政治化和社会化

环境问题已渗透到社会经济生活的各个领域，仅靠某个国家和地区越来越难解决不断涌现的环境问题。防治环境污染已经成为各种国际活动和各国政治纲领的重要内容，如《保护臭氧层维也纳公约》《蒙特利尔议定书》《联合国气候变化框架公约》《21 世纪议程》《生物多样性公约》《京都议定书》"巴厘岛路线图""哥本哈根世界气候大会"。

四、全球性环境问题

全球性环境问题包括全球变暖、臭氧层破坏、酸雨蔓延、海洋污染，淡水资源危机、森林锐减、生物多样性减少、持久性有机物污染等。

1. 全球变暖

全球变暖是指全球趋势性的气温升高变化。近 100 多年来，全球平均气温经历了冷、暖交替变化的两次波动，但总的看来呈现上升趋势。进入 20 世纪 80 年代后，全球气温明显上升。全球变暖的后果，会使极地冰川融化、海平面上升，使一些海岸地区被淹没。同时，全球变暖还会引起大气环流和大气降水的时空分布变化，使全球降水量重新分配，造成气候反常，导致旱情灾害的强度增加和频繁发生。这些现象都可能进一步导致生态系统发生变化，破坏自然生态系统的平衡，威胁人类的食物供应和居住安全，恶化人类的生存环境。

导致全球变暖的主要原因，是人类近一个世纪以来大量使用煤、石油等矿物燃料，排放出大量的 CO_2 等多种温室气体。与此同时，人口的增加和人类生产活动的规模越来越大，向大气释放的二氧化碳（CO_2）、甲烷（CH_4）、一氧化二氮（N_2O）、氯氟碳化合物（CFC）、四氯化碳（CCl_4）、一氧化碳（CO）等温室气体不断增加，导致大气的组成发生变化。这些温室气体对来自太阳的短波辐射具有高的透过性，而对地球反射出来的长波辐射具有高度的吸收性，产生了显著的"温室效应"，导致全球气候变暖。

2. 臭氧层破坏

处于大气平流层中的臭氧层是地球的一个保护层，它能阻止过量的紫外线到达地球表面，以保护地球生命免遭过量紫外线的伤害。然而，自 1958 年以来，发现高空臭氧有减少趋势，20 世纪 70 年代以来，这种趋势更为明显。1985 年在南极上空首次观察到臭氧减少的现象，并称其为"臭氧空洞"。到 1994 年，南极上空的臭氧层破坏面积已达 2400 万平方千米，北半球上空的臭氧层比以往任何时候都薄，欧洲和北美上空平均减少了

10%~15%，西伯利亚上空减少了 35%。造成臭氧层破坏的主要原因是人类向大气中排放的氯氟烷烃化合物（氟利昂）、溴氟烷烃化合物（哈龙）及一氧化二氮（N_2O）、四氯化碳（CCl_4）、甲烷（CH_4）等。它们能与臭氧（O_3）起化学反应，以致消耗臭氧层中臭氧的含量。研究表明，平流层臭氧浓度减少 1%，地球表面的紫外线强度将增加 2%，紫外线辐射量的增加会使海洋浮游生物和虾蟹、贝类大量死亡，造成某些生物绝迹；还会使农作物小麦、水稻减产；使人类皮肤癌发病率增加 3%~5%，白内障发病率增加 1.6%，这将对人类和生物造成严重危害。

3. 酸雨蔓延

酸雨是指 pH<5.6 的雨、雪或其他形式的大气降水。最早出现于 20 世纪 50~60 年代的北欧及中欧，由欧洲中部地区的工业酸性废气所致。20 世纪 70 年代以来，许多工业化国家采取各种措施防治城市和工业大气污染，其中一个重要的措施是增加烟囱的高度。这一措施虽然有效地改变了排放地区的大气环境质量，但大气污染物远距离迁移的问题却更加严重，污染物越过国界进入邻国，甚至飘浮很远的距离，形成了更广泛的跨国酸雨。

酸雨的形成主要是由人类排入大气中的 NO_x 和 SO_x 的影响所致，它的发生是大气污染的一种表现形式。酸雨可引起江、河、湖、水库等水体酸化，影响水生动植物的生长。当湖水 pH 降到 5.0 以下时，湖泊将成为无生命的死湖。酸雨可使土壤酸化，有害金属（Al、Cd）溶出，使植物体内有害物质含量增高，尤其是植物叶面首当其冲，受害最为严重，直接危害农业和森林草原生态系统。瑞典每年因酸雨损失的木材达 450 万立方米。酸雨可使铁路、桥梁等建筑物的金属表面受到腐蚀，降低使用寿命；酸雨会加速建筑物的石料及金属材料的风化、腐蚀，使主要为 $CaCO_3$ 成分的纪念碑、石刻壁雕、塑像等文化古迹受到腐蚀和破坏。据估计，美国每年花费在修复因酸雨破坏的文物古迹上的费用就达 50 亿美元。

4. 海洋污染

海洋污染主要有原油泄漏污染、漂浮污染、有机化学物质污染及赤潮、黑潮等。

海洋石油污染不仅影响海洋生物的生长、降低海滨环境的使用价值、破坏海岸设施，还可能影响局部地区的水文气象条件和降低海洋的自净能力。海洋中的微塑料被称为海洋中的"$PM_{2.5}$"。目前，海洋及海岸环境中的微塑料污染已成为全球性生态环境问题。2015年召开的第二届联合国环境大会上，微塑料污染被列入环境与生态科学研究领域的第二大科学问题，成为与全球气候变化、臭氧耗竭等并列的重大全球环境问题。海洋微塑料污染不仅是威胁海洋生物生态系统进而危及食物链安全及人类健康的问题，还涉及跨界跨境污染、产业结构调整和国际治理等问题。

人类活动使近海区的氮和磷增加了 50%~200%。过量的营养物质导致沿海藻类大量生长，致使赤潮频繁发生，破坏了红树林、珊瑚礁、海草，使近海鱼虾锐减，渔业损失惨重。污染最严重的海域有波罗的海、地中海、东京湾、纽约湾、墨西哥湾等。我国的渤海湾、黄海、东海和南海的污染状况也不容乐观。

据估计，输入海洋的污染物，有40%是通过河流输入的，30%是由空气输入的，10%左右来自海运和海上倾倒。海水中的重金属、石油、有毒有机物不仅危害海洋生物，而且能通过食物链危害人体健康，破坏海洋旅游资源。

五、我国的主要环境问题

目前，我国突出的环境问题主要表现如下：

1. 大气污染

自2013年"大气十条"实施以来，全国整体空气质量有了明显改善（图1-2）。不过，以2020年为例，若不扣除沙尘影响，337个城市环境空气达标城市比例为56.7%，超标城市比例仍占43.3%，平均超标天数比例为13%。以$PM_{2.5}$、O_3、PM_{10}、NO_2和SO_2为首要污染物的超标天数分别占总超标天数的51.0%、37.1%、11.7%、0.5%和0.1%。因此，虽然我国的大气污染状况逐年好转，但大气污染形势依然十分严峻，大气污染治理仍是目前环保工作的重中之重。

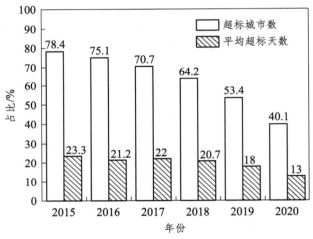

图1-2 2015—2020年我国部分地级以上城市环境空气质量状况

注：数据来源于《中国生态环境状况公报》。

2. 水环境污染

从近五年（2016—2020年）全国地表水监测断面水质情况可以发现（表1-1），劣V类水质占比逐年下降，但I类水质占比呈现较大波动。主要淡水湖泊和水库普遍受到氮、磷污染，富营养化加剧。城市黑臭水体分布范围较广。截至2016年2月16日，全国共排查出黑臭水体1861个，其中河流1595条，占85.7%；湖、塘266个，占14.3%。"水十条"规定，到2020年地级城市黑臭水体控制在10%。实际上，我们国家还有300多个县级城市、1000多个城关镇、10000多个建制镇，也存在黑臭水体，因此整治任务非常艰巨。

表 1-1　2016—2020 全国地表水总体水质状况（数据来源于《中国生态环境状况公报》）

年份	Ⅰ类	Ⅱ类	Ⅲ类	Ⅳ类	Ⅴ类	劣Ⅴ类
2016	2.4%	37.5%	27.9%	16.8%	6.9%	8.6%
2017	2.2%	36.7%	32.9%	14.6%	5.2%	8.4%
2018	5.0%	43.0%	26.3%	14.4%	4.5%	6.9%
2019	3.9%	46.1%	24.9%	17.5%	4.2%	3.4%
2020	7.8%	51.8%	27.8%	10.8%	1.5%	0.2%

3. 固体废物处理问题

我国工业固体废物排放量巨大，但综合利用颇显不足，大量的填埋堆存给资源和环境带来巨大压力。根据生态环境部发布的《2019 年全国大中城市固体废物污染环境防治年报》，2018 年，200 个大中城市一般工业固体废物产生量达 15.5 亿吨，同比增长 18.32%。与我国煤炭、电力、化工等行业迅猛发展相随而生的，是一年超过 33 亿吨的工业固废产生量，累计堆存量超过 600 亿吨，这一数字还在加速攀升。因此，如何将"放错位置"的工业固废蜕变成"城市矿产"，成为大固废领域下一个亟待破题的困局。

与此同时，随着工业化进程的加快、人们消费水平的提高以及消费结构的多元化，城市垃圾产生量迅速增长，已成为一大环境公害。根据中国统计年鉴，2019 年我国生活垃圾清运量已达到 2.42 亿吨，比 2018 年（2.28 亿吨）和 2009 年（1.57 亿吨）分别增长了 6% 和 54%，已成为城市发展中棘手的环境问题之一。

4. 土壤污染

中国同许多发达国家一样，在经济发展过程中经历了严重的土壤污染。2014 年 4 月 17 日，环保部联合国土部公布的《全国土壤污染状况调查公告》显示，全国土壤环境状况总体不容乐观，部分地区土壤污染较重，耕地土壤环境质量堪忧，工矿业废弃地土壤环境问题突出。全国土壤总的点位超标率为 16.1%，其中轻微、轻度、中度和重度污染点位比例分别为 11.2%、2.3%、1.5% 和 1.1%。从土地利用类型看，耕地、林地、草地土壤点位超标率分别为 19.4%、10.0%、10.4%。从污染类型看，以无机型为主，有机型次之，复合型污染所占比例较小，无机污染物超标点位数占全部超标点位的 82.8%。从污染物超标情况看，镉、汞、砷、铜、铅、铬、锌、镍 8 种无机污染物点位超标率分别为 7.0%、1.6%、2.7%、2.1%、1.5%、1.1%、0.9%、4.8%；六六六、滴滴涕、多环芳烃 3 类有机污染物点位超标率分别为 0.5%、1.9%、1.4%。从污染分布情况看，南方土壤污染重于北方；长江三角洲、珠江三角洲、东北老工业基地等部分区域土壤污染问题较为突出，西南、中南地区土壤重金属超标范围较大；镉、汞、砷、铅 4 种无机污染物含量分布呈现从西北到东南、从东北到西南方向逐渐升高的态势。

5. 农村面源污染

我国幅员辽阔，村镇数量以及类型众多，农村污染物量大面广，而农村的环保基础设施严重不足，治理难度较大。目前，虽然已开展了大量农业农村污染治理工作，并取得了一定的成效，但农业农村生态环境保护形势依然严峻。具体表现为：农村生活污水收集、处理率不高，效果不理想。农村垃圾随地倾倒、污水随地排放现象比较普遍，导致农村黑臭水体问题突出。大部分农村传统的垃圾处理方式仍是简单转移填埋、临时堆放焚烧和随意倾倒，存在垃圾山、垃圾围村、垃圾围坝、工业污染"上山下乡"等现象，容易造成二次污染。此外，我国种植业和养殖业生产普遍规模较小、布局分散，生产经营方式粗放，呈现以面源为主的污染特征，全国一些粮食主产区的水体控制单元水质超标主要由农业面源污染造成。

6. 城市噪声污染

随着我国经济社会发展，城市化进程加快，噪声污染问题频发，严重影响了居民的生活和健康，治理噪声污染刻不容缓。环保部公布的《2017年中国环境噪声污染防治报告》显示，2016年共收到环境问题投诉119万件，其中有关噪声的投诉52.2万件，占环境投诉总量的43.9%。根据2018年全国"12369环保举报联网管理平台"统计数据，涉及噪声的举报占比为35.3%，仅次于大气污染，排第2位。2020年，据不完全统计，全国省辖县级市和地级及以上城市的生态环境、公安、住房和城乡建设等部门合计受理环境噪声投诉举报约201.8万件，其中社会生活噪声投诉举报最多，占53.7%；建筑施工噪声次之，占34.2%；工业噪声占8.4%；交通运输噪声占3.7%。2021年，生态环境部门"全国生态环境信访投诉举报管理平台"共接到公众举报44.1万余件，其中噪声扰民问题占全部举报的41.2%，位居各环境污染要素的第2位。

第三节　环境保护

环境保护是保护、改善和创造环境的一切人类活动的总称，是运用环境科学的理论和方法，在合理开发利用自然资源的同时，深入认识并掌握污染和破坏环境的根源和危害，有计划地保护环境，预防环境质量的恶化，控制环境污染和破坏，促进经济与环境协调发展，保护人体健康，造福人民并惠及子孙后代。人类环保历程也是环境科学形成与完善的过程，以下简介世界（主要发达国家）和我国的环保历程。

一、世界环保

工业革命以来，发达国家对环境保护工作的认识是随着经济增长、污染加剧而逐步发展的。其在解决环境污染问题上，经历了先污染后治理、先破坏后恢复的过程，其间付出了惨痛代价。世界主要发达国家环保历程大致可分为以下3个阶段。

1. 经济发展优先（末端治理）阶段

环境污染早在 19 世纪就已发生，如英国泰晤士河的污染、日本足尾铜矿的污染事件等。但在 20 世纪 60 年代以前，发达国家的主要目标是发展（经济发展优先），对环境保护工作并不重视，导致环境污染问题日益突出。20 世纪 50 年代前后，相继发生了"八大公害事件"，使发达国家付出了惨痛代价。1962 年美国海洋生物学家蕾切尔•卡逊出版的《寂静的春天》，用大量事实描述了有机氯农药 DDT 对人类和生物界所造成的影响，推动了世人环保意识的觉醒。各发达国家相继成立了环境保护专门机构，但因当时的环境问题还只是被看作工业污染问题，所以环境保护工作主要就是治理污染源、减少排污量。在法律措施上，颁布了一系列环境保护的法规和标准，加强了法治。在经济方面，采取给工厂企业补助资金、帮助工厂企业建设净化设施的措施，并通过征收排污费或实行"谁污染、谁治理"策略，解决环境污染的治理费用问题。在这个阶段，尽管环境污染有所控制，环境质量有所改善，但所采取的"末端治理"措施，从根本上来说是被动的，因而收效甚微。这一时期是环境科学开始孕育并出现的阶段。

阅读材料

寂静的春天（*Silent Spring*）

从前，在美国中部有一个城镇，这里的一切生物看来与其周围环境生活得很和谐。这个城镇坐落在像棋盘般排列整齐的繁荣的农场中央，其周围是庄稼地，小山下果园成林。春天，繁花像白色的云朵点缀在绿色的原野上；秋天，透过松树的屏风，橡树、枫树和白桦树闪烁出火焰般的彩色光辉，狐狸在小山上叫着，小鹿静悄悄地穿过了笼罩着秋色晨雾的原野。

沿着小路生长的月桂树和赤杨树以及巨大的羊齿植物和野花在一年的大部分时间里都使旅行者感到目悦神怡。即使冬天，道路两旁也是美丽的地方，那儿有无数小鸟飞来，在初露雪层之上的浆果和干草的穗头上啄食。郊外事实上正以其鸟类的丰富多彩而驰名，当迁徙的候鸟在整个春天和秋天蜂拥而至的时候，人们都长途跋涉地来这里观看它们。另有些人来小溪边捕鱼，这些洁净又清凉的小溪从山中流出，形成了绿荫掩映的生活着鳟鱼的池塘。野外一直是这个样子，直到许多年前的有一天，第一批居民来到这儿建房舍，挖井筑仓，情况才发生了变化。

——摘自[美]蕾切尔·卡逊著《寂静的春天》

美国海洋生物学家蕾切尔·卡逊（Rachel Carson）（图 1-3）所著的《寂静的春天》于 1962 年在美国问世，通过列举大量事实，科学论述了 DDT 等农药污染物的富集、迁移、转化及其对生态系统的影响，阐述了人类与水、大气、土壤以及其他生物之间的关系，告诫人们要全面认识使用农药的利弊，认识到人类生产可能导致严重的后果。

图 1-3　蕾切尔·卡逊

美国前副总统阿尔·戈尔评价说：“《寂静的春天》犹如旷野中的一声呐喊，以它深切的感受、全面的研究和雄辩的论点改变了历史的进程。如果没有这本书，环境运动也许会被延误很长时间，或者现在还没有开始。”

2. 综合防治阶段

进入 20 世纪 70 年代后，随着环境科学研究的不断深入，人们的观念从公害防止转变到环境保护，进入了环境保护时代。许多国家把环境保护写进宪法并定为基本国策。同时，污染治理技术也日趋成熟。环境污染治理从“末端治理”向“全过程控制”和“综合治理”的方向发展，从而走向了环境与经济并重阶段。例如，日本在第二次世界大战后，随着工业的发展环境污染日趋严重，仅寄希望于“在不妨碍经济发展的情况下保护环境”并没有摆脱公害事件频发的厄运，世界八大公害事件中日本就占四件。从 1970 年开始，日本确立了环境优先原则，实行了世界上最严格的环境法律和标准，经过几十年努力，基本解决了工业污染问题。

1972 年 6 月 5—16 日，联合国在瑞典斯德哥尔摩召开了首次研讨保护人类环境的会议：联合国人类环境会议，共有包括中国在内的 113 个国家和一些国际机构的 1300 多名代表参加了会议，成为人类环境保护工作的一个历史转折点，是世界环保史上的第一个里程碑。这次会议加深了人们对环境问题的认识，扩大了环境问题的范围，同时把环境与人口、资源及发展联系在一起，实现从整体上解决环境问题。这次会议对推动世界各国保护和改善人类环境发挥了重要作用、并产生了深远影响。1972 年 12 月 15 日，第 27 届联合国大会通过决议成立联合国环境规划署（UNEP），负责协调全球的生态环境保护（该署于 1973 年 1 月正式成立），同时为纪念大会的召开，决定将每年的 6 月 5 日定为“世界环境日”。

联合国人类环境会议通过了《联合国人类环境宣言》，呼吁世界各国政府和人民共同努力来维护和改善人类环境，为子孙后代造福。英国经济学家芭芭拉·沃德和美国微生物学家勒内·杜博斯受会议秘书长的委托，撰写了《只有一个地球》。该书不仅从整个地球的前途出发，而且也从社会、经济和政治等多个角度探讨了环境问题，论述了人类明智管理地球的紧迫性。

3. 可持续发展阶段

进入 20 世纪 80 年代后，人们开始重新审视传统思维和价值观念，认识到人类不能以大自然主宰者自居而为所欲为，必须与大自然和谐相处，成为大自然的朋友。特别是第二次环境问题高潮对人类赖以生存的整个地球环境造成危害，人类生存与发展面临前所未有的挑战。在这样的背景下，世界环境与发展委员会于 1987 年发表了《我们共同的未来》的报告，报告首次提出了"可持续发展"的理念。

1992 年 6 月 3—14 日，第二次联合国环境与发展大会在巴西里约热内卢召开。183 个国家的代表团和联合国及其下属机构等 70 个国际组织的代表出席了会议，102 位国家元首或政府首脑亲自与会，我国也派出了由总理率团的代表团出席。这次会议是 1972 年联合国人类环境会议之后举行的讨论世界环境与发展问题的最高级别的一次国际会议，不仅筹备时间最长，而且规模也最大，堪称是人类环境与发展史上影响深远的一次盛会，是世界环保史上的第二个里程碑。

第二次环境大会通过了《里约环境与发展宣言》和《21 世纪议程》两个纲领文件以及《关于森林问题的原则声明》，签署了《联合国气候变化框架公约》和《生物多样性公约》。《里约环境与发展宣言》就加强国际合作，实行可持续发展（sustainable development），解决全球性环境与发展问题，提出了有关国际合作、公众参与、环境管理的实施等 27 项原则，是环境与发展领域开展国际合作的指导原则。《21 世纪议程》是在全球区域和各范围内实现持续发展的行动纲领，涉及国民经济和社会发展的各个领域。《关于森林问题的原则声明》提出了保护和合理利用森林资源的指导原则，维护了发展中国家的主权。《联合国气候变化框架公约》的核心是控制人为温室气体的排放，主要是指燃烧矿物燃料产生的二氧化碳。《生物多样性公约》旨在保护和合理利用生物资源。此外，由我国等发展中国家倡导的"共同但有区别的责任"原则，成为国际环境发展合作的基本原则。这些会议文件和公约对保护全球生态环境和生物资源，起到了重要作用，充分体现了当今人类社会可持续发展的新思想，反映了关于环境与发展领域合作的全球共识和最高级别的政治承诺。

第二次环境大会结束 10 年后，2002 年 8 月 26 日至 9 月 4 日在南非约翰内斯堡召开了可持续发展世界首脑会议。会议提出经济增长、社会进步和环境保护是可持续发展的三大支柱，经济增长和社会进步必须同环境保护、生态平衡相协调。又经过 10 年，2012 年 6 月 20—22 日在巴西里约热内卢召开了联合国可持续发展大会（又称"里约+20"峰会）。会议发起可持续发展目标讨论进程，提出绿色经济是实现可持续发展的重要手段，正式通过了《我们憧憬的未来》这一成果文件，在重申"共同但有区别责任"原则的同时，敦促发达国家履行针对发展中国家的援助承诺。

2015 年 9 月 25—27 日，193 个联合国成员国在可持续发展峰会上正式通过了成果性文件——《改变我们的世界：2030 年可持续发展议程》（简称 2030 年可持续发展议程）。这一涵盖 17 项可持续发展目标和 169 项具体目标的纲领性文件旨在推动未来 15 年内实现三项宏伟的全球目标：消除极端贫困，战胜不平等和不公正，保护环境、遏制气候变化。2030 年可持续发展议程的实施将动员世界各国将可持续发展目标切实贯穿于各自发展的全球与国家战略之中。值得注意的是，2030 年可持续发展议程中的环境目标已经成为与社会及经济目标同等重要的可持续发展支柱，环境因素在全球发展议程中的重要性与日俱增。

上述世界性有关环境与发展的大会是人类对环境问题的认识发生历史性转变的标志，世界环保史就是一部正确处理环境与经济的关系史。目前虽然国际社会为解决环境问题付出了很大努力，但全球环境问题少数有所缓解、总体仍在恶化。生物多样性锐减、气候变化、水资源危机、化学品污染、土地退化等问题并未得到有效解决。尽管发达国家和地区已经基本解决了传统工业化带来的环境污染问题，但大多数发展中国家由于人口增长、工业化和城镇化、承接发达国家的污染转移等原因，环境质量恶化趋势加剧，治理难度进一步加大。

二、中国环保

我国推进环境保护的鲜明做法，就是统筹国际、国内两个大局，既参与国际环保领域的合作与治理，又根据国内新形势、新任务及时出台加强环境保护的战略举措。1972 年联合国首次人类环境会议、1992 年联合国环境与发展大会、2002 年可持续发展世界首脑会议和 2012 年联合国可持续发展大会，为我国加强环境保护提供了重要借鉴和外部条件。我国环境保护历程大致可以分为 5 个阶段。

1. 第一阶段（起步阶段）

从 20 世纪 70 年代初到党的十一届三中全会。我国在 20 世纪 60 年代前并无环境保护概念。1957 年后，随着工业污染和城市环境质量日趋恶化以及一些发达国家出现的反污染运动，人们开始对环保概念有了一些初步理解，但停留在消除公害、保证人体健康免受损害的水平。早在 1972 年我国就派出代表团参加了人类环境会议。会议后不久，1973 年 8 月国务院召开第一次全国环境保护会议，提出了"全面规划、合理布局，综合利用、化害为利，依靠群众、大家动手，保护环境、造福人民"的 32 字环保工作方针。

2. 第二阶段（发展阶段）

从党的十一届三中全会到 1992 年。这一时期，我国环境保护逐渐步入正轨。1983 年第二次全国环境保护会议，把保护环境确立为基本国策。1984 年 5 月 8 日，国务院发布《国务院关于环境保护工作的决定》，环境保护开始纳入国民经济和社会发展计划。1988 年设立国家环境保护局，成为国务院直属机构。地方政府也陆续成立环境保护机构。1989 年国务院召开第三次全国环境保护会议，提出要积极推行环境保护目标责任制、城市环境综合整治定量考核制、排放污染物许可证制、污染集中控制、限期治理、环境影响评价制度、"三同时"制度、排污收费制度等 8 项环境管理制度。同时，以 1979 年颁布试行、1989 年正式实施的《环境保护法》为代表的环境法规体系初步建立，为开展环境治理奠定了法治基础。

3. 第三阶段（深化阶段）

1992—2002 年。里约环境与发展大会召开 2 个月之后，党中央、国务院发布《中国关于环境与发展问题的十大对策》，把实施可持续发展确立为国家战略。1994 年 3 月，我国政府率先制定实施《中国 21 世纪议程》。1996 年，国务院召开第四次全国环境保护会议，发布《关于环境保护若干问题的决定》，大力推进"一控双达标"（控制主要污染物排放总量、工业污染源达标和重点城市的环境质量按功能区达标）工作，全面开展"三河"（淮河、海河、辽河）、"三湖"（太湖、滇池、巢湖）水污染防治，"两控区"（酸雨污染控制区和二氧化硫污染控制区）大气污染防治、一市（北京市）、"一海"（渤海）的污染防治（简称"33211"工程）。启动了退耕还林、退耕还草、保护天然林等一系列生态保护重大工程。

4. 第四阶段（升华阶段）

2002—2012 年。党的十六大以来，党中央、国务院提出树立和落实科学发展观、构建社会主义和谐社会、建设资源节约型环境友好型社会、让江河湖泊休养生息、推进环境保护历史性转变、环境保护是重大民生问题等新思想新举措。2002 年、2006 年和 2011 年，国务院先后召开第五次全国环境保护会议、第六次全国环保大会、第七次全国环保大会，做出一系列新的重大决策部署。把主要污染物减排作为经济社会发展的约束性指标，完善环境法制和经济政策，强化重点流域区域污染防治，提高环境执法监管能力，积极开展国际环境交流与合作。2008 年，国家环境保护局升格为环境保护部（正部级，国务院组成部门），负责对全国环保实施统一监管。

2007 年 10 月，党的十七大报告首次提出"生态文明"建设的执政理念。2012 年 11 月召开的党的十八大，把生态文明建设纳入中国特色社会主义事业"五位一体"总体布局，首次把"美丽中国"作为生态文明建设的宏伟目标。这标志着我们党对中国特色社会主义规律认识的进一步深化，昭示着要从建设生态文明的战略高度来认识和解决我国环境问题。与此同时，我国生态文明理念也引起国际社会关注，在 2013 年 2 月召开的联合国环境规划署第 27 次理事会上，被正式写入决定案文。

5. 第五阶段：党的十八大以来

从 2012 年党的十八大到 2017 年党的十九大，我国生态文明建设取得显著成效。2017 年，党的十九大报告首次提出建设富强、民主、文明、和谐、美丽的社会主义现代化强国的目标，将增强"绿水青山就是金山银山"的意识写入党章。报告指出，人与自然是生命共同体，建设生态文明是中华民族永续发展的千年大计。报告提出要坚持人与自然和谐共生，要像对待生命一样对待生态环境，实行最严格的生态环境保护制度。既要创造更多物质财富和精神财富以满足人民日益增长的美好生活需要，也要提供更多优质生态产品以满足人民日益增长的对优美生态环境的需要。报告还指出，中国将继续在全球生态文明建设中发挥重要参与者、贡献者、引领者的作用，把中国的生态文明建设提升为中国对世界的贡献。

阅读材料

> 十、推动绿色发展，促进人与自然和谐共生
>
> 坚持绿水青山就是金山银山理念，坚持尊重自然、顺应自然、保护自然，坚持节约优先、保护优先、自然恢复为主，守住自然生态安全边界。深入实施可持续发展战略，完善生态文明领域统筹协调机制，构建生态文明体系，促进经济社会发展全面绿色转型，建设人与自然和谐共生的现代化。
>
> 36. 持续改善环境质量。增强全社会生态环保意识，深入打好污染防治攻坚战。继续开展污染防治行动，建立地上地下、陆海统筹的生态环境治理制度。强化多污染物协同控制和区域协同治理，加强细颗粒物和臭氧协同控制，基本消除重污染天气。治理城乡生活环境，推进城镇污水管网全覆盖，基本消除城市黑臭水体。推进化肥农药减量化和土壤污染治理，加强白色污染治理。加强危险废物医疗废物收集处理。完成重点地区危险化学品生产企业搬迁改造。重视新污染物治理。全面实行排污许可制，推进排污权、用能权、用水权、碳排放权市场化交易。完善环境保护、节能减排约束性指标管理。完善中央生态环境保护督察制度。积极参与和引领应对气候变化等生态环保国际合作。
>
> ——摘自《国民经济和社会发展第十四个五年规划和二〇三五年远景目标的建议》

2018年3月17日，第十三届全国人民代表大会第一次会议审议批准了国务院机构改革方案，将原来的环境保护部的全部职责与其他六个部的相关职能整合在一起，组建了生态环境部，统一行使生态和城乡各类污染排放的行政监管职能。2018年4月16日，新组建的生态环境部正式挂牌，标志着我国生态环境保护进入了一个新的历史时期。2020年，我国在第75届联合国大会上提出"二氧化碳排放力争于2030年前达到峰值，努力争取2060年前实现碳中和"的目标。同年，党的十九届五中全会提出，推动绿色发展，促进人与自然和谐共生。"十四五"规划则从加快推动绿色低碳发展、持续改善环境质量、提升生态系统质量和稳定性、全面提高资源利用效率四个方面提出了具体要求。目前，清洁生产、循环经济和低碳经济等可持续发展模式正在逐步深入人心，我国的环保事业也由此迅猛、稳步地向前发展。

第四节　环境科学与环境工程学

一、环境科学

1. 环境科学的形成与发展

环境科学是环境问题日益严重后产生和发展起来的一门综合性科学，它产生于 20 世纪 50 年代末。当时许多科学家，包括生物学家、化学家、地理学家、医学家、工程学家、物理学家和社会学家等对环境问题共同进行调查和研究。他们在各个原有学科的基础上，运用原有学科的理论和方法，研究环境问题。通过这种研究，逐渐出现了一些新的分支学科，如环境生物学、环境化学、环境物理学、环境医学、环境工程、环境经济学、环境法学和环境伦理学等。在这些分支学科的基础上，20 世纪 70 年代孕育产生了环境科学。

对于环境科学的定义，国内外不同研究者的解释如下：马世骏认为，环境科学是研究近代（包括现代）社会经济发展过程中出现的环境质量变化的科学，它研究环境质量变化的起因、过程和后果，并找出解决环境问题的途径和技术措施；刘培桐认为，环境科学是以"人类-环境"系统为其特定的研究对象，研究"人类-环境"系统的发生和发展、调节和控制以及改造和利用的科学；杨志峰等认为，环境科学是以"人类-环境"系统为特定整体，针对不断变化的环境问题，通过自然科学、社会科学、工程科学的跨学科综合研究，逐渐形成的交叉学科群；Botkin 认为，Environmental science is a group of science that attempt to explain how life on the earth is sustained, what leads to environmental problems, and how these problems can be solved；Enger 认为，Environmental science is an interdisciplinary field that includes both scientific and social aspects of human impact on the world。

从上面所列的环境科学的定义来看，虽然表述有区别，但实质大同小异。目前，环境科学可定义为：一门研究人类社会发展活动与环境（结构和状态）演化规律之间相互作用关系，寻求人类社会与环境协同演化、持续发展的途径与方法的科学。简言之，环境科学是一门研究人类环境质量及其控制的科学。它的研究对象是"人类-环境"系统，其目的是要通过调整人类的社会行为，保护、发展和建设环境，从而使环境永远为人类社会持续、协调、稳定的发展提供良好的支持和保证。

2. 环境科学的研究内容与任务

环境科学涉及的内容异常广阔，包括自然科学、社会科学和技术科学的许多重要方面，因而形成了与有关科学之间相互渗透、相互交叉的许多分支学科（图 1-4）。这些学科都是环境科学不可分割的组成部分，而且还处于蓬勃发展的时期。随着环境问题的发展和人类认识的进一步深化，环境科学及其各分支学科也必将不断地得到充实与完善。

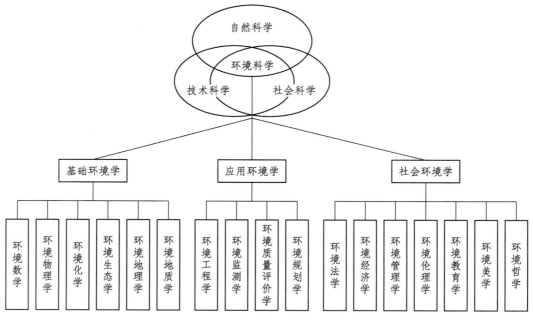

图 1-4   环境科学及其分支学科

环境科学的主要研究内容：

（1）探索全球范围内环境演化的规律。环境总是不断地演化，环境变异也随时随地发生。在人类改造自然的过程中，为使环境向有利于人类的方向发展，避免向不利于人类的方向发展，就必须了解环境变化的过程，包括环境的基本特性、环境结构的形式和演化机理等。

（2）揭示人类活动同自然生态之间的关系。环境为人类提供生存条件，其中包括提供发展经济的物质资源。人类通过生产和消费活动，不断影响环境的质量。人类生产和消费系统中物质和能量的迁移、转化过程是异常复杂的。但必须使物质和能量的输入同输出之间保持相对平衡。这个平衡包括两方面内容：一是排入环境的废弃物不能超过环境自净能力，以免造成环境污染，损害环境质量；二是从环境中获取可更新资源不能超过它的再生增殖能力，以保障永续利用，从环境中获取不可更新资源要做到合理开发和利用。因此，社会经济发展规划中必须列入环境保护的内容，有关社会经济发展的决策必须考虑生态学的要求，以求得人类和环境的协调发展。

（3）探索环境变化对人类生存的影响。环境变化是由物理的、化学的、生物的和社会的因素以及它们的相互作用所引起的。因此，必须研究污染物在环境中的物理、化学变化过程，在生态系统中迁移转化的机理，以及进入人体后发生的各种作用，包括致畸作用、致突变作用和致癌作用。同时，必须研究环境退化同物质循环之间的关系。这些研究可为保护人类生存环境、制定各项环境标准、控制污染物的排放量提供依据。

（4）研究区域环境污染综合防治的技术措施和管理措施。工业发达国家防治污染经历了几个阶段：20 世纪 50 年代主要是治理污染源；60 年代转向区域性污染的综合治理；70 年代侧重预防，强调区域规划和合理布局。引起环境问题的因素很多，实践证明需要综合运用多种工程技术措施和管理手段，从区域环境的整体出发，调节并控制人类和环境之间的相互关系，利用系统分析和系统工程的方法寻找解决环境问题的最优方案。

从上述环境科学的研究内容可知，环境科学的主要任务包括：① 研究在人类活动的影响下环境质量的变化规律和环境变化对人类生存的影响；② 研究保护和改善环境质量的理论、技术和方法。

二、环境工程学

环境工程学是环境科学的一个分支，又是工程学的一个重要组成部分。它主要运用环境科学、工程学和其他有关学科的理论方法，研究和保护合理利用自然资源，控制和防治环境污染与生态破坏，以及改善环境质量。因此，环境工程学可定义为"运用工程技术的原理和方法，防治环境污染，合理利用自然资源，保护和改善环境质量的学科"。除了研究具体污染物（如污水、废气、固体废物、噪声等）与污染对象（如水、土和空气等）的防治技术外，还研究环境污染综合防治技术并对控制环境污染的措施进行技术经济分析。

美国土木工程师学会（ASCE）环境工程分会对环境工程的解释是："环境工程通过健全的工程理论与实践来解决环境卫生问题，主要包括提供安全、可口和充足的公共给水，适当处理与循环使用废水和固体废物，建立城市和农村复合卫生要求的排水系统，控制水、土壤和空气污染，并消除这些问题对社会和环境造成的影响。此外，它还涉及公共卫生领域里的工程问题，如控制通过节肢动物传染的疾病，消除工业健康危害，为城市、农村和娱乐场所提供合适的卫生设施，评价技术进步对环境的影响等。"

在环境工程学科中，目前研究的领域主要有水污染控制（防治）、大气污染控制、土壤污染防治、物理性污染（如噪声、振动等）污染控制、固体废物处理与处置、环境影响评价以及环境规划与管理方面。其研究方法涉及环境科学、工程技术科学和其他相关学科的理论和方法，因而环境工程学也是一门新兴的综合性工程技术学科。

1. 环境工程学的形成与发展

环境工程学是在人类同环境污染做斗争、解决环境问题、保护和改善生存环境的过程中逐渐形成的。环境工程学主要以土木工程、公共卫生工程及相关工业技术等学科为基础。给水排水工程是土木工程的主要研究内容之一，也是解决水污染的重要技术措施和途径。在排水管道方面，中国早在公元前 2000 年以前就利用陶土管修筑地下排水道；约公元前 6 世纪，古代罗马开始修建地下排水道。在净水处理方面，中国在明朝以前开始使用明矾净水；英国在 19 世纪开始用砂滤池净化自来水，在 19 世纪中叶采用漂白粉消毒。在污水处理方面，英国在 19 世纪中叶开始建立污水处理厂，20 世纪初开始采用活性污泥法处理污水。1854 年，伦敦 Broad 街井水污染导致霍乱流行，此后水污染控制逐渐成为公共卫生工程的重要内容。20世纪中叶以来,一系列环境污染公害在世界各地相继发生,严重威胁人类的生命和健康,使得环境污染控制备受关注,由此推动了环境工程学科的形成。

自工业革命以来,世界各地的环境污染问题由水体污染逐步向大气污染、固体废物污染及城市噪声污染等多方向发展,环境工程涉及的领域不断扩大。根据化学、物理学、生物学等基础理论,运用卫生工程、给排水工程、化学工程、机械工程等技术原理和手段,解决废水、废气、固体废物、噪声污染等问题,逐渐形成治理技术的单元操作、单元过程,以及某些水体和大气污染治理工艺系统。例如,为消除工业生产造成的粉尘污染,美国在1885年发明了离心除尘器。进入20世纪以后,除尘、空气调节、燃烧装备改选、工业气体净化等工程技术逐渐得到推广应用。固体废物处理历史更为悠久。在公元前3000—前1000年,古希腊即开始对城市垃圾采用填埋的处置方法。在20世纪,固体废物处理和利用的研究工作不断取得新的成就,出现了利用工业废渣制造建筑材料等工程技术。中国和欧洲一些国家的古建筑中,墙壁和门窗位置的安排都考虑到了隔声的问题。在20世纪,人们对控制噪声问题进行了广泛的研究。20世纪50年代起,噪声控制的基础建立,并形成了环境声学。

20世纪50年代末,中国提出了资源综合利用的观点。60年代中期,美国开始了技术评价活动,并在1969年的《国家环境政策法》中,规定了环境影响评价的制度。至此,人们认识到控制环境污染不仅要采用单项治理技术,还要采取综合防治措施和对控制环境污染的措施进行综合的技术经济分析,以防止在采取局部措施时与整体发生矛盾而影响清除污染的效果。在这种情况下,环境系统工程和环境污染综合防治的研究工作迅速发展起来。随后,陆续出现了环境工程学的专门著作,形成了一门新的学科。

2. 环境工程学的研究内容与任务

环境工程学的基本内容主要有以下几个方面:

(1)水质净化与水污染控制工程。主要研究预防和治理水体污染,保护和改善水环境质量,合理利用水资源以及提供安全饮用水和不同用途与要求的用水的工艺技术和工程措施。

(2)大气污染控制工程。主要研究预防和控制大气污染,保护和改善大气质量的工程技术措施。

(3)固体废物处理处置与管理工程。主要研究城市垃圾、工业废渣、放射性及其他有毒有害固体废物的处理、处置和回收利用、资源化等的工艺技术措施。

(4)噪声、振动与其他公害防治技术。主要研究噪声、振动、电磁辐射等对人类的影响及消除这些影响的技术途径和控制措施。

环境工程学有两个方面的任务:① 保护环境,使其免受和消除人类活动对它的有害影响;② 保护人类的健康和安全免受不利的环境因素的损害。

思考题

1. 什么是环境和环境要素？环境是如何分类的？
2. 什么叫环境问题？它们是如何产生和发展起来的？
3. 环境问题分为哪几类?它具有哪些特点？
4. 什么是全球环境问题?当前世界关注的全球环境问题有哪些?
5. 当前中国面临的主要环境问题是什么?
6. 什么叫环境保护?世界环保和中国环保分别经历了哪些阶段?
7. 什么叫环境科学？它的研究内容、对象和任务分别是什么？
8. 什么叫环境工程学?它的研究内容、对象和任务分别是什么?
9. 环境问题对你有哪些启示?你将为解决环境问题做出哪些努力?

参考文献

[1] 张文艺，赵兴青，毛林强，等. 环境保护概论[M]. 北京：清华大学出版社，2017.
[2] 蒋展鹏，杨宏伟. 环境工程学[M]. 北京：高等教育出版社，2013.
[3] 成岳. 环境科学概论[M]. 广州：华南理工大学出版社，2012.
[4] 孟繁明，李花兵，高强健. 环境概论[M]. 北京：冶金工业出版社，2018.
[5] 苏志华. 环境学概论[M]. 北京：科学出版社，2017.
[6] 黄儒钦. 环境科学基础[M]. 成都：西南交通大学出版社，2016.
[7] 李廷友，胡志强，何清明. 环境保护概论[M]. 北京：化学工业出版社，2020.
[8] 胡筱敏，王凯荣. 环境学概论[M]. 武汉：华中科技大学出版社，2020.
[9] 方淑荣，姚红. 环境科学概论[M]. 北京：清华大学出版社，2018.
[10] 龙湘犁，何美琴. 环境科学与程概论[M]. 北京：化学工业出版社，2019.
[11] 卢桂宁，党志. 环境科学与程概论通识教程[M]. 北京：科学出版社，2017.

学习要求

1. 了解生态系统的概念、组成和结构，掌握生态系统的基本功能，了解生态平衡的含义及生态平衡的维持。

2. 认识生态环境保护与管理的目标和领域；了解我国生态环境保护的指导思想和主要内容以及生态环境状况的评价及方法；掌握生态安全和生态红线的概念，了解我国生态安全问题；了解生物多样性的保护措施和自然保护区的建设。

3. 了解大型工程项目建设对生态的影响及缓解措施；认识城市生态系统及特点，了解生态城市和生态住宅的建设；掌握可持续发展和循环经济的含义，认识我国循环经济发展思路，了解生态工业园、生态农业相关案例。

引 言

随着人类社会的迅猛发展，环境污染和生态破坏导致的各类环境问题层出不穷：一方面，人类生活生产区域的扩张极度压缩了野生动植物的生存空间；另一方面，人类排放的各类污染物深刻地影响着自然生态的结构和功能。从本质上来看，不论是环境污染，还是生态破坏类的环境问题，都是人类的不当行为造成对自然生态系统的不利影响。因此，认识生态系统、掌握生态学基础知识（本章第一节内容）是理解环境问题发生的根本逻辑，寻求环境问题解决途径的重要方法。在控制人类不当行为的条件下，对自然环境进行合理的保护和管理是实现地球资源可持续利用的必然途径，相关内容将在第二节自然环境的生态管理中阐述。第三节则从生态视角出发，对相关的典型环境问题进行整理和分析，以加深人们对生态环境问题产生过程的认识，从而更深刻地理解环境与发展的关系。

第一节　　**生态学基础**

一、生态系统的概念、组成和结构

1. 生态系统的概念和组成

生态系统是指在一定时间和空间范围内，由各种微生物、植物、动物组成的生物群落与其周围的非生物环境，通过能量流动和物质循环形成的一个相互影响、相互作用并具有自我调节功能的自然整体。生态系统的组成如图 2-1 所示。

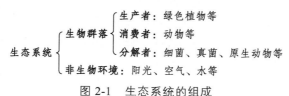

图 2-1　生态系统的组成

简单来说，生态系统可以表达为非生物环境+生物群落。非生物环境是生命支持系统，是生物生活的场所，具备生物生存所必需的物质条件，也是生物能量的源泉。一般包括：① 气候因子，如光照、水分、温度、空气及其他物理因素；② 无机物质，如 C、N、H、O、P 及矿物质盐类等，它们参加生态系统的物质循环；③ 有机物质，如蛋白质、糖类、脂类、腐殖质等。

2. 生态系统的生物群落

生态系统的生物群落包括各种动植物和微生物。按不同生物在系统内的功能，又可以分成生产者、消费者和分解者。

生产者是指能用简单的无机物制造有机物的自养生物，包括所有的绿色植物和一些化能合成细菌。这些生物能利用无机物合成有机物，并把环境中的能量以生物化学能的形式固定到生物有机体中。生产者制造的有机物是地球上包括人类在内的其他一切异养生物的食物源，在生态系统的能量流动和物质循环中居首要地位，是生态系统中最基础的成分。

消费者是异养生物，不能直接利用太阳能来生产有机物，只能直接或间接地依赖于生产者所制造的有机物质。根据这些生物取食地位和食性的不同，消费者可分为草食动物、肉食动物和杂食动物等。消费者对初级生产产物起着加工、再生产的作用，是推动生态系统中物质循环和能量流动的重要环节之一。

分解者也是异养生物，主要包括细菌、真菌、放线菌、原生动物和一些小型无脊椎动物。它们的主要功能是把动植物的有机残体分解为简单的无机物，归还到环境中，以便于再次被生产者利用。因此，这些异养生物也称为还原者。所有动物和植物的尸体和枯枝落叶，都必须经过还原者进行分解。大约有 90%的初级生产量，都经过分解者归还大地。如果没有还原者的分解作用，地球表面将堆满动植物的尸体残骸，生态系统就难以维持。

总的来说，上述三种生物成分与非生物环境联系在一起，共同组成了生态学的功能单位——生态系统。

3. 生态系统的结构

构成生态系统的各组成部分、各种生物的种类、数量和空间配置，在一定时期内均处于相对稳定的状态，使生态系统能够保持一个相对稳定的结构。生态系统的结构是指构成生态系统的要素及其时空分布和物质、能量循环转移的路径。通常，我们可以从空间、时间和营养三方面来认识生态系统的结构。

生态系统中的若干生物在系统内的空间配置，以及随时间的变化特征，构成了生态系统的形态结构。例如，森林生态系统在空间分布上具有明显的分层现象：地上部分，自上而下有乔木层、灌木层、草本层和苔藓地衣层；地下部分，有浅根系、深根系及其根际微生物。其中栖息的各种动物，也都有各自相对的空间分布位置，鸟类在树上筑巢，兽类在地面做窝，鼠类在地下掘洞。多样化的物种以其多样化的栖息状态，体现着生态系统的空间结构。

此外，生态系统的结构还体现在时间上。同一个生态系统，在不同的时期或不同的季节，存在着规律性的变化。比如长白山森林生态系统，冬季白雪覆盖，春季绿草如茵，夏季鲜花遍野，秋季果实累累。正是多种多样的物种和其多样的栖息状态，随时间规律性的变化，构成了多种多样的生态系统，也构成了生态系统的重要特征——丰富的生物多样性。

另外，要深入地了解生态系统中各组分之间是如何发生联系的，还需要了解生态系统的营养结构，也就是食物链或食物网（图 2-2）。食物链是指不同生物之间通过食与被食而形成的链状营养关系。从生产者开始，物质和能量一级一级地被转移到大型食肉动物体内。根据能量流动的起点和生物成员取食方式的差异，食物链可分成捕食性、寄生性、腐生性三种。

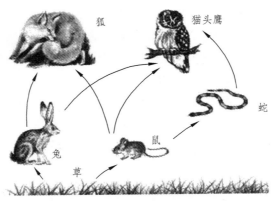

图 2-2　部分食物链与食物网示例

捕食性食物链又称放牧式食物链，它以植物为基础。如在草原上，青草-野兔-狐狸-狼构成以青草为基础的放牧式食物链。寄生性食物链则是以大型生物为基础，由小型生物寄生到大型生物身上构成。例如老鼠-跳蚤-细菌-病毒构成寄生性食物链。腐生性食物链以腐烂的动植物遗体为基础，如植物残体-蚯蚓-节肢动物构成腐生性食物链。

生态系统中，食物链往往彼此交错、彼此相连，形成复杂的网状结构，也就是我们常说的食物网。食物网使生态系统的各组分联系起来，其中的生物种类越多，食性越多样，形成的食物网就越复杂，生态系统就越稳定。

二、生态系统的功能

物质循环、能量流动和信息传递是生态系统的三大基本功能，三者相互影响，密切联系。

（一）物质循环

生态系统中物质是循环流动的，不同于单向、不可逆的能量流动。各种化学元素，包括生物所必需的营养物质，如碳、氮、磷等，在不同大小的生态系统中，乃至整个生物圈里，沿着特定的途径从环境到生物，从生物再到环境，不断地进行着流动和循环，就称为生物地球化学循环。生物地球化学循环可分为水循环、气体型循环和沉积型循环三种类型。

1. 水循环

水是生物圈最重要的物质，是地球上一切物质的溶剂和运转介质；没有水循环，生态系统将无法运行。水循环包括水的自然循环（图 2-3）和社会循环（图 2-4）。前者是指在太阳能和地球表面热能的作用下，地球上的水不断被蒸发成为水蒸气，进入大气；水蒸气遇冷凝聚成水，在重力的作用下，以降水的形式落回地面，又分别以地表径流和地下水流的形式，回归江河湖海，如此周而复始的过程。在城市这一人工构建的生态系统中，水的自然循环就出现了很多问题。例如，城市中大量的不透水地面，导致地表降水无法下渗，大量聚集在地表，从而引发城市内涝；而另一方面，地下水得不到下渗水的补充，日趋枯竭。

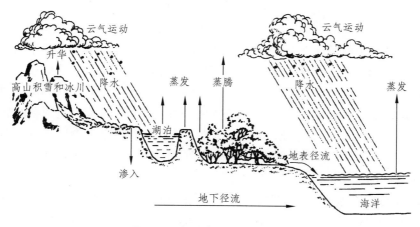

图 2-3　水的自然循环示意图

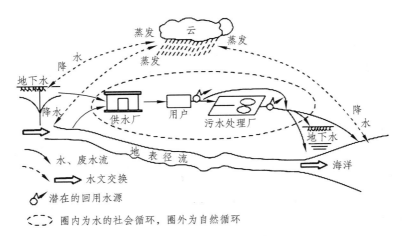

图 2-4　水的社会循环示意图

水的社会循环是指人类为了满足生活和生产的需求，不断取用天然水体中的水，经过使用后，一部分天然水被消耗，但绝大部分却变成生活污水和生产废水排放，重新进入天然水体。它是人类社会需求形成的局部循环体系（取用天然水体→废水排入水体）。与水的自然循环不同，在水的社会循环中，水的性质在不断地发生变化。例如，在人类的生活用水中，只有很少一部分作为饮用或食物加工以满足生命对水的需求的，其余大部分水用于卫生目的，如洗涤、冲厕等。显然，这部分水经过使用会挟入大量污染物质。工业生产中，除了小部分水作为工业原料外，大部分用于冷却、洗涤或其他目的，使用后水质也发生显著变化，其污染程度随工业性质、用水性质及方式等因素而变。在农业生产中，化肥、农药使用量的日益增加使得降雨后的农田径流会挟带大量化学物质流入地面或地下水体，从而形成所谓"面污染"。在水的社会循环中，生活污水和工农业生产废水的排放，是形成自然界水污染的主要根源，也是水污染防治的主要对象。

2. 碳循环

碳是构成生物体的主要元素，约占其干重的 49%；通常，碳是以 CO_2 的形式进行循环的。全球有 99.9% 的碳以碳酸盐、化石燃料（石油和煤）的形式被固定在岩石圈中。植物通过光合作用，将大气中的 CO_2 固定在植物体中。固定的碳部分通过植物的呼吸作用回到大气中；另一部分则通过食物链转化为动物体组分。动植物遗体和排泄物中的碳，通过微生物分解为 CO_2 返回大气，并可被植物重新利用。海洋中，浮游植物将海水中的 CO_2 固定转化为糖类，通过海洋食物链转移。不管是陆地还是海洋中合成的有机物碳，都有一部分以化石有机物质的形式暂时离开循环；当它们被开采利用时，再重新进入新的碳循环。

一般来说，大气中 CO_2 浓度基本是恒定的。但是，自工业革命以来，人类大量使用化石燃料，使 CO_2 排放量大幅度增加。随着大气中 CO_2 浓度的增加，地球表面入射能量和逸散能量之间的平衡被破坏，使得地球表面大气的温度升高，产生"温室效应"。如果以人类目前排放 CO_2 等温室气体的速度估计，到 2100 年，地球表面的温度将上升 2 ℃，这将在全球范围内产生巨大影响。因此，必须要大量削减化石燃料的使用，减少温室气体的排放。

3. 氮循环

氮也构成生命体的重要元素，它主要以氮气（N_2）的形式存在于大气中，约占大气体积的 78%。氮是不活泼元素，很难和其他物质化合，因而气态氮不能直接被一般绿色植物所利用，而必须通过固 N 作用将游离 N 与氧结合成为亚硝酸盐和硝酸盐，或与氢结合成 NH_3，才能为大部分生物所利用，从而进入生态系统参与循环。固氮作用有三条途径：一是高能固氮，即通过闪电、火山活动等，形成氨或硝酸盐后，随降水到达地面；二是生物固氮，如豆科植物固氮；三是工业固氮，即人工合成氨，再生产成多种多样的化肥。固定的氮，被绿色植物吸收转化为氨基酸，合成蛋白质。草食动物摄食后，又合成动物蛋白质。动物代谢过程中，蛋白质分解为含氮的排泄物，再经细菌作用，分解释放出氮。动植物死亡后体内的有机氮，经微生物分解转化成无机氮，形成硝酸盐，可重新被植物利用，参与循环；也可经反硝化作用形成氮气，回到大气中。因此，在自然生态系统中，一方面通过固氮作用使 N 进入物质循环，另一方面又通过反硝化作用使 N 不断返回大气，从而使 N 的循环处于平衡。图 2-5 为氮循环示意图。

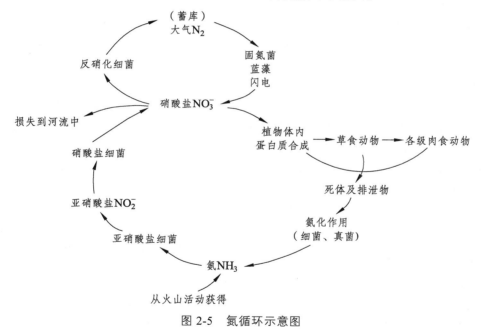

图 2-5　氮循环示意图

人类的工业固氮过程给全球氮循环及其平衡带来了很多问题。现在，每年的工农业固氮量已远大于自然固氮量；使水体出现富营养化，已威胁到我国 75% 左右的湖泊。另外，一部分氮以氮氧化物（NO_x）的形式进入大气，造成如酸雨、光化学烟雾等大气污染。

4. 磷循环

磷是生物不可缺少的养分，对植物生产力的提高具有决定性意义。磷主要有两种存在形态：岩石态和溶盐态。岩石和沉积物中的磷酸盐通过风化、侵蚀和人类的开采，释放出来，成为可溶性磷酸盐。植物吸收可溶性磷酸盐，合成自身原生质，然后通过植食动物、肉食动物在生态系统中传递，再经动物排泄物和动植物残体的分解，重新回到环境中。溶解的磷酸盐，也可随着水流，进入江河、湖泊和海洋，并通过成岩作用再次被固定下来。一方面，被人类开采利用的磷，随污水等大量进入湖泊、海洋，成为水体富营养化的重要来源；另一方面，磷的固定、沉积导致参与生物地球化学循环的磷大部分单向流失，成为不可更新资源。总的来说，磷循环起始于岩石的风化，终于水中的沉积，是典型的沉积型循环。图 2-6 为磷循环示意图。

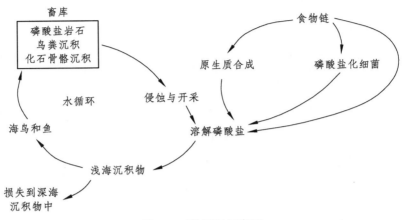

图 2-6　磷循环示意图

综上所述，生态系统中的各种物质，在生物和环境之间不断地进行着循环更替。在没有人类干扰的情况下，其进入食物链和食物网的量和回到环境的量是基本平衡的。但随着人类工业的发展、化石燃料的大量使用、各种自然资源的开发，这种平衡被打破了，导致了诸如温室效应、酸雨、水体富营养化等环境问题。

（二）能量流动

能量流动是生态系统的基本功能之一。在生态系统中，生物与环境相互作用的过程中，始终伴随着能量的流动与转化。

地球上，生态系统的最初能量均来源于太阳。进入大气层的太阳辐射能，约 30%被反射回去，约 20%被大气吸收，只有 50%左右能够到达地球表面，到达地球表面的太阳能又只有 1%左右被植物光合作用所吸收，转化成生物产品中的化学潜能，在生态系统中随食物链传递，并推动物质的流动和循环。

生态系统中能量流动的特点主要表现在：遵循热力学定律；在流动中急剧减少，从一个营养级到另一个营养级，能量以热的形式大量散失，导致生态系统的营养级一般只有 4~5 级；到达地球表面的总辐射能，仅有 1%左右被植物光合作用所吸收；能量单向流动，在各营养级中流动速率有着较大差异。

总的来说，地球上生态系统的能量来源于太阳，伴随着食物链进行单向流动。因此，食物链和食物网是能量流动的渠道，能量以物质作为载体，同时又推动物质的传递和输送。

（三）信息传递

生态系统的另一个基本功能是信息传递。生态系统经过长期进化，已是一个高度信息化的系统。信息就是能引起生物生理、生化和行为变化的信号。这些信息通常分为四类：物理信息、化学信息、行为信息和营养信息。

物理信息是指通过如光、声、热的物理过程来传递的信息；化学信息是指通过生物代谢产生的化学物质如激素等进行信息传递和协调；行为信息主要指动物的各种传递信息的行动；营养信息主要指各种生物之间的食与被食的关系。

正是生态系统中各成分之间的信息传递，把生态系统联系成为一个有机的整体。信息是客观存在，它来源于物质，与能量亦有密切关系。但信息既不是物质本身，也不是能量。

三、生态平衡

1. 生态平衡的含义

在一定时间，相对稳定的环境条件下，生态系统的生产者、消费者和分解者之间，不断地进行能量流动、物质循环和信息传递，保持一种动态平衡的状态，就是生态平衡。生态平衡的一个重要特点是：在受到外来干扰时，能通过自我调节，恢复到初始稳定状态。

生态平衡应包括三个方面，即结构上的平衡、功能上的平衡，以及输入和输出物质数量上的平衡。要强调的是，这种平衡是相对的。任何生态系统都不是孤立的，会与外界发生直接的联系，也会经常受到外界的冲击；另外，生态平衡是动态的平衡。生态系统的各组分，会不断地按照一定的规律运动或变化，能量会不断地流动，物质会不断地循环。

2. 生态平衡的维持

生态系统之所以能保持相对的平衡状态，是因为生态系统的物种多样性，导致其营养结构的多样性。其营养结构越复杂，自动调节能力就越强；结构越简单，自动调节能力就越弱。比如，一个草原生态系统，若只有青草、野兔和狼构成简单食物链，那么一旦野兔的数量减少，狼就会因食物的减少而随之减少；若野兔消失，这个系统就可能崩溃。如果该系统中食草动物还有山羊和鹿，那么当野兔减少时，狼可以去捕食山羊或鹿，同时野兔的数量又可以得到恢复，生态系统就还能继续维持相对平衡的状态。

但是，无论生物多样性有多高，生态系统的调节能力都是有限的，外部冲击或内部变化超过了一定限度，生态系统就可能遭到破坏，生态平衡就会被打破，这个限度称为生态阈值。当外界干扰超过生态阈值时，将造成生态系统的结构破坏、功能受阻、生态紊乱以及反馈自控能力下降等现象，称为生态失衡。

生态失衡的相关因素很多，人为因素是尤其值得关注的，如人类在生产、生活过程中大量排放有毒有害污染物、大面积毁坏森林、过度放牧、滥杀动物等。

<table>
<tr><td>第二节</td><td></td></tr>
</table>

第二节　自然环境的生态管理

一、生态环境保护与管理

（一）生态环境保护的目标和领域

一般来说，人类对自然生态系统的影响包括环境污染和生态破坏，如水污染、大气污染以及砍伐森林、疏干沼泽、围湖围海等。

生态系统的功能是以系统完整的结构和良好的运行为基础的，因此生态环境保护必须从功能保护着眼，从系统结构保护入手。生态系统结构的完整性包括：地域连续性、物种多样性、生物组成的协调性、环境条件匹配性。同时，生态系统都有一定的再生和恢复功能。其中生物多样性的保护是核心，包括：① 避免物种濒危和灭绝；② 保护生态系统完整性；③ 防止生境损失和干扰；④ 保持生态系统的自然性；⑤ 持续利用生态资源；⑥ 恢复被破坏的生态系统和生境等。

生态环境保护的领域非常广阔，涉及自然环境保护、自然资源保护、野生动物保护、文物古迹保护、农业生态环境保护等。目前，世界各国均在尝试采用各种手段对生态环境实施保护，其中包括行政、经济、法律、技术等手段。

（二）我国生态环境保护的指导思想和主要内容

1. 指导思想

我国生态环境保护的指导思想是：以实施可持续发展战略和促进经济增长方式转变为中心，以改善生态环境质量和维护国家生态环境安全为目标，紧紧围绕重点地区、重点生态环境问题，统一规划，分类指导，分区推进，加强法治，严格监管，坚决打击人为破坏生态环境行为，动员和组织全社会力量，保护和改善自然恢复能力，巩固生态建设成果，努力遏制生态环境恶化的趋势，为实现祖国秀美山川的宏伟目标打下坚实的基础。

2. 主要内容

我国生态环境保护的主要内容如下。

（1）重要生态功能区的生态环境保护

江河源头区和防风固沙区等重要生态功能区，在保持流域、区域生态平衡，减轻自然灾害，在确保生态环境安全等方面具有重要作用。对这些区域的自然生态系统应严加保护，通过建立生态功能保护区，实施保护措施，防止生态环境的破坏和生态功能的退化。

（2）重点资源开发的生态环境保护

主要包括对水、土地、森林等重要自然资源的环境管理，加强资源开发利用中的生态环境保护工作。各类自然资源的开发，必须遵守法律法规，依法履行生态环境影响评价手续；资源开发重点建设项目，应编报水土保持方案，否则一律不得开工建设。

（3）生态良好地区的生态环境保护

生态良好地区特别是物种丰富区是生态环境保护的重点区域，要采取积极的保护措施，保证这些区域的生态系统和生态功能不被破坏。在物种丰富、具有自然生态系统代表性、典型性、未受破坏的地区，应抓紧抢建一批新的自然保护区，如横断山区、新青藏接壤高原山地、浙闽赣交界山地、海南岛和三江平原等地。

另外，重视城市生态环境保护。在城镇化进程中，要切实保护好各类重要生态用地。大中城市要确保一定比例的公共绿地和生态用地，深入开展园林城市创建活动，加强城市公园、绿化带、片林、草坪的建设与保护，大力推广庭院、墙面、屋顶、桥体的绿化和美化。

生态示范区和生态农业县建设。鼓励和支持生态良好地区，在实施可持续发展战略中发挥示范作用。进一步加快县（市）生态示范区和生态农业县建设步伐。

3. 对策与措施

我国生态环境保护的对策与措施主要有：

（1）加强领导和协调，建立生态环境保护综合决策机制

包括：① 建立和完善生态环境保护责任制；② 积极协调和配合，建立行之有效的生态环境保护监管体系；③ 保障生态环境保护的科技支持能力；④ 建立经济社会发展与生态环境保护综合决策机制。

（2）加强法制建设，提高全民的生态环境保护意识

加强立法和执法，把生态环境保护纳入法治轨道。严格执行环境保护和资源管理的法律、法规，严厉打击破坏生态环境的犯罪行为。抓紧相关法律法规的制定和修改工作，制定生态功能保护区生态环境保护管理条例，健全、完善地方生态环境保护法规和监管制度。

（3）认真履行国际公约，广泛开展国际交流与合作。

（4）加强生态环境保护的宣传教育，不断提高全民的生态环境保护意识。

二、生态安全

（一）生态安全的概念

生态安全是指关系到全人类、某一国家、地区或城市居民的生存安全的环境容量最低值是否具备、战略性自然资源存量的最低人均占有量是否有保障、重大生态灾害是否得到抑制等一系列要素的总称。

生态安全最基本要求是通过人类社会对生态环境的有效管理，确保地区、国家或全球所处的生态环境对人类生存的支持功能，避免其减缓或中断人类生存和文明发展的进程。

生态安全的特点是生态危机影响深远化、生态危机后果严重化、生态安全"代际"化、生态安全全民化、生态安全全球化。地球是全人类共有的唯一家园，一个国家或地区的生态危机和生态安全会影响另一些国家或全球，因此要加强对生态安全问题的研究。

（二）中国的生态安全问题

当前，中国面临的生态安全问题可分为全球性生态安全问题和区域性生态安全问题两大类。全球性生态安全问题包括全球气候变化、海洋污染、全球臭氧空洞、生物多样性的锐减等，甚至还有小行星碰撞、太阳磁暴、周期性小冰期变化，以及核爆炸、化学泄漏等人为灾难等。全球性生态安全问题的解决需要全球合作，任何国家和地区均不能置身事外。

中国面临的区域性生态安全问题主要包括：

（1）国土生态安全问题

主要表现在：森林总量不足、分布不均、质量不高、生态效益低；荒漠化面积较大、分布较广、沙漠化危害较严重且石漠化现象凸显；土壤流失严重；农业过量使用化肥，农牧业面源污染；河流污染导致水质性缺水现象；生物多样性锐减；洪涝灾害、沙尘暴灾害等。

（2）健康生态安全问题

人居环境的污染通过食物链，空气和辐射对居住人口产生不利影响，污染物在人体中长期积累，在造成各种环境类疾病的同时，还有遗传性病变的可能。

（3）城市生态安全问题

城市的人口集中，生活垃圾、生活污水以及污染性气体的处理存在问题；同时，城市人口的集中还增加了有害生物传播和疾病流行的生态风险。

（4）非可控生物入侵的生态安全问题

非可控生物包括动植物、微生物、病毒、有害物质，它们的生态入侵也是影响生态安全的重要原因。外来生物对经济、社会、文化和人类健康都有巨大影响。

（5）经济建设活动引发的其他生态安全问题

经济建设活动引发的生态安全问题有：核能事故、核废料处理；化工生产中各种有害化合物排放、外溢；海陆管道运输过程中途经地、储存地的有害物质外溢等。

（三）生态保护红线

1. 生态保护红线的由来

近年来，各种生态安全问题已经持续影响到国计民生，引发了全社会的广泛关注，人们对于改善生态环境的呼声越来越高；国家领导层多次强调重视生态环境保护，并提出了底线控制的思路，用红线划定最基础的生态本底，严格保护，阻止生态环境的进一步恶化。

"生态红线"概念在我国国家层面的生态政策中首现于《国务院关于加强环境保护重点工作的意见》（国发〔2011〕35号）当中；专门对"生态红线"进行的具体阐述则首现于《中共中央关于全面深化改革若干重大问题的决定》，将"生态红线"从生态空间保护领域拓展至生态资源和生态环境领域，生态红线就此成为一个综合性的概念。

生态保护红线是中国国土空间规划和生态环境体制机制改革的重要制度创新。中国

"划定生态保护红线，减缓和适应气候变化"行动倡议，入选联合国"基于自然的解决方案"全球 15 个精品案例。到 2021 年，全国生态保护红线划定工作基本完成，初步划定的全国生态保护红线面积比例不低于陆域国土面积的 25%，覆盖了重点生态功能区、生态环境敏感区和脆弱区、生物多样性分布的关键区域。

　　2. 生态保护红线的内涵和意义

　　生态保护红线的内涵可以界定为：为维护国家和区域生态平衡，依据生态系统的结构功能特征和生态系统保护需求而划定的，以维护和提升生态功能为目的的特殊区域。

　　通常对生态保护红线有狭义和广义两种理解。广义的生态保护红线体系包括生态功能红线、环境质量红线和资源利用红线。狭义的生态保护红线则仅指生态功能红线。

　　生态保护红线制度，核心是在特殊区域划定生态保护红线区域，实施特殊管理。生态保护红线的划定是根据国家或区域生态系统状况、功能和特征，在充分考虑生态系统的完整性和稳定性，综合考量国家和区域经济社会发展需求的基础上，对特殊区域划定边界的过程。根据我国现有政策、立法的有关规定，生态保护红线划定范围应包括以下四大类型区域。

　　（1）重要生态功能区：指在水土保持、水生态保护、防风固沙、环境质量维护、保护生物多样性等方面具有重要作用，关系到国家或区域整体生态安全的地域空间。

　　（2）生态环境敏感区：是指对外界干扰和环境变化反应敏感，易于发生生态退化的区域，如水土流失、土地沙化、石漠化敏感区；海滨湖岸敏感区、海岸侵蚀敏感区等。

　　（3）生态环境脆弱区：是指生态系统组成结构稳定性较差，抵抗外在干扰和维持自身稳定的能力较弱，易于发生生态退化，且自我修复能力较弱，恢复时间较长的区域。

　　（4）禁止开发区：是指严格禁止开发和开采的区域空间，包括饮用水源保护区、国家级自然保护区、海洋自然保护区、世界文化自然遗产、国家级风景名胜区、国家地质公园等。

　　生态保护红线的理论基础是可持续发展理论及其核心承载力理论。生态保护红线概念的提出，在理论上是对生态环境保护相关理论的发展和完善，具有维护国家和区域生态安全，维持社会经济可持续发展，保障人民生活健康的意义，是国家层面的生命线。生态保护红线的划定与生物多样性保护具有高度的战略契合性、目标协同性和空间一致性，将有效提升生态系统服务功能，维护国家生态安全及经济社会可持续发展所必需的最基本生态空间。

　　（四）我国生态环境状况的评价及方法

　　如何定量认识生态系统，是进行生态环境管理与保护的重要环节。为贯彻《中华人民共和国环境保护法》，加强生态环境保护，评价我国生态环境状况及变化趋势，我国环境保护主管部门采用生态环境状况指数（EI）来综合定量说明现有生态环境状况，为生态环境的管理提供有力依据，如表 2-1 所示。

表 2-1 生态环境状况指数 (EI) 分级

生态环境状况指数	等级	特 点
≥75	优	植被覆盖度高，生物多样性丰富，生态系统稳定
55~75	良	植被覆盖度较高，生物多样性较丰富，适合人类生活
35~55	一般	植被覆盖度中等，生物多样性一般水平，较适合人类生活，但有不适合人类生活的制约性因子出现
20~35	较差	植被覆盖较差，严重干旱少雨，物种较少，存在明显限制人类生活的因素
<20	差	条件较恶劣，人类生活受到限制

生态环境状况指数是一个综合指数，反映区域生态环境的整体状况。其评价指标体系如图 2-7 所示。其中，环境限制指数是一个约束性指标，将根据区域内出现的严重影响人居生产生活安全的生态破坏和环境污染事项，如重大生态破坏、环境污染和突发环境事件等，对生态环境状况进行限制和调节，如表 2-2 所示。

生态环境状况指数
- 分指数
  - 生物丰度指数：反映生物的丰贫
  - 植被覆盖指数：反映植被覆盖的高低
  - 水网密度指数：反映水的丰富程度
  - 土地胁迫指数：反映土地遭受胁迫的程度
  - 污染负荷指数：反映存在的污染物压力
- 环境限制指数——约束性指标

图 2-7 生态环境状况指数评价指标体系

表 2-2 环境限制指数约束内容

分 类		判断依据	约束内容
突发环境事件	特大环境事件	按照《突发环境事件应急预案》，区域发生人为因素引发的特大、重大、较大或一般等级的突发环境事件，若评价区域发生一次以上突发环境事件，则以最严重等级为准	生态环境不能为"优"和"良"，且生态环境质量级别降 1 级
	重大环境事件		
	较大环境事件		生态环境级别降 1 级
	一般环境事件		
生态破坏环境污染	环境污染	存在环境保护主管部门通报的或国家媒体报道的环境污染或生态破坏事件（包括公开的环境质量报告中的超标区域）	存在国家环境保护主管部门通报的环境污染或生态破坏事件，生态环境不能为"优"和"良"，且生态环境级别降 1 级；其他类型的环境污染或生态破坏事件，生态环境级别降 1 级
	生态破坏		
	生态环境违法案件	存在环境保护主管部门通报或挂牌督办的生态环境违法案件	生态环境级别降 1 级
	被纳入区域限批范围	被环境保护主管部门纳入区域限批的区域	生态环境级别降 1 级

在实际应用时常将生态质量变化分为无明显变化、略微变化、明显变化、显著变化 4 个级别。例如，2020 年，全国生态环境状况指数（EI）值为 51.7，生态质量一般，与上年相比无明显变化，以此来指导生态环境保护工作的开展。

三、生物多样性的保护和自然保护区的建设

（一）生物多样性的保护

生物多样性是生物与环境形成的生态复合体以及与此相关的各种生态过程的总和。实现生物多样性的有效保护与可持续利用，对维护生态平衡和生态安全，保障社会经济可持续发展，具有深远意义。

1. 生物多样性的概念

生物多样性包括多个层次和水平，其中主要有遗传多样性、物种多样性、生态系统多样性和景观多样性四个层次。遗传多样性又称基因多样性，是指所有生物个体中所包含的各种遗传物质和遗传信息，包括了不同种群的基因变异和同一种群内的基因差异。物种多样性是指物种水平上的生物多样性。它是用一定空间范围内物种的数量和分布特征来衡量的。研究物种多样性的现状、形成、演化及维持机制等是物种多样性的主要研究内容。生态系统多样性是指生物圈内生境、生物群落和生态过程的多样化以及生态系统内生境差异、生态过程变化的多样性。景观多样性是指不同类型的景观在空间结构、功能机制和时间动态方面的多样性和变异性。能量、物质和物种在不同的景观要素中呈异质分布，加上景观要素在大小、形状、数目和外貌上的变化，景观在空间结构上呈现高度异质性。

生物多样性需在上述四个层次上都得到保护。保护的重点应是生态系统的完整性和珍稀濒危物种。

2. 生物多样性面临的威胁及其原因

人类的生产、生活活动正破坏和改变野生生物栖息地，人类对生物资源的过度利用、环境污染、城市化发展等，无不严重威胁生物多样性。

生物栖息地破坏是生物多样性面临的最大威胁之一。目前大约 90% 的已知临近灭绝物种的灾难是由生境破坏引起的。

生物资源的过度利用是另一重要威胁。森林的过量开采，过度放牧和垦殖，野生动植物的乱捕滥采等过度开发利用生物资源的行为，也使生物多样性遭受严重威胁。

环境污染对生物多样性的威胁已逐渐被认识到。环境污染会影响生态系统各个层次的结构、功能和动态，进而导致生态系统退化。

另外，导致生物多样性降低的重要原因还包括外来物种入侵、工业化和城市化发展、气候变暖等。自 1960 年以来，全世界两栖类和爬行类动物由于外来种的引入，共有 22 种灭绝。工业化的发展使农业、林业、渔业、畜牧业品种结构单一化，降低了物种的丰

富度和种类的遗传多样性。气候变暖同样严重影响全球的生物多样性，并改变生物群落的分布。

3. 保护生物多样性的措施

生物多样性对人类生存与社会发展有极重要的意义，如何保护生物多样性是当今人类面临的重大任务之一。

（1）建立自然保护区。保护生物多样性的最佳途径是保护自然群落及其生境，在这种自然条件下，才可能使种群有足够多的数量以避免出现遗传漂变。同时在自然生态系统中物种可以与其他物种及其环境相互作用连续其进化过程，以适应不断变化的环境。

（2）建立珍稀动物养殖场。由于栖息繁殖条件遭到破坏，有些野生动物的自然种群将来势必会灭绝。为此，从现在起就必须着手建立某些珍稀动物的养殖场，进行保护和繁殖。

（3）建立全球性的基因库。如为了保护作物的栽培种及其会灭绝的野生亲缘种，建立全球性的基因库网。现在大多数基因库贮藏着谷类、薯类和豆类等主要农作物的种子。

随着《生物多样性公约》第十五次缔约方大会（COP15）在昆明召开、《关于进一步加强生物多样性保护的意见》《中国的生物多样性保护》白皮书的发布，既全面总结了我国生物多样性保护工作成效，也明确了新时期进一步加强生物多样性保护的新目标、新任务，为统领各部门、各地方开展生物多样性保护工作提供了指引，也向世界展现了中国对生物多样性保护工作的重视和担当。

（二）自然保护区的建设

工业革命以后，经济飞速发展，但同时也给环境造成一定的破坏。随着污染的加剧，改善环境质量和保护自然资源逐渐成为全球共识，建设自然保护区就在这种情况下应运而生。

1. 自然保护区的概念

按照《中华人民共和国自然保护区条例》中的定义，自然保护区是指对有代表性的自然生态系统、珍稀濒危野生动植物物种的天然集中分布区、有特殊意义的自然遗迹等保护对象所在的陆地、陆地水体或者海域，依法划出一定面积予以特殊保护和管理的区域。自然保护区按照保护对象的不同分为生态系统类型保护区、生物物种保护区和自然遗迹保护区。

2. 我国自然保护区的管理

我国自然保护区实施分级管理，分为国家级自然保护区和地方级自然保护区。地方级自然保护区也可以分级管理，分别为省级、市级和县级自然保护区。

我国还将自然保护区分为核心区、缓冲区和实验区，分别实施相应的保护措施。核心区是指自然保护区内保存完好的天然状态的生态系统以及珍稀、濒危动植物的集中分布地。对核心区实施严格的保护措施，禁止任何单位和个人进入，也不允许进入从事科学研究活动。如因需要，必须进入从事科学研究观测、调查活动的，要经过严格审批。

核心区外围可以划定一定面积作为缓冲区，该区只准进入从事科学研究观测活动，且同样需要经过审核和批准等。在缓冲区外围划定实验区。实验区可以进入从事科学试验、教学实习、参观考察、旅游以及驯化、繁殖珍稀、濒危野生动植物等活动。

3. 建设自然保护区的目的

国际公认最早的自然保护区是美国的第一个国家公园——黄石公园。如今世界各地纷纷成立了多种不同性质、不同保护对象的自然保护区。总的来看，建设自然保护区的目的如下：

（1）为人类提供生态系统的天然本底，成为活的自然博物馆，也可为以后评价人类活动的后果提供比照标准，为建立合理的、高效率的人工生态系统指明途径。

（2）野生生物物种的天然储存库，能为大量物种提供栖息、生存和保持生物进化过程的良好条件，有效保护生物物种多样性，尤其是保护珍稀、濒危的物种，以便人类可以持续利用。

（3）保护天然植被及其生态系统，改善区域生态环境，特别是在生态系统比较脆弱的地域建立自然保护区，对于改善环境维持生态平衡的作用更大。

（4）保留自然历史纪念物，如瀑布、火山口、陨石、古生物化石以及古老树木等。

（5）科学研究的天然实验室，文化教育和旅游活动的基地。

建立自然公园和自然保护区已成为各国保护自然生态和野生动植物免于灭绝并得以繁殖、保护生物多样性的主要手段。

4. 国家公园的建设

为加强生物多样性保护，我国正加快构建以国家公园为主体的自然保护地体系，逐步把自然生态系统最重要、自然景观最独特、自然遗产最精华、生物多样性最富集的区域纳入国家公园体系。到 2021 年，我国已正式设立三江源、大熊猫、东北虎豹、海南热带雨林、武夷山等第一批国家公园，保护面积达 23 万平方千米，涵盖近 30%的陆域国家重点保护野生动植物种类。同时，本着统筹就地保护与迁地保护相结合的原则，启动北京、广州等国家植物园体系建设。

到 2025 年，我国要健全国家公园体制，完成自然保护地整合归并优化，完善自然保护地体系的法律法规、管理和监督制度，提升自然生态空间承载力，初步建成以国家公园为主体的自然保护地体系。到 2035 年，显著提高自然保护地管理效能和生态产品供给能力，自然保护地规模和管理达到世界先进水平，全面建成中国特色自然保护地体系，届时自然保护地将占陆域国土面积 18%以上。

📖 阅读材料

从 60 万~70 万年前到现在，野生大熊猫由分布广泛退缩到我国中部和西南部的一条狭长的地带，面积仅约占我国国土面积的 0.3%。这些地区遍布高山深谷，海拔差异显著，在垂直高度上催生了多种多样的气候环境，是世界上最后的野生大熊猫栖息地。但这片栖息地并不是连续分布的，生活在这里的 1800 多只野生大熊猫，又被分隔成了 33 个种群。它们彼此间相互孤立，如同一个个破碎的岛屿。如果遇到地震、大火等自然灾害，它们只能困守在当前的栖息地中。同样，这种栖息地的"破碎"还阻断了不同种群间的基因交流，让种群中的遗传特性变得越来越单调，物种也越来越脆弱，这种情况就叫作"栖息地破碎化"。

对野生大熊猫来说，"栖息地破碎化"带来的种群隔离是最严峻的生存挑战之一。造成种族隔离的原因一部分是自然因素——栖息地中的高山峡谷形成了天然屏障，但更多时候是由人为因素，如森林砍伐、放牧以及道路的修建等所造成的。除了这些直接原因外，多头管理则是一个间接但更重要的原因。就目前所建立的 67 个大熊猫自然保护区，包括风景名胜区、森林公园、地质公园和世界自然遗产等数十个保护地，其中有部分就存在严重的区域重叠、管理交叉等问题，很难进行统一的规划和管理。

2017 年，我国把这片区域的各类保护地连接成片，统一管理，组成一个跨越 3 个省，涵盖 5 个片区，面积约 2.7 万平方千米的大园区，这就是大熊猫国家公园。在这个范围内，原本交织重叠的各类保护地，都通过国家公园管理局统一管理。不仅如此，过去保护区外围可以进行科研教育、参观游览，甚至居民生产，这就导致保护区之间同样处于隔离的状态。而国家公园建立后，大量保护区之间的地带，包括部分之前没有被保护区覆盖的区域，都逐渐得到填补和连通，形成一片相对完整、连续的栖息地。

这种做法，远不止保护大熊猫这一个物种这么简单，对于同样生活在这片土地的其他珍稀物种，也将起到非常积极的作用。保护大熊猫的栖息地就相当于保护着这片土地上的全部物种以及一个完整、原始的生态系统。

四、生物入侵的防控

1. 生物入侵的概念

生物入侵是全球生态变化的一个重要组成部分，并对全球生物多样性构成威胁，主要表现在两个方面：一是外来入侵物种本身形成优势种群，使本地物种的生存受到影响并最终导致本地物种灭绝；二是通过压迫和排斥本地物种，导致当地物种组成和结构发生改变。

生物入侵是指由于人类有意识或无意识地把某种生物带入适宜其栖息和繁衍的地区，种群不断扩大，分布区逐步稳定地扩展，危害当地的生产和生活，改变当地生态现状的过程。生物入侵主要分为 4 个阶段：① 入侵。生物离开原来的生态系统到一个新的环境，绝大部分是由人类活动造成的。② 定居。生物到达入侵地区后，经过对当地生态条件的驯化，生长、发育并进行了繁殖，至少完成一个世代。③ 适应。入侵生物已在新地区繁殖了几代。由于入侵时间短，个体基数小，所以种群数量增长不快，但每一代对新环境的适应能力都有所增强。④ 扩展。入侵生物已基本适应新生态系统生活，种群已发展到一定数量，具有合理年龄结构和性比，并且有快速增长和扩散的能力。

事实表明，生物入侵非常广泛和普遍，无论陆地还是海洋，温带还是热带，也无论哺乳动物、鸟类、鱼类、昆虫等，生物入侵都不时发生。

2. 生物入侵的预防与控制

生物入侵对生态系统的影响是多方面的。外来入侵生物一旦扩散，可能对生态环境、经济、人体健康造成严重破坏。因此，我们必须采取强有力的措施，预防为主，严格管控。

（1）加强边境海关对入境动植物的检疫和阻截作用

要有效防止生物入侵，首先要加强边境海关对入境动植物的检疫和阻截作用。凡是携带规定名录以外的动植物、动植物产品和其他检疫物进境的，在进境时必须向海关申报并接受口岸动植物检疫机关的检疫。携带动物进境的，必须持有输入国家或者地区的检疫证书等。

（2）建立外来入侵物种防御体系

建立一整套的外来入侵物种控制体系，对于外来入侵物种进行早期预测、监测、控制和迅速反映，是十分紧要的。如建立健全部门间工作协调机制，多部门协同推进全国外来入侵物种普查，摸清我国外来入侵物种种类数量、分布范围及危害程度。构建外来入侵物种信息数据库。加强外来入侵物种清除、控制、资源化利用技术研究，组织开展重大技术攻关和成果应用示范。

（3）外来物种入侵风险评估

外来物种入侵风险评估包括健康风险、对经济生产的威胁、对当地野生生物和生物多样性的威胁、引起环境破坏或导致生态系统生态效益损失的风险等。外来物种能否入侵，只有通过风险评估才能确认。

（4）建立外来入侵物种早期预警体系

国家外来入侵物种早期预警体系实际上是地方和中央之间的一种协调机制。国家或地方建立网络，通过各种技术支持手段，提供外来入侵物种信息，帮助评估物种入侵的危险性，预测潜在影响并提供管理措施建议等。合理布局外来入侵物种监测站点形成系统性网络，探索利用卫星遥感、物联网、环境 DNA 等技术进行调查监测，提升外来入侵物种动态监测预警能力。

（5）建立物种引入后的监测和快速反应体系

为了能及时控制入侵物种的大爆发，我们需要建立良好的快速反应体系，制订针对入侵的快速反应计划，包括一旦探测到入侵现象，能够迅速组织专家进行鉴定、研究，提供物种信息，制订控制计划，采取适当的控制措施，并迅速提供经费等。建立健全生物技术环境安全监测网络，提高生物技术环境风险与安全管理能力。

（6）建立经济制约体系

为了控制外来物种入侵，必须明确责任界限。特别是国际及国内贸易中，在计算贸易成本时也应该把引入外来入侵物种的潜在风险成本考虑进去。因此，需要建立合理的潜在外来入侵物种引入的经济控制机制，明确引入外来物种者应该承担的经济责任。

（7）建立广泛的合作关系

控制外来入侵物种牵涉的范围十分广泛。在国际上，控制外来入侵物种必然涉及国际贸易、海关检疫等，因此会给经济和外交带来一些影响，而控制技术措施也涉及国际合作和研究。

在国内，外来入侵物种问题涉及许多部门，这些部门在这个共同的问题上的理解和合作，决定着能否有效地控制外来入侵物种。

（8）加强宣传教育，建立新的生物防护道德规范

外来入侵物种与人类活动有着密切的关系。人类需要建立一种新的生物防护道德规范，进一步规范自己的行为，肩负起控制外来入侵物种的责任。强化外来入侵物种防控宣传教育，提高公众的风险防范意识。

第三节　典型环境问题的生态视角

一、大型工程项目建设对生态的影响及缓解措施

（一）概　述

在水利水电、矿业、农牧业、交通运输、旅游等行业的开发活动和区域开发中，主要影响对象是自然资源，属于主要对生态环境造成不利影响的工程建设项目。

生态环境影响需要积累到一定程度后才体现出来，而一旦生态环境被破坏，进行恢复的代价极大。因此，需要分类认识和管理。从可持续发展的角度，论证建设项目和规划的科学性和合理性，避免产生大的生态破坏，目前主要的手段是开展生态环境影响评价。

（二）水利水电工程项目对生态的影响及缓解措施

1. 影　响

水利水电工程项目对生态的影响主要体现在：① 对建设区气候有一定的影响。主要原因是水利水电工程的建设会在一定范围改变原有的地质构造和地理环境，修建水库会改变周围空气湿度，导致地表水流动活跃，改变原来的大气环流，进而引起当地的天气变化。② 影响水文生态平衡。水利水电工程建设在一定区域内改变了当地的水域情况，将陆地变水域、浅水变深水、流水改静水，这将对周边生态环境产生影响。此外，项目建成后，若施工单位不能及时处理施工现场，将导致建筑垃圾堆积，影响水流速度，污染水体。③ 影响周围生物的生存环境。水利水电工程建设还会破坏水体中的流体养分，

导致水质严重下降，水文循环周期受到干扰，最恶劣的情况会导致该地区生态失衡，动植物无法正常生存。

📚 阅读材料

山东荣成天鹅湖坐落于胶东半岛威海市荣成市成山镇境内，是亚洲最大的野生天鹅越冬栖息地。然而，由于当地曾在无环保论证的情况下进行开发建设，这一区域的天然环境几乎被毁掉。

（1）建水下大坝：荣成天鹅湖原来有一处天然海口，海产资源丰富，为增加海产品产量，在没有环保论证的情况下，当地花巨资在海口修建6座水下大坝以提高水位，这导致每次海水涨潮时带来的泥沙淤积下来，既使海产品产量下降，又破坏了该区生态环境。

（2）湖底清淤：为避免该海口变为沼泽，当地又在没有环保论证的情况下，于1999年进行湖底清淤，导致芦苇和沼泽地消失，水源涵养不复存在，以此为生的天鹅逐渐消失。

（3）人工引水：当地认为是清淤工程减少了淡水水源导致了天鹅的减少，于是又人工从附近森林里引来了若干条小溪，但是没有了生存所需要的芦苇，天鹅的数量依然在减少，人工引水收效甚微。

（4）炸坝：经过论证之后，认为天鹅减少、海口消失的问题是水下大坝的修建引起的，为保护环境，2000年当地又花巨资将所建的6个水下大坝爆破。

如今，正采取各种措施恢复环境，但要恢复原状还需要很长时间和更多的努力。如果在项目开工之前进行环境影响评价，对可能造成的环境影响进行科学的评价、预测，那么发生类似事件的可能性将大大降低。

2. 缓解措施

水利水电工程的生态影响在一定范围内是难以完全消除的，因此只能积极地采取一些预防和补偿措施。

（1）落实并完善生态环境影响的评价工作

在水利水电工程建设之前，相关人员必须实地调查当地的生态环境情况，在充分分析的基础上，准确、全面地预测可能会出现的负面生态环境影响，并提出切实可行的措施和方案。

（2）构建并完善生态补偿机制

生态平衡一旦被打破，就很难在短时间内恢复。为切实缓解水利水电工程对生态环境的影响，建立并完善补偿机制，以促进及时修复工程建设所破坏的生态环境是非常必要的。相关单位应明确受破坏的生态范围，投入资金开展生态修复，加速生态环境的平稳恢复，采取相关措施保护区域生态。

（3）强化施工运行的管理制度和保护工作

强化环境管理力度,不定时检测施工区域的大气环境、水体情况,掌握施工地区生态环境的基本情况,适当完善环境监理制度,降低施工对环境所形成的不良影响。

(三)交通项目对生态的影响及缓解措施

1. 影　　响

道路交通对促进人类社会经济发展和信息交流起着重要的作用,其分布范围之广和发展速度之快,是其他人类建设工程不能比拟的。然而,道路交通为人类社会带来巨大效益的同时,对自然景观和生态系统所产生的不利影响也逐渐扩大,如环境污染、景观破碎、生物多样性减少等。交通对生态的影响可以分别从理化环境、生物成分和自然景观格局三方面来看。

(1)交通对理化环境的影响

交通建设以及运输过程对理化环境均有一定影响。道路的建设会破坏地表植被,改变自然土壤结构,干扰各土层的发育和土体构型,从而导致土壤抗侵蚀能力差,容易产生土壤侵蚀,危害当地的生态环境。另一方面,道路交通建设占用大量土地资源,大量的交通流量不仅影响路域的温度、风速等气候因子,还制造噪声,产生灰尘以及排放各种污染物等。

(2)交通对生物成分的影响

纵横交错的道路网络破坏了生物的栖息生境,也是造成生境和种群破碎化的主要原因。当路网密度较大时,会迫使动物从原生境转移,从而影响种群分布和物种数量,增加了种群灭绝的风险。沿河建设的道路或横跨水域架设的桥梁可能会改变河流景观结构,影响水生动物洄游习性,对当地水生生态系统产生难以恢复的影响。

(3)交通对自然景观格局的影响

道路交通建设对自然景观格局的影响主要表现在导致区域景观破碎化,破坏动植物栖息环境,影响物种的传播和迁移,并可能产生边缘效应。

交通项目的类型不同,对生态的不利影响也不同,应依据具体工程特征和当地环境条件而定。

2. 缓解措施

完全避免交通项目的不利影响几乎是不可能的,但我们仍应尽可能做好以下工作:

(1)做好交通领域战略环境评价和生态环境影响评价

生态环境评价是交通建设规划设计合理性的重要依据之一。我国在 20 世纪 70 年代开始建立环境影响评价制度,2002 年正式进入战略环境评价阶段,这为我国交通领域战略影响评价应用研究提供了法律依据。我国同时也利用地理信息系统(GIS)、预测模型等各种技术方法对交通的生态环境影响评价开展了大量工作。

(2)交通生态保护与恢复

道路交通建设环境保护及恢复方面的问题,内容涉及前期的道路规划设计、施工和控制、后期的路域绿化等方面。绿化是国内外交通建设中都非常重视的一个内容。适宜的植物选择和植被营造技术可以在严重破坏地带短时间形成覆盖度较高的植被群落，发挥控制水土流失、降低土壤侵蚀、增加交通环境的景观丰富度以及改善环境小气候等作用。随着区域内种群数量增加，可以促进群落演替和稳定，使受交通影响的生态系统逐渐恢复。

（3）交通污染物的治理

交通噪音和排放污染物的治理是交通生态环境保护的重要内容。目前，针对交通噪声控制的主要措施包括低噪音交通工具、低噪音路面、声屏障、绿化、建筑隔声等；针对交通排放污染物控制主要通过提高发动机燃烧技术、尾气净化技术、燃料技术等来降低交通工具的排污量。

 阅读材料

青藏高原生态系统类型多种多样，生物种群丰富，是我国和南亚地区的"江河源"和"生态源"，生态环境原始，独特而脆弱。为了保护高原湛蓝的天空、清澈的湖水、珍稀的野生动物，青藏铁路建设中的环保投入高达 20 多亿元，是当时我国环保投入最多的铁路建设项目。

为了保障野生动物的正常生活、迁徙和繁衍，青藏铁路全线建立了 33 条野生动物通道。栖息于青藏高原的藏羚羊，每年春夏季节都会大规模迁徙。项目环评报告中就对铁路建设对藏羚羊影响进行了分析，提出修建野生动物通道的保护措施，并根据不同动物的迁徙习性，设计了桥梁下方、隧道上方及缓坡平交三种形式，确保了藏羚羊安全自由穿越青藏铁路。根据环保验收报告，野生动物通道对其迁徙和种群交流起到了积极的作用，藏羚羊正逐步熟悉利用该通道迁徙。

为恢复铁路施工临时用地上的植被，施工中采用了高原土质的改良技术、草甸苗木的移植技术等创新举措。科研人员开展了高原冻土区植被恢复与再造研究，采用先进技术，使植物试种成活率达 70% 以上，比自然成活率高一倍多。在久马高速原生态植被恢复试验基地上，草甸被切割成方形整齐堆放养护等待树木回植，在表土养护及苗木验证试验基地上，集中堆放、摊平因施工开挖的表土，经营养培育后，栽种白桦、冷杉、侧柏、高山柳等多种高原树木。

青藏铁路的生态环境保护实践仅仅是我国正确处理保护与发展的关系、统筹协调保护与开发、保护与建设的一个缩影。无论是青藏铁路的野生动物通道还是久马高速的草甸回植、表土养护、苗木培育回植等技术，这些绿色的"火种"对青藏高原的重大基础设施建设项目的生态环境保护工作正在产生着重要的影响和作用。

二、城市生态

（一）城市生态系统及其特点

城市生态系统是地球上人口集中地区，由城市居民和城市环境系统组成的，是有一定结构和功能的有机整体，是一个多层次的复杂的生态系统（图 2-8）。其特点是：① 以人为主体：人口高度集中，其他生物的种类和数量都很少。② 人工的生态系统：人工控制对该系统的存在与发展起着决定性作用，但是是在自然控制的大背景上起作用，同样受到太阳辐射、气温、气候等自然因素的控制。③ 不完全的生态系统：城市生态系统中生产者不仅数量显著不足，而且其作用有所改变。城市中的植物不是用来提供食物，而是为了美化景观、消除污染和净化空气等，因此大量的能量和物质需要人为地从其他生态系统输入。④ 高度开放的生态系统：依靠外部输入能量和物质，在系统内部的生产消费和废物排放也要依靠人为处理或向其他生态系统输出，利用其他生态系统的自净能力消除其不良影响。

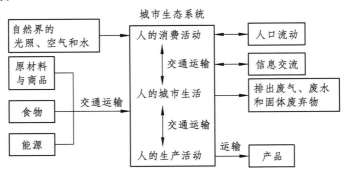

图 2-8　城市生态系统结构

自然生态系统的协调是靠共生、竞争、自然选择来自我调控各种生态关系，达到系统整体功能最优。城市生态系统是结构复杂、功能多样、高度人工化的开放性巨系统，缺乏自然生态系统那种自完善、自组织、自控制机制，因此要运用生态学的原理和系统优化的方法，通过人为作用去调节控制城市生态系统内部的各种生态关系，促进人与自然的和谐与协调，实现城市的生态平衡和可持续发展。

（二）生态城市的建设

我国生态学家马世骏（1984）认为，生态城市是自然系统合理、经济系统有利、社会系统有效的城市复合生态系统。王如松（1988）认为，生态城是社会、经济、自然协调发展，物质、能量、信息高效利用，生态良性循环的人类聚居地。生态城的"生态"，包括人与自然环境的协调关系以及人与社会环境的协调关系两层含意；生态城的"城"，指的是一个自组织、自调节的共生系统。

生态城市建设的主要内容一般包括以下几方面。

1. 城市生态环境工程建设

（1）城市绿化工程建设。包括城市园林绿化；街道景点、行道树绿化；城市山林绿化；城市农业、果林基地建设；城市花卉基地建设等。按可持续发展原则将这些绿化工程建设有机组合和分布，避免大建草坪不种树，毁良田、填埋水域搞绿化等不良倾向。

（2）城市环境污染治理工程建设。包括城市污水处理工程建设；城市废气治理工程建设，如工业锅炉废气治理、机动车尾气治理、清洁能源等；垃圾治理工程建设，包括垃圾分类收集、垃圾填埋场建设、垃圾焚烧发电厂建设等；噪声治理工程建设，包括加强道路系统建设和交通管理，强化工业噪声防治，加强对施工工地和第三产业的噪声管理等。

（3）城市江河水体整治、生态恢复和河岸绿化工程建设。城市河流清洁水源工程，如水源涵养工程，水资源管理工程，河段整治工程，流域综合整治工程等。

（4）城市生态住宅建设。生态住宅有严格的技术标准，它要求在能源和水、气、声、光、热、环境以及绿化、废物处理、建筑材料等 9 个方面，符合国家有关标准。

2. 城市郊区农村生态环境建设

（1）森林资源保护和林业建设。

（2）农田、果木生态保护：基本农田保护建设、农田标准化工程建设、农用化学污染防治工程建设等。

3. 城市自然保护区建设和生态景观保护

建设各种类型的自然生态保护区，如温泉保护区、水库水源林保护区、野生动植物保护区、鸟类保护区、鱼类保护区、文物古迹保护区等。

4. 生态文明建设

生态文明是生态城市的精神内涵，是生态城市的灵魂。最基本的，生态城市必须有一个文明、祥和的社会环境，应具有高素质的人和独具特色的城市文化。

5. 生态城市管理机制建设

（1）建立生态城市管理体制。更新城市管理观念，完善生态城市管理体制，强化高科技在生态城市建设与管理中的应用，实现生态城市管理智能化，建立生态城市管理信息系统。

（2）加强环境与发展综合决策机制建设。如从宏观层次上对重大决策进行生态环境影响评价，控制生态问题的政策源头等。

（3）加强管理体制和保障体系建设。按照资源有偿使用原则，逐步开征生态环境补偿费或税，保证生态建设资金的来源；研究并试行把生态环境和自然资源的耗费纳入国民经济和社会发展核算体系，使市场价格准确反映城市建设过程中的环境代价。对保护生态环境、废物综合利用和自然保护等社会公益性明显的项目，要给予一定的税收、信贷等方面的优惠；对清洁生产、环境标志产品、绿色食品等生产和消费行为给予精神上或经济上的鼓励。加强法制建设，惩处破坏生态环境的违法行为；加大执法检查力度；规范执法行为，完善执法程序，不断提高执法效率和质量。

6. 生态消费建设

城市是巨大的需求中心和消费中心，所以城市消费结构是否合理对生态城市建设影响很大。生态消费的消费观念是提倡合理消费、勤俭节约。从追求物质享受转向追求精神享受、生态需求，同时培育良好的生态环境，开拓生态消费品等。

（三）生态住宅

生态住宅以可持续发展的思想为指导，意在寻求自然、建筑和人三者之间的和谐统一。它在"以人为本"的基础上，利用自然条件和人工手段来创造一个有利于人们舒适、健康的生活环境，同时又要控制对于自然资源的使用、实现向自然索取与回报之间的平衡。生态住宅的特征概括起来有四点，即舒适、健康、高效和美观。

生态住宅中最核心、最有生命力的不是某种固定的结论或方法，而是这种思想所蕴含的设计原则。它包括：① 生态住宅首先要遵循的是生态化原则，即节约能源、资源，无害化、无污染、可循环。② 以人为本，即追求高效节约不能以降低生活质量、牺牲人的健康和舒适性为代价。③ 因地制宜，如在北方光照充分的地区利用太阳能等清洁能源。④ 整体设计。住宅设计应结合气候、文化、经济等诸多因素进行综合分析，从整体的角度考虑住宅的性能及建设和运行成本。⑤ 洁净能源的开发与利用。尽可能节约不可再生能源，并积极开发可再生的新能源，包括太阳能、风能等清洁能源。⑥ 充分考虑气候因素和场地因素。如尽可能利用天然热源、冷源来实现采暖与降温。⑦ 材料的无害化、可降解、可再生。

三、经济社会发展与生态

（一）可持续发展

1. 可持续发展的含义

世界环境与发展委员会（WECD）于 1987 年对可持续发展的定义为："既满足当代人的需求，又不危及后代人满足其需求的发展"。中国学者叶文虎、栾胜基等人认为，可持续发展一词比较完整的定义是：不断提高人群生活质量和环境承载力的、满足当代人需求又不损害子孙后代满足其需求能力的、满足一个地区或一个国家的人群需求又不损害别的地区或别的国家的人群满足其需求能力的发展。

可持续发展包括了两个概念：发展和可持续性。传统的狭义的发展，指的只是经济领域的活动，其目标是产值和利润的增长、物质财富的增加。但经济增长只是发展的一部分，它是发展的必要条件，而非充分条件。只有使人们生活的所有方面都得到改善的发展才算是真正的发展。

可持续发展是一种特别从环境和自然资源角度提出的关于人类长期发展的战略和模式，它不是一般意义上要在时间上连续不断运行的一个发展进程，而是特别指出环境和自然资源的长期承载能力对发展进程的重要性以及发展对改善生活质量的重要性。

可持续发展是个内容丰富的概念。在社会观上，主张公平分配，既满足当代人又要满足后代人的基本需求；就其经济观而言，主张建立在保护地球自然系统基础上的持续经济发展；从自然观来看，主张人与自然和谐相处。因此，体现了公平性、持续性、共同性的基本原则。

2. 我国的可持续发展行动

我国政府正在以实际行动实施可持续发展战略计划。1992 年 6 月，联合国世界环境与发展大会通过了《里约环境与发展宣言》《21 世纪议程》等重要文件，并签署了《联合国气候变化框架公约》《生物多样性公约》，认同了可持续发展理论。同年 7 月，我国制定了《中国 21 世纪议程——中国 21 世纪人口、环境与发展白皮书》；8 月，国务院出台了《中国环境与发展十大对策》，明确实行可持续发展战略，论述了走可持续发展道路是加速我国经济发展、解决环境问题的正确选择。

目前，我国正积极构建社会主义生态文明，积极发展循环经济、大力推进清洁生产等；以尊重和维护自然为前提，以人与人、人与自然、人与社会和谐共生为宗旨，以建立可持续的生产方式和消费方式为内涵，引导人们走上持续和谐的发展道路。

（二）循环经济

1. 循环经济概述

循环经济是对物质闭环流动型经济的简称，是效仿自然生态系统中生产者-消费者-分解者这种物质能量闭环流动，使物质、能量得到高效利用的经济发展模式。循环经济的增长模式是"资源→产品→再生资源"，它主张污染的全面预防战略。资源的高效利用也使企业降低了生产成本，增加了竞争力。

循环经济的基本原则是"3R"原则，即减量化、再利用、再循环。其中：减量化原则（Reduce）要求用较少的原料和能源，特别是无害于环境的资源投入来达到生产目的和消费目的；再使用原则（Reuse）要求制造产品和包装容器能够以初始的形式被反复利用，要求制造商尽量延长产品的使用期；再循环原则（Recycle）要求产品在完成其使用功能后能重新变成可以利用的资源，而不是不可恢复的垃圾。按照循环经济的思想，生产者的责任应该包括解决废弃制品的处理问题。这三个原则在循环经济中的重要性并不是并列的。德国《循环经济与废物管理法》中规定，对待废物问题的优先顺序为：避免产生→循环利用→最终处置。这反映了人们对环境与发展问题认识的质的飞跃，即从单纯的末端治理到利用废物和减少废物。因此，3R 原则的优先顺序是：减量化→再利用→再循环。

2. 我国的循环经济发展思路

目前，我国正以优化资源利用方式为核心，以提高资源生产率和降低废弃物排放为目标，以技术创新和制度创新为动力，采取切实有效的措施，动员各方面力量，积极推进循环经济。主要发展思路如下。

（1）加强规划与立法。各级政府正积极构建适合循环经济的法律、法规和政策框架，从而依法推进循环经济。通过循环经济立法，明确消费者、企业、各级政府在发展循环经济方面的责任和义务。

（2）构建支撑体系。重视扶持环保产业的发展和环境科技的研究开发与应用，特别是废弃物再利用的新技术研究、新材料和新产品的生产工艺研究以及降低物耗、能耗的生产工艺研究。

（3）完善政府调控手段。政府以法律、行政等手段促进企业推广清洁工艺，确保循环经济流程的良性运行；加大推进财政投入，通过提供补助金、低息贷款等手段帮助企业建立循环经济生产系统；建立消费拉动、政府采购、政策激励的循环经济发展政策体系。

（4）培育市场主体。立足于以市场机制，解决推广循环经济的经费问题。如大力宣传环保产业的重大商机，吸引民间资金流入循环经济圈，发展"再资源化"市场。

（5）改革政府用人机制。加大干部考核选拔任用制度改革力度，构建科学的人才考察选用新机制，把发展循环经济的成效列为评价和使用干部的重要依据。

（6）鼓励公众参与。发动社会大众，充分认识环境和资源对可持续发展的严重制约，使全社会充分认识循环经济模式对中国可持续发展的重要性。

（三）生态工业园

生态工业园是循环经济在工业领域的重要实现形式，是根据循环经济理论和工业生态学原理建立的一种与生态环境和谐共存的新型工业园区。在园区内企业减少废物排放，废物相互利用的企业链将一企业生产的副产品用作另一企业的原料，形成物质的不断循环，实现价值的增值，并减少最终废料的排放量，尽量减小对环境的破坏。

阅读材料

案例：最早的生态工业园当属丹麦的卡伦堡工业共生体。卡伦堡（Kalundborg）位于哥本哈根以西约 100 km，是一个拥有天然深水港的城市。20 世纪 70 年代，卡伦堡几个重要的企业试图在减少费用、废物管理和更有效使用淡水等方面寻求合作，建立了相互协作的关系。后来，当地的管理部门意识到这是种新的体系，并称之为"工业共生体（industrial symbiosis）"。卡伦堡生态工业区以发电厂、炼油厂、制药厂和石膏制板厂为核心，通过贸易的方式把其他企业的废弃物或副产品作为该企业的生产原料，建立工业共生和代谢生态链关系，最终实现园区的污染"零排放"（图 2-9）。

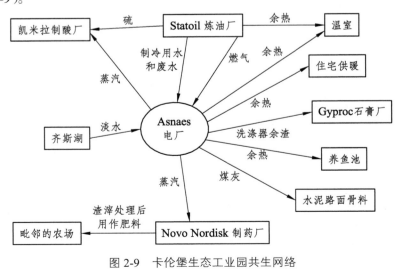

图 2-9 卡伦堡生态工业园共生网络

在过去的 50 多年，共生关系并没有经过宏伟的设计却逐渐发展起来，各个公司都在寻求经济的方法使用其他公司的副产品，并尽量减少环境成本，形成了良性循环，生态工业园得以运行发展。

（四）生态农业

生态农业是按照生态学原理和经济学原理，运用现代科技成果和现代管理手段以及传统农业的有效经验建立起来的，能获得较高的经济效益、生态效益和社会效益的现代化农业。

生态农业是在保护和改善农业生态环境的前提下，遵循生态学、生态经济学规律，运用系统工程方法和现代科技，集约化经营的农业发展模式。生态农业是一个农业生态经济复合系统，它将农业生态系统同农业经济系统综合统一起来，以取得最大的生态经济整体效益。生态农业既是农、林、牧、副、渔各业综合起来的大农业，又是农业生产、加工、销售综合起来适应市场经济发展的现代农业。生态农业具有可持续性、整体性、高效性等特点。

中国的生态农业包括农、林、牧、副、渔和某些乡镇企业在内的多成分、多层次、多部门相结合的复合农业系统。以北京市留民营村为例，"春天白茫茫、夏天水汪汪、秋天不打粮"是人们对过去的留民营村的描述。而正是这个曾经贫穷落后的小村子，自 1982年作为北京最早实施生态农业建设与研究的试点单位走上了生态农业这条路，被联合国环境规划署授予"全球环保五百佳"的称号。2002 年 12 月被批准成为市级实验区，留民营村依靠科技进行生产结构调整，大力植树造林、开发利用太阳能和生物能，形成了以沼气有机肥、有机农业为中心，串联农、林、牧、副、渔的生态系统，建成了一种二养三加工，产、供、销一体化的生产系统（图 2-10）。每年可向首都市场提供蔬菜 1000 万千克、鲜蛋 260 万千克、肉类 90 万千克、牛奶 25 万千克、各种鲜活家禽 25 万只，是北京东南郊一个具有一定规模的农副产品生产基地。留民营村正从一个传统农业村逐步变成一个文明富庶、环境优美的社会主义新农村。

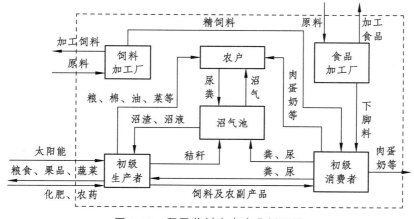

图 2-10　留民营村生态农业循环图

　　生态农业的生产以资源的永续利用和生态环境保护为重要前提，根据生物与环境相协调适应、物种优化组合、能量物质高效率运转、输入输出平衡等原理，运用系统工程方法，依靠现代科技和社会经济信息的输入组织生产，通过食物链网络化、农业废弃物资源化，充分发挥资源潜力和物种多样性优势，建立良性物质循环体系，促进农业持续稳定地发展，实现经济、社会、生态效益的统一。因此，生态农业是一种知识密集型的现代农业体系，是农业发展的新型模式。

阅读材料

一、美国汤普森夫妇的农场

　　美国的艾奥瓦州拥有一座不使用除草剂和农药，而是利用农作物轮作、地被作物和机械化耕耘等技术的农场。为了使杂草保持相对易于控制的状态，汤普森夫妇每年都改变作物：秋季通过种植固氮地被作物，利用动物性肥料代替化肥来重建土壤肥力；夏季，在休耕的土地上放牧牛群，采用故意放牧技术抑制杂草的生长，并且在整片耕地上分撒肥料。

　　高水平的有机物含量和可利用养分，再加上无可能伤害有益微生物和病原体的农药，可以帮助作物和杂草及昆虫进行竞争。另外，采用凿耕、垄耕和旋转锄耕等耕作技术，能留下更多作物残渣在地表以保护土壤。30 年的农场实地实验取得了很好的效果。与其他农场相比，农药、化肥等投入要小得多，而产量却毫不逊色，其生产费用还远远低于传统作物系统的费用。汤普森夫妇的可再生农业为寻找提高产量却不破坏环境的生产方法提供了借鉴。

二、德国生态农业

　　德国绿色农业大约兴起于 20 世纪 60 年代末。"第二次世界大战"后，德国在采用现代农业先进技术的同时，农药、化肥的使用也大为增加，结果农产品供应总量显著增长，但环境污染也日益严重，于是德国生态农业应运而生。

　　德国的生态农业使用有益天敌的或机械的除草方法；用有机肥或长效肥代替化肥；利用腐殖质保持土壤肥力；采用轮作或间作等方式种植；控制牧场载畜量；动物饲养采用天然饲料；不使用抗生素；不使用转基因技术。1999—2000 年度调查表明，生态企业产品产量虽有所下降，但产品价格远高于传统农产品，故企业总利润及人均收入仍高于传统农业企业。生态农业不仅提高了土壤肥力，从长远利益来看，生态企业产品产量会逐渐高于传统农业。

思考题

1. 生态系统有哪些主要组成成分和功能？
2. 什么是食物链、食物网？什么是生态平衡？
3. 我国生态环境保护的重点是什么？

4. 生态环境影响评价的主要方法有哪些？

5. 什么是生态安全？

6. 什么是生物多样性？怎样保护生物多样性？

7. 什么是自然保护区？请阐述建设自然保护区的目的。

8. 什么是生物入侵？怎样防止生物入侵？

9. 列举部分大型工程项目建设对生态的影响及缓解措施。

10. 试述生态住宅的定义。

11. 简述循环经济的概念和基本原则。

12. 可持续发展的含义是什么？

13. 什么是生态农业？生态农业的特点有哪些？

参考文献

[1] 环境保护部. 生态环境状况评价技术规范：HJ192—2015[s]. 北京：中国环境科学出版社，2014.

[2] 邓志华. 生态保护红线划定主要技术及应用案例[M]. 北京：中国林业出版社，2018.

[3] 张建强，刘颖，等. 生态与环境[M]. 北京：化学工业出版社，2008.

[4] 张国强. 生态交通是未来交通发展方向[J]. 综合运输，2021，43（07）：1.

[5] 李波. 水利水电工程建设对生态环境的影响分析[J]. 工程技术研究，2020，5（12）：277-278.

[6] 黎正辉. 水利水电工程建设对生态环境的影响探析[J]. 资源信息与工程，2019，34（05）：93-96.

[7] 王胜. 基于水利水电工程建设对生态环境的影响分析[J]. 科学技术创新，2018（21）：135-136.

[8] 韩志勇，王忠伟，韩志刚. 生态交通研究进展[J]. 生态经济，2017，33（12）：198-202.

学习要求

1. 掌握水体、水体污染、水体自净的基本概念和分类，了解水体污染的危害。
2. 掌握常见水质指标的含义和表示方法，了解国家水污染防治的法律法规及标准。
3. 掌握水污染控制的基本途径和污水处理基本方法。
4. 掌握水污染防治过程中常用设备的构造及原理，了解影响各单元处理效果的主要因素；能够根据实际需要选择污废水处理工艺，选择对应的水处理工艺设备及构筑物。

引 言

20 世纪后期，我国许多城市饱尝了供水不足和水质污染的双重苦果；21 世纪初期，更多的城市面临水危机的严峻挑战。为此，各界人士纷纷建言献策，以寻找化解水危机的"灵丹妙药"。目前，处理水污染和供水不足的问题主要从两方面着手：一是加强现有淡水资源的保护，实施节水工程改建项目，大力发展中水回用技术；二是加强污水处理力度，提高污水处理的工艺水平，强化处理效果。

第一节　水体污染与水体自净

一、水体的概念

地球上的水分布很广泛。地球地壳表层、表面和围绕地球的大气层中液态、气态和固态的水组成的圈层称为水圈，它是地球"四圈"（岩石圈、水圈、大气圈和生物圈）中最活跃的圈层。在水圈中，大部分水以液态形式存在，如海洋、地下水、地表水（湖泊、沼泽、河流）和一切动植物体内存在的生物水等，少部分以水汽形式存在于大气中形成大气水，还有一部分以冰雪等固态形式存在于地球的南北极和陆地的高山上。通常情况下，一个水体就是一个完整的生态系统，包括其中的水、悬浮物、溶解物、底质和水生生物等，此时我们也称其为水环境。水与水体是两个紧密联系又有区别的概念，水体由水组成，一个水体称为水环境，全部水体则构成水圈。

地球上的总水量达 14 亿立方米，但绝大部分为咸水，淡水只占约 2.7%。在所有这些淡水中，又有 68.7%储藏于冰川及永久性"雪盖"中，30.1%为地下水，余下的 1.2%才为可以利用的江河、湖泊、土壤和大气圈中的水。现如今人类对淡水的消费量已占全世界可用淡水量的 54%，然而淡水的污染问题却未完全解决，因此保护水质、合理利用淡水资源，已成为当代人类普遍关心的重大问题。

二、水体污染的概念与分类

水体污染是指排入水体的污染物在数量上超过该物质在水体中的本底含量和水体的自净能力，导致水体的物理、化学及生物性质发生变化，使水体生态系统和水体功能受到破坏的现象。根据污染物的性质，水体污染可以分为物理性污染、化学性污染和生物性污染三大类。

（1）物理性污染。指水体在遭受污染后，水的颜色、浊度、温度、悬浮固体等发生变化。这类污染可以分为感官污染、放射性污染、热污染、悬浮固体污染和油类污染等。

（2）化学性污染。指由化学污染物造成的水体污染。它包括有机化合物和无机化合物的污染，如水中溶解氧减少，溶解盐类增加，水的硬度变大，酸碱度发生变化或水中含有某种有毒化学物质等。

（3）生物性污染。指病原微生物排入水体后，直接或间接地使人感染或传染各种疾病。衡量指标主要有大肠菌类指数、细菌总数等。生活污水，特别是医院污水和某些工业废水污染水体后，往往可能带入一些病原微生物。

三、水体污染源

水体污染源是指向水体排入污染物或对水体产生有害影响的场所、设备和装置。按污染物的来源可分为天然污染源和人为污染源两大类，其中人为污染源造成的水体污染占绝大多数，是环境保护工作所研究和控制的主要对象。

人为污染源按污染物的发生源地，可分为工业污染源、生活污染源、农业污染源；按排放污染物的种类，可分为有机污染源、无机污染源、热污染源、放射性污染源等；按排放污染物的空间分布方式，可以分为点源和面源，这也是一种常见的水体污染源分类方式。

四、水体污染的危害

由于水是自然环境中化学物质迁移、循环的重要介质，人类活动产生的污染物很大部分以水溶液的形式排放，所以各种有害物质极易进入水体。而水环境一旦遭到污染，则必将对人体健康、工农业发展等产生严重危害。

1. 危害人体健康

由于水源污染和水质恶化，近年来与饮水有关的传染病及疑难病症在我国时常出现，使人民健康受到严重威胁。当饮用水源受到污染时，可能导致腹泻、肠道线虫、肝炎、胃癌、肝癌等疾病的产生。与不洁的水接触，可能会染上皮肤病、沙眼、血吸虫、钩虫病等疾病。我国一些缺水严重的北方地区，长期开采、饮用有某些有害物质的深层地下水，使氟骨病和甲状腺病等地方病蔓延。此外，废水中的某些有毒有害物质，经过水体的稀释，其浓度很低，甚至难以检测出来，但由于动植物的富集作用和人体自身的积累作用，仍然可以对人体造成危害。

2. 降低农作物的产量和质量

农民常将江、河、湖泊中的水引入农田进行灌溉，一旦这些水体受到污染，水中的有毒有害物质将污染农田土壤，继而被作物吸收并残留在作物体内，造成作物枯萎死亡，产量降低，或使作物的品质下降。采用污废水进行灌溉，其中的重金属、化学或有毒物质将会导致农作物中污染物超标。

3. 影响渔业生产的产量和质量

渔业生产的产量和质量与水质直接紧密相关。淡水渔场水污染而造成鱼类大面积死亡的事故常有发生。一些污染严重的河段已经鱼虾绝迹。水污染还会使鱼类和水生生物发生变异，有毒物质在鱼类体内积累，使它们的食用价值大大降低。

4. 制约工业的发展

由于很多工业（如食品、纺织、造纸、电镀等）需要利用水作为原料或洗涤产品，直接参加产品的加工过程，水质的恶化将直接影响产品质量。比如水质差的冷却水会造成冷却水循环系统的堵塞、腐蚀和结垢问题，硬度高的水还会影响锅炉的寿命和安全。

5. 造成经济损失

水污染使环境丧失部分或全部功能，造成环境的降级贬值，对人类的生存和经济的发展都带来危害，将这些危害货币化即为水污染造成的经济损失。例如，人体健康受到危害将减少劳动力，降低劳动生产率，并支付更多的医药费；鱼类减产或质量变差则直接造成经济损失；对生态环境的污染治理和修复费用都随着污染的加重而增加。

五、水体自净

当污染物进入水体后，随水稀释的同时发生挥发、絮凝、水解、配合、氧化还原及微生物降解等物理、化学变化和生物转化过程，使污染物的浓度降低或至无害化的过程称为水体自净作用。水体的自净作用是有一定限度的，与其环境容量有关。当污染物浓度超过水体的自净能力时，污染随之产生。

根据水体的自净机制，水体自净可分为物理自净、化学自净和生物自净三类。

物理自净是天然水体通过稀释、扩散、沉淀和挥发等作用，使污染物质的浓度降低。化学自净是指天然水体通过氧化还原、酸碱反应、分解、凝聚等作用，使污染物质的存在形态发生变化和浓度降低。生物自净是天然水体中各种生物（藻类、微生物等）的活动，特别是微生物对水中有机物的氧化分解作用使污染物降解。通常，上述三种自净过程同时发生、相互影响，并相互交织进行。

第二节　水质指标与水环境标准

一、水质指标

水质是水体质量的简称，是水和其中所含的杂质共同表现出来物理学、化学和生物学的综合特性。

水质指标则是表示水中杂质的种类、成分和数量，是判断水质的具体衡量标准。评价水体污染状况及污染程度可以用一系列指标来表示，这些指标可以分成三大类：其中物理性指标包括温度、色度、浊度、电导率、总固体（TS）、悬浮固体（SS）、溶解固体（DS）等；化学性指标有 pH、硬度、碱度、总含盐量、各种重金属、溶解氧（DO）、化学需氧量（COD）、生物化学需氧量（BOD）、总有机碳（TOC）、氰化物、各种有机农药等；生物性指标有细菌总数、总大肠杆菌数等。下面简单介绍部分水质指标。

1. pH

水的 pH 用来表示水中酸、碱的强度。如果忽略离子强度的影响，用浓度表示时，则 pH=$-\lg[H^+]$。生活污水的 pH 一般为 7.2~7.6，呈弱碱性。工业污水的 pH 变化较大，其中不少是强酸或强碱性的，它们对水处理及综合利用有很大影响。因此，pH 是污水水质的重要污染指标之一。

2. 悬浮固体（SS）、溶解固体（DS）和总固体（TS）

悬浮固体，也称悬浮物，是指那些不溶于水中的泥沙、黏土、有机物、微生物等悬浮物质。它是衡量水污染程度的基本污染指标之一。溶解固体是指水经过过滤之后，那些仍然溶于水中的各种无机盐类、有机物等。溶解固体中的胶体是造成水浑浊和色度的主要原因。水中溶解固体和悬浮固体二者的总和即称为水的总固体，它的测定是蒸干水分再称重得到的。

3. 化学需氧量（COD）

化学需氧量，是在一定条件下，用一定的强氧化剂处理水样时所消耗的氧化剂的量，单位毫克/升（mg/L）。它是表示水中还原性物质多少的一个指标。水中的还原性物质有各种有机物、亚硝酸盐、硫化物、亚铁盐等，但主要是有机物。因此，化学需氧量又往往作为衡量水中有机物质含量多少的指标。化学需氧量越大，说明水体受有机物的污染越严重。化学需氧量的测定，目前应用最普遍的是酸性高锰酸钾（K_2MnO_4）氧化法与重铬酸钾（$K_2Cr_2O_7$）氧化法。前者测定的 COD 以 COD_{Mn} 表示，后者测定的 COD 以 COD_{Cr} 表示。高锰酸钾氧化法氧化率较低，但比较简便，一般用于地表水、饮用水和生活污水等水样的 COD 分析。重铬酸钾氧化法氧化率高，适用于各类工业废水和生活污水的 COD 值测定。

4. 生物化学需氧量（BOD）

生物化学需氧量简称生化需氧量，是指温度、时间都一定的条件下，好氧微生物在分解、氧化水中有机物的过程中所消耗的水中溶解氧的量，单位毫克/升（mg/L）。生化需氧量通常用消耗水中氧的总量间接地表示有机物多少，其值越高，说明水中有机污染物质越多，污染就越厉害。

有机物的生物氧化过程是一个缓慢的过程，众多实验结果表明：对于多数有机物质，其生化过程经过 5 d 能完成 70%~80%；经过 20 d 能完成 95%~99%。5 d 的生化需氧量用 BOD_5 表示，20 d 的生化需氧量用 BOD_{20} 表示，显然 $BOD_{20} > BOD_5$。现在各国一般都用 BOD_5 作为生化需氧量的水质指标。

5. 总需氧量（TOD）

总需氧量是指水中的还原性物质，主要是有机物质在燃烧中变成稳定的氧化物时所需要的氧量，单位为 mg/L。TOD 的测定需要在专门的总需氧测定仪中进行，它比 BOD、COD 都更接近于理论的需氧量值，且测定简便迅速，可连续自动化，但仪器较昂贵，目前国内应用尚未普及。

6. 溶解氧（DO）

溶解氧是指溶解于水中的分子氧，单位 mg/L。水体中溶解氧含量的多少，反映出水体受污染的程度，溶解氧越少，表明水体受污染程度越严重。清洁河水中的溶解氧一般为 5 mg/L 以上。当水中溶解氧低至 3~4 mg/L 时，许多鱼类的呼吸会变得困难，不易生存。DO 进一步降低，甚至会使鱼类窒息而死亡。

二、水环境保护相关法律法规

国家高度重视水环境保护工作，制定了《中华人民共和国环境保护法》（1989 年修正，2014 年再次修订）、《中华人民共和国水污染防治法》（1996 年修正，2008 年和 2017 年再次修订）、《水污染物防治行动计划》（简称"水十条"，2015 年国务院颁布）、《水污染物排放许可证管理暂行办法》《中华人民共和国水土保持法》《饮用水水源保护区污染防治管理规定》等法律法规文件。通过实施"循环经济战略"，开展"一控双达标"，创建"国家环保模范城市"，建立"生态示范区"等环保活动以及防止水污染的综合治理工程，在一定程度上减缓了经济建设和水资源开发带来的水环境压力，促进了社会经济的可持续发展。

三、水环境标准

水是人类的重要资源，保护水体免受污染是环境保护的重要任务之一。这就要求一方面要制定水体的环境质量标准，以便保护水体并合理、安全开发水资源；另一方面要制定污水排放标准，控制污水排放，保护水体。

1. 水环境质量标准

我国已有的水环境质量标准有《地表水环境质量标准》（GB3838—2002）、《生活饮用水卫生标准》（GB5749—2006）、《地下水质量标准》（GB/T14848—2017）、《农田灌溉水质标准》（GB5084—2021）、《渔业水质标准》（GB11607—89）、《海水水质标准》（GB3097—1997）、《景观娱乐用水水质标准》（GB12941—91）等。这些标准详细说明了各类水体中污染物的允许最高含量，以保证水环境及用水质量。

在《地表水环境质量标准》（GB3838—2002）中，依据地表水水域环境功能和保护目标，我国将地表水按功能高低依次划分为以下五类：

Ⅰ类主要适用于源头水、国家自然保护区；

Ⅱ类主要适用于集中式生活饮用水地表水源地一级保护区、珍稀水生生物栖息地、鱼虾类产卵场、仔稚幼鱼的索饵场等；

Ⅲ类主要适用于集中式生活饮用水地表水源地二级保护区、鱼虾类越冬场、洄游通道、水产养殖区等渔业水域及游泳区；

Ⅳ类主要适用于一般工业用水区及人体非直接接触的娱乐用水区；

Ⅴ类主要适用于农业用水区及一般景观要求水域。

2. 污水排放标准

水污染物排放标准通常称为污水排放标准，它是根据受纳水体的水质要求，结合环境特点和社会、经济、技术条件，对排入环境的废水中的水污染物和产生的有害因子所做的控制标准，或者说是水污染物或有害因子的允许排放量（浓度）或限值。它是判定排放活动是否违法的依据。污水排放标准可以分为：国家排放标准、地方排放标准和行业排放标准。国家排放标准如《污水综合排放标准》（GB8978—1996），地方排放标准如《四川省岷江、沱江流域水污染物排放标准》（DB51/2311—2016）。我国的造纸、纺织、钢铁、肉类加工等行业都制定了相应的行业排放标准。

《污水综合排放标准》（GB8978—1996）适用于排放污水和废水的一切企事业单位，并将排放的污染物按其性质分为两类。第一类污染物指能在环境或动植物体内积累，对人体健康产生长远不良影响。含有此类有害污染物的污水，一律在车间或车间处理设施排出口采样，其最高允许排放浓度必须符合排放标准（表 3-1），不得用稀释的方法代替必要的处理。第二类污染物指长远影响小于第一类污染物质，这些物质包含石油类、挥发酚、氰化物、甲醛等，同时还有 BOD、COD 等综合性指标。在排污单位排放口采样，其最高允许排放浓度必须达到本标准要求，但可用稀释法处理。

表 3-1　第一类污染物最高允许排放浓度　　　　单位：mg/L

序号	污染物	最高允许排放浓度	序号	污染物	最高允许排放浓度
1	总汞	0.05	8	总镍	1.0
2	烷基汞	不得检出	9	苯并（a）芘	0.00003
3	总镉	0.1	10	总铍	0.005
4	总铬	1.5	11	总银	0.5
5	六价铬	0.5	12	总 α 放射性	1 Bq/L
6	总砷	0.5	13	总 β 放射性	10 Bq/L
7	总铅	1.0			

按照污水排放去向，《污水综合排放标准》（GB8978—1996）分年限规定了 69 种水污染物的最高允许排放浓度及部分行业最高允许排水量。其标准分级如下：排入 GB3838 Ⅲ类水域（划定的保护区和游泳区除外）和排入 GB3097 中二类海域的污水，执行一级标准；排入 GB 3838 中Ⅳ、Ⅴ类水域和排入 GB3097 中三类海域的污水，执行二级标准；排入设置二级污水处理厂的城镇排水系统的污水，执行三级标准；排入未设置二级污水处理厂的城镇排水系统的污水，必须根据排水系统出水受纳水域的功能要求，分别执行一级标准和二级标准的规定。GB3838 中Ⅰ、Ⅱ类水域和Ⅲ类水域中划定的保护区，GB3097 中一类海域，禁止新建排污口，现有排污口应按水体功能要求，实行污染物总量控制，以保证受纳水体水质符合规定用途的水质标准。

需要指出的是，排放污水只按照《污水综合排放标准》还难以确保水环境质量。为此，我国还实施了污染物排放总量控制。

第三节　**水体污染控制的基本途径**

生活污水和工业废水中含有各种有害物质，如果不加处理而任意排放，不仅会污染环境，甚至会造成公害。为了保护水资源，改善水环境质量，必须对水体污染加以妥善控制与治理。下面从技术角度介绍控制水体污染的基本途径。

一、减少废水及其污染物的产生量

随着工业的发展，工业废水量日益增大，含污染物多而复杂，在这种情况下，仅采取对废水进行处理的措施，不仅耗资大、耗能多，而且难以控制污染，不能从根本上解决污染问题。工业废水和其中的污染物是一定生产工艺过程的产物，因此减少废水及其污染物的产生量是控制水体污染的基本途径之一。具体做法如下。

1. 改革生产工艺

改革生产工艺，实行清洁生产，尽量不用或少用易产生污染的原料及生产工艺。如采用无水印染工艺，即干法印染工艺代替有水印染工艺，可消除印染废水的排放；采用无毒工艺，如用酶法制革代替碱法制革，便可避免产生危害大的碱性废水，而酶法制革废水稍加处理可成为灌溉农田的肥料；采用无氰电镀工艺，即在生产过程中用非氰化物电解液代替氰化物电解液，可使废水中不含有毒的氰化物。在造纸工业方面，西方一些发达国家采用了无污染的氧蒸煮法，就是用氧气、碳酸钠蒸煮木片，产生的废液仅为硫酸盐法的 1/10，无色无臭，而且能够循环使用。

2. 改进生产设备

改进设备，健全生产管理制度，减少人为的污染产生量。一些工厂往往由于生产程序不合理、设备老化和管理制度不健全，人为地造成了许多废水问题，跑、冒、滴、漏现象十分严重。如倒料时大量漏失，不合理地用水冲洗并使污水任意溢流，频繁改变生产工艺及倒料，任意向下水道倾倒余料及剩液等，都会造成对水体的污染。

二、减少废水及其污染物的排放量

减少废水及其污染物的排放量是控制水体污染的又一基本途径，其具体做法如下。

（1）提高水的重复利用率。尽量采用重复用水和循环用水系统，使废水排放量减至最少。例如，根据不同生产工艺对水质的不同要求，可将甲工段排出的废水送往乙工段使用，实现一水二用或一水多用，即重复用水。将工业废水经过适当处理后，送回本工段再次利用，即循环用水。在国外，废水的重复使用已作为一项解决环境污染和水资源贫乏的重要途径。

（2）回收有用物质。工业废水中的污染物质，都是在生产过程中进入水中的原料、半成品、成品、工作介质和能源物质。如果能将这些物质加以回收，既防止了污染危害又创造了财富，有着广阔的前景。例如，造纸废液中回收碱、木质素和二甲基亚砜等有用物质；含酚废水用萃取法或蒸汽吹脱法回收酚等。

（3）对废水进行妥善处理。废水经过回收利用后，可能还有一些有害物质随水流出，此外也会有一些目前尚无回收价值的废水排出。对于这些废水，还必须从全局出发，加以妥善处理，使其无害化，不致污染水体，恶化环境。选择处理工艺与方法时，除了采用先进技术，还应该经济合理。

第四节　污水处理的基本方法

污水处理是利用各种设施设备和工艺技术，将污水中所含的污染物质分离、回收利用，或转化为无害和稳定的物质，使污水得到净化。污水处理方法按原理可分为物理处理法、化学处理法和生物处理法。由于污水中的污染物形态和性质是多种多样的，一般需要几种处理方法组合成处理工艺，达到对不同性质的污染物的处理效果。

一、物理处理法

物理处理法是指通过物理作用，分离、回收废水中漂浮物和悬浮物的方法。它既可以单独使用，也可与生物处理或化学处理联合使用。与生物处理或化学处理联合使用时又可称一级处理或初级处理，有一些深度处理方法也采用物理处理。常用的物理处理法有：

（1）筛滤截留法：筛网、格栅、过滤、膜分离等。

（2）重力分离法：沉砂池、沉淀池、隔油池、气浮池等。

（3）离心分离法：旋流分离器、离心机等。

（一）格栅与筛网

1. 格　栅

格栅由一组或数组平行的金属栅条、塑料齿钩或金属筛网框架及相关装置组成。它倾斜安装在污水渠道、泵房集水井的进口处或污水处理构筑物的前端，用来截留污水中较粗大漂浮物和悬浮物，防止堵塞和缠绕水泵机组、曝气器、管道阀门、处理构筑物配水设施、进出水口，减少后续处理产生的浮渣，保证污水处理设施的正常运行。

格栅按栅条净间隙，可分为粗格栅（50～100 mm）、中格栅（10～50 mm）、细格栅（1.5～10 mm）和超细格栅（0.5～1.0 mm）四种。超细格栅一般采用不锈钢丝编网或不锈钢板打孔形式做成 0.5～1.0 mm 的孔状结构，在对进水颗粒和纤维类杂质控制要求较高的工艺，如膜生物反应器等工艺前广泛使用。按格栅形状，可分为平面格栅和曲面格栅，平面和曲面格栅都可做成粗、中、细和超细形式。

按清渣方式，格栅可分为人工清渣格栅和机械清渣格栅两种。处理流量小或所需截留的污染物量较少时，可采用人工清理的格栅。这类格栅通常采用直钢条制成，为了便于人工清渣作业，避免清渣过程中栅渣回落水中，格栅安装角度一般与水平面成 30°～60°。倾角小时，清渣较省力，栅渣不易回落，但需要较大的占地面积。人工格栅还常作为机械清渣格栅的备用格栅。

2. 筛 网

筛网的去除效果，相当于初次沉淀池的作用。目前，应用于小型污水处理系统回收短小纤维的筛网主要有两种形式，即振动筛网和水力筛网。振动式筛网示意图见图 3-1。污水由渠道流过振动筛网进行水和悬浮物的分离，并利用机械振动，将呈倾斜面的振动筛网上截留的纤维等杂质卸到固定筛网上，进一步滤去附在纤维上的水滴。

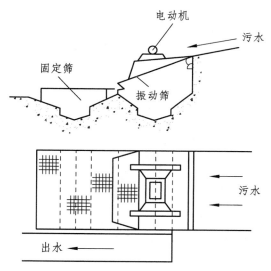

图 3-1 振动筛网示意图

水力筛网的构造见图 3-2。转动筛网呈截顶圆锥形，中心轴呈水平状态，锥体则呈倾斜状态。污水从圆锥体的小端进入，水流在从小端到大端的流动过程中，纤维状污染物被筛网截留，水则从筛网的细小孔中流入集水装置。由于整个筛网呈圆锥体，被截留的污染物沿筛网的倾斜面卸到固定筛上，以进一步滤去水滴。这种筛网利用水的冲击力和重力作用产生运动。

目前普遍采用生物脱氮除磷工艺处理城镇污水，很多污水处理厂都存在碳源不足问题。采用细筛网或格网代替初次沉淀池既可以节省占地，又可以保留有效的碳源。

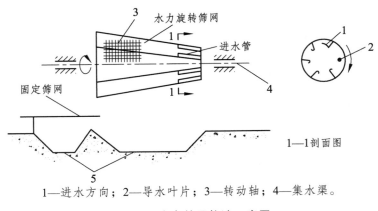

1—进水方向；2—导水叶片；3—转动轴；4—集水渠。

图 3-2　水力筛网构造示意图

（二）沉砂池

沉砂池可用来除去水中的砂粒、石子、炉渣以及其他较重固体物质，它通常置于格栅之后，泵站和初沉池之前。常用的沉砂池有平流式沉砂池、曝气沉砂池和涡流式沉砂池三种。

1. 平流式沉砂池

平流式沉砂池是一种老式的沉淀池，已经应用多年。随着曝气沉砂池和涡流式沉砂池的出现，其应用在国外逐渐受到限制。平流式沉砂池的优点是构造简单，除砂效果好，易于排出沉砂。平流式沉砂池示意图见图 3-3。

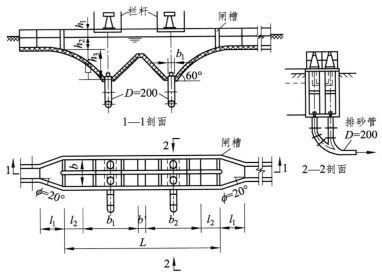

图 3-3　平流式沉砂池

平流式沉砂池的过水部分实际上是一个加深加宽了的明渠，通过闸板在其两端控制水量。在渠的底部设两个储砂斗，储砂斗下部设排砂管，排砂量由闸门控制。除此之外，在工程实践中，也常采用射流泵和螺旋泵来排除泥沙。

2. 曝气沉砂池

曝气沉砂池是在长方形沉砂池一侧设置曝气装置，使污水呈螺旋状旋转流过沉砂池，较重的砂粒可沉到池底，较轻的砂粒和有机颗粒则在水中保持悬浮状态。凭借颗粒间的互相碰撞和摩擦以及气泡上升时的冲刷作用，黏附在砂粒上的有机物可被一定程度地去除，排出的沉砂中的有机物含量通常可在5%以下。另外，曝气还可加速污水中的油水分离，有利于后续处理。曝气沉砂池的常见构造见图3-4。

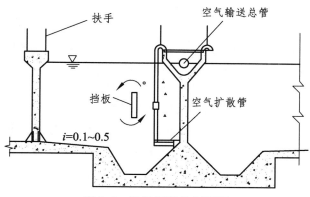

图3-4　曝气沉砂池剖面图

3. 涡流式沉砂池

污水中的砂粒也可由一种产生涡流的装置，即涡流式沉砂池去除。涡流式沉砂池示意图见图3-5。污水沿切线方向流入沉砂池，也沿切向流出。采用电动搅拌桨对污水进行恒速搅动，产生旋转流。旋转流的离心加速沉淀作用，使砂粒沉积于位于池底的储砂斗中，沉积下来的砂粒再由空气提升泵或砂泵排出。污水中的砂粒在旋转沉降过程中，由于旋转的桨片以及逆向流动空气的剪切力作用，黏附在砂粒表面上的有机物逐渐被去除，因而由空气提升泵排出的砂粒比较清洁，不会因有机物腐败而变臭。

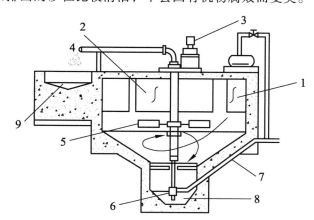

1—进水槽；2—出水槽；3—驱动装置；4—砂粒出口；5—搅拌桨；
6—空气提升泵；7—空气管；8—储砂斗；9—砂砾脱水池。

图3-5　涡流式沉砂池示意图

（三）沉淀池

沉淀池一般是在生化前或生化后泥水分离的构筑物，在废水处理中广为使用。在生化之前的沉淀池称为初沉池，位于生化之后的一般称为二沉池。它的形式不同，适用的范围也就各不相同。沉淀池按其构造的不同可以布置成不同的形式，在水处理中常见的沉淀池有竖流式、平流式、辐流式、斜管（板）沉淀池。

1. 平流式沉淀池

平流式沉淀池的池体平面为矩形，池的长宽比不小于 4，有效水深一般 3～4 m，由进、出水口，水流部分和污泥斗三个部分组成。其进口和出口分设在池长的两端，进口一般采用淹没进水孔，水由进水渠通过均匀分布的进水孔流入池体，进水孔后设有挡板，使水流均匀地分布在整个池宽的横断面；出口多采用溢流堰，以保证沉淀后的澄清水可沿池宽均匀地流入出水渠。堰前设浮渣槽和挡板以截留水面浮渣。水流部分是池的主体，池宽和池深要保证水流沿池的过水断面布水均匀，依设计流速缓慢而稳定地流过。污泥斗用来积聚沉淀下来的污泥，多设在池前部的池底以下，斗底有排泥管，定期排泥。平流式沉淀池构造见图 3-6。

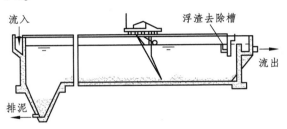

流入　　　　　　　　　　浮渣去除槽

流出

排泥

图 3-6　平流式沉淀池构造图

平流式沉淀池的优点：① 处理水量大小不限，沉淀效果好；② 对水量和温度变化的适应能力强；③ 平面布置紧凑，施工方便，操作管理方便，造价低；④ 排泥设备已趋于定型。缺点：① 进、出水配水不易均匀；② 多斗排泥时，每个斗均需设置排泥管（阀），手动操作，工作繁杂，采用机械刮泥时容易锈蚀；③ 占地面积大。

平流式沉淀池的适用范围：① 适用于地下水位高、地质条件较差的地区；② 大、中、小型污水处理工程均可采用。

2. 辐流式沉淀池

辐流式沉淀池，池体平面圆形为多，也有方形的；直径（或边长）6~60 m，最大可达 100 m，池周水深 1.5～3.0 m，池底坡度不宜小于 0.05°。废水自池中心进水管进入池，沿半径方向向池周缓缓流动。悬浮物在流动中沉降，并沿池底坡度进入污泥斗，澄清水从池周溢流出水渠。辐流式沉淀池多采用回转式刮泥机收集污泥，刮泥机刮板将沉至池底的污泥刮至池中心的污泥斗，再借重力或污泥泵排走。为了刮泥机的排泥要求，辐流式沉淀池的池底坡度平缓。辐流式沉淀池多用于大、中型污水处理厂，是活性污泥法处理污水工艺过程中的理想沉淀设施，适用于一沉池或二沉池，主要功能是为去除沉淀池中沉淀的污泥以及水面表层的漂浮物。根据进、出水的布置方式，可分为以下三种主要的形式：中心进水周边出水、周边进水中心出水、周边进水周边出水。辐流式沉淀池构造见图 3-7。

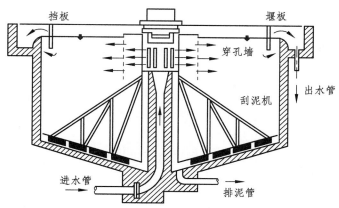

图 3-7　辐流式沉淀池构造图

辐流式沉淀池的优点：① 多用机械排泥，运行较好，管理较简单；② 排泥设备已经趋于定型，结构受力条件好。缺点：① 池内水流不稳定，沉淀效果相对较差；② 占地面积大，池体较大，对施工质量要求较高；③ 排泥设备比较复杂，对运行管理要求较高。

辐流式沉淀池的适用条件：① 适用于地下水位较高的地区；② 适用于大中型污水处理厂。

3. 竖流式沉淀池

竖流式沉淀池的池体平面图形为圆形或方形，水由设在池中心的进水管自上而下进入池内（管中流速应小于 30 mm/s），管下设伞形挡板使废水在池中均匀分布后沿整个过水断面缓慢上升（对于生活污水一般为 0.5 ~ 0.7 mm/s，沉淀时间采用 1 ~ 1.5 h），悬浮物沉降进入池底锥形沉泥斗中，澄清水从池四周沿周边溢流堰流出。堰前设挡板及浮渣槽以截留浮渣保证出水水质。池的一边靠池壁设排泥管（直径大于 200 mm），靠静水压将泥定期排出。竖流式沉淀池构造见图 3-8。

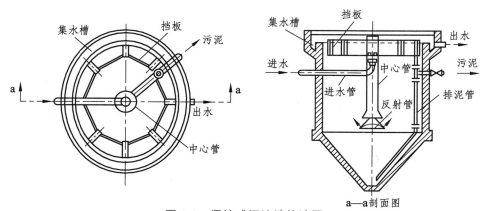

图 3-8　竖流式沉淀池构造图

竖流式沉淀池的优点：① 效果较好；② 占地面积小，排泥容易。缺点：① 水池深度大，施工困难，造价高；② 耐冲击负荷能力差；③ 池径不宜过大，否则布水不均匀。

竖流式沉淀池的适用条件：适用于小型污水处理厂。

4. 斜管（板）沉淀池

斜管（板）沉淀池是指在平流式或竖流式沉淀池的沉淀区内利用倾斜的平行管或平行管道（有时可利用蜂窝填料）分割成一系列浅层沉淀层，被处理的和沉降的沉泥在各沉淀浅层中相互运动并分离。它由斜板（管）沉淀区、进水配水区、清水出水区、缓冲区和污泥区组成。其组装形式有斜管和支管两种。按水流方向与颗粒的沉淀方向之间的相对关系，斜板沉淀池可分为以下类型。

（1）侧向流斜板沉淀池，水流方向和颗粒沉淀方向相互垂直。

（2）同向流斜板沉淀池，水流方向和颗粒沉淀方向相同。

（3）异向流斜板沉淀池，水流方向与颗粒沉淀方向相反。在城市污水处理厂中主要采用升流式异向流斜板（管）沉淀池。水流自下而上流经沉淀区，水中的悬浮颗粒自上而下沉淀。

斜管（板）沉淀池的优点：① 沉淀面积增大；② 沉淀效率高，产水量大；③ 水力条件好，Re 小，Fr 大，有利于沉淀。缺点：① 由于停留时间短，其缓冲能力差；② 对混凝要求高；③ 维护管理较难，使用一段时间后需更换斜板（管）。

斜管（板）沉淀池的适用条件：① 适用于中小型污水厂的二次沉淀池；② 可用于已有平流沉淀池的挖潜改造。

（四）隔油池

常用的隔油池有平流式和斜板式两种。

1. 平流式隔油池

平流式隔油池如图 3-9 所示。废水从池子的一端流入，以较低的水平流速（2～5 mm/s）流经池子。流动过程中，密度小于水的油粒浮出水面，密度大于水的颗粒杂质沉于池底，水从池子的另一端流出。在隔油池的出水端设置集油管。集油管可以绕轴线转动，平时槽口位于水面上，当浮油层积到一定厚度时，将集油管的开槽方向转向水面以下，让浮油进入管内，导出池外。为了能及时排油及排除底泥，在大型隔油池还应设置刮油刮泥机。刮油刮泥机的刮板移动速度一般应与池中水流流速相近，以减少对水流的影响。收集在排泥斗中的污泥由设在池底的排泥管借助静水压力排走。平流式隔油池表面一般应设置盖板，除了便于冬季保持浮渣的温度，从而保证它的流动性外，同时还可以防火与防雨。在寒冷地区还应在集油管及油层内设置加温设施。

平流式隔油池构造简单、便于运行管理、油水分离效果稳定，可以去除的最小油滴直径为 100～150 μm。其设计与平流式沉淀池基本相似，按表面负荷设计时，一般采用 1.2 m³/(m²·h)；按停留时间设计时，一般采用 1.5～2.0 h。隔油池的池底构造与沉淀池相同。

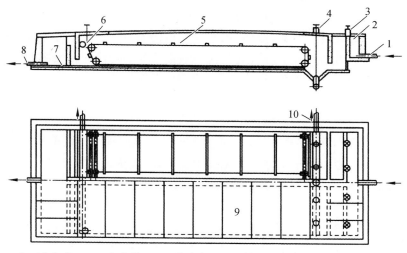

1—进水管；2—配水槽；3—进水闸；4—排泥阀；5—刮油刮泥机；
6—集油管；7—出水槽；8—出水管；9—盖板；10—排泥管。

图 3-9　平流式隔油池

2. 斜板式隔油池

　　对于细分散油的去除可以采用斜板隔油池（图 3-10），利用浅池理论来提高含油废水的分离效果。斜板隔油池通常采用波纹形斜板，板间距约 40 mm，倾角不小于 45°，废水沿板面向下流动，从出水堰排出，水中油滴沿板的下表面向上流动，经集油管收集排出。这种形式的隔油池可分离油滴的最小粒径约为 80 μm，相应的上升速度约为 0.2 mm/s，表面水力负荷为 $0.6 \sim 0.8 \ \mathrm{m^3/(m^2 \cdot h)}$，停留时间一般不大于 30 min。

　　隔油池的浮渣，以油为主，也含有水分和一些固体杂质。对石油工业废水，含水率有时可高达 50%，其他杂质一般在 1% ~ 20%。

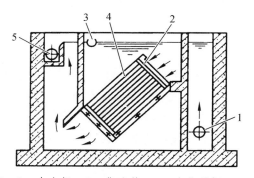

1—进水管；2—布水板；3—集油管；4—波纹斜板；5—出水管。

图 3-10　斜板隔油池

二、化学处理法

　　污水的化学处理法是利用化学反应来分离或回收废水中的污染物质，或将其化为无害的物质的方法。它的处理对象主要是污水中的无机或有机（难于生物降解的）溶解性物质或胶体物质。由于化学处理法处理废水常采用化学药剂（或材料），处理费用一般较高，操作与管理要求也较严格，因此化学法一般需要与物理法配合使用。

常用的化学处理法有化学沉淀法、中和法、化学氧化还原法以及高级氧化法。

（一）中和法

中和法处理是利用酸碱相互作用生成盐和水的化学原理，将废水从酸性或碱性调整到中性附近的处理方法。对于酸或碱的浓度大于3%的废水，首先应进行酸碱的回收。对于低浓度的酸碱废水，可直接采取中和法进行处理。

酸性污水的处理，通常采用投加石灰、苛性钠、碳酸钠或以石灰石、大理石来中和酸性污水。碱性污水的处理，通常采用投加硝酸、盐酸或利用二氧化碳气体中和碱性污水。另外，对于酸、碱性污水也可以用二者相互中和的办法来处理。

用石灰石（$CaCO_3$）或白云石（$CaCO_3 \cdot MgCO_3$）做中和剂时，常用过滤法，即将它们作为滤料。废水含硫酸且浓度较高时，滤料将因表面形成硫酸钙外壳而失去中和作用。因此，以石灰石为滤料时，废水的硫酸浓度一般不应超过 $1 \sim 2$ g/L。如硫酸浓度过高，可以回流出水，予以稀释。采用升流式膨胀滤池，可以改善硫酸废水的中和过滤过程。当滤料的粒径较细（<3 mm），废水上升滤速较高（$50 \sim 70$ m/h）时，滤床膨胀，滤料相互碰撞摩擦，有助于防止结壳。

用烟道气中和碱性废水时，烟道气含有 CO_2 和少量的 SO_2、H_2S，可用以中和碱性废水。碱性废水从塔顶布液器喷出，流向填料床，烟道气则自塔底进入填料床。水、气在填料床逆向接触过程中，废水和烟道气都得到了净化，废水得到中和，烟尘得以消除。有资料表明，含 $12\% \sim 14\%$ CO_2 的烟道气与硫化物含量为 30 mg/L、pH 为 11 的印染厂硫化染料废水在喷淋塔接触 20 min，废水的 pH 可降至 6.4，硫化物去除率达 98%。但用烟道气中和一般的碱性废水，出水的 pH 虽不高，但硫化物、耗氧量和色度都有显著增加。

（二）化学沉淀法

化学沉淀法是指向废水中投加某些化学药剂，使其与废水中的溶解性污染物发生互换反应，形成难溶于水的盐类（沉淀物）从水中沉淀出来，从而降低或除去水中的污染物。化学沉淀法多用于水处理中去除钙离子、铁离子以及废水中的重金属离子。按使用的沉淀剂不同，沉淀法可分为氢氧化物沉淀法、硫化物法和钡盐法等。

当原水硬度或碱度较高时，可先用化学沉淀法作为离子交换软化的前处理，以节省离子交换的运行费用。去除废水中的重金属离子时，一般采用投加碳酸盐的方法，生成的金属碳酸盐的溶度积很小，便于回收。如利用碳酸钠处理含锌废水：

$$ZnSO_4 + Na_2CO_3 = ZnCO_3 \downarrow + Na_2SO_4。$$

此法优点是经济简便，药剂来源广，因此在处理重金属废水时应用最广。存在的问题是劳动卫生条件差，管道易结垢堵塞与腐蚀；沉淀体积大，脱水困难。

（三）化学氧化还原法

在化学反应中，如果发生电子的转移，参与反应的物质所含元素将发生化合价的改变，称为氧化还原反应。在水处理中，可采用氧化或还原的方法改变水中某些有毒有害化合物中元素的化合价以及改变化合物分子的结构，使剧毒的化合物变为微毒或无毒的化合物，使难于生物降解的有机物转化为可以生物降解的有机物。

1. 化学氧化法

电镀废水往往含 CN^-，可加氯氧化为 N_2 和 CO_2。对某些工业废水，如炼油废水、重油裂解废水、高炉煤气洗涤水等，虽经过了某些生物方法处理，但废水中的污染物如酚、氰以及色度等仍较高，还不能达标排放或加以回用，此时可用臭氧氧化进行深度处理。湿式氧化是在高温（125 ~ 320 ℃）和高压（0.5 ~ 20 MPa）条件下，以氧气或空气为氧化剂，将有机污染物氧化分解为二氧化碳和水等无机物或小分子有机物。湿式氧化和催化湿式氧化通常用于不可生物降解的废水处理。

水处理常用的氧化剂有氧、臭氧、氯、次氯酸等。

2. 化学还原法

废水中的有些污染物，如六价铬[Cr(Ⅵ)]毒性很大，可用还原的方法还原成毒性较小的三价铬（Cr^{3+}），再使其生成 $Cr(OH)_3$ 沉淀而去除。又如一些难生物降解的有机化合物（如硝基苯），有较大的毒性并对微生物有抑制作用，且难以被氧化；但在适当的条件下，可以被还原成另一种化合物（如硝基苯类、偶氮类生成苯胺类，高氯代烃类转化为低氯代烃，或彻底脱氯生成相应的烃醇或烯），进而改善了可生物降解性和色度。

目前，几种主要的还原处理方法包括：药剂还原处理、电解还原法处理、铁碳内电解法处理、Cu/Fe 催化还原法处理、Cu/Al 催化还原法处理。协同处理如臭氧协同内电解提高 COD 的去除效率，内电解结合超声降解碱性品绿染料，可以提高对污染物的去除率，相对降低运行成本，是提高铁碳内电解处理效果的新方向。

水处理常用的还原剂有硫酸亚铁、亚硫酸盐、铁屑、铁粉等。

（四）高级氧化法

高级氧化法（Advanced Oxidation Process，AOPs）的概念是 1978 年由 Glaze 等人提出的，到了 20 世纪 80 年代得到快速发展。这类技术主要采用两种或多种氧化剂联用发生协同效应，或者与催化剂联用，提高羟基自由基（·OH）的生成量和生成速率，加速反应过程，提高处理效率和出水水质。它具有氧化性强、反应速率快、可提高可生化降解性和减少三卤甲烷和溴酸盐的生成等优点。下面介绍几种有代表性的高级氧化法。

1. Fenton 试剂法（H_2O_2/Fe^{2+}）

Fenton 试剂由亚铁盐和过氧化氢（H_2O_2）组成。当 pH 低时（一般要求 pH=3 左右），在 Fe^{2+} 的催化作用下 H_2O_2 就会分解产生 ·OH，从而引发链式反应。有研究曾用 Fenton 试剂进行垃圾渗滤液的处理试验。试验时，控制 pH=3，Fe^{2+} 的投加量为 0.05 mol/L，H_2O_2 投加量是

Fe^{2+}的 3～4 倍，对于 COD 值为 2450 mg/L 的垃圾渗滤液，可达到>80%的 COD 去除率。

2. 类 Fenton 试剂法

在常规 Fenton 试剂法中引入紫外光（UV）、光能（Photo-）、超声（US）、微波（MW）、电能（Electro-）和氧气时可以提高 H_2O_2 催化分解产生·OH 的效率，显著增强 Fenton 试剂的氧化能力，节省 H_2O_2 的用量，因此提出了类 Fenton 法。

3. 以 O_3 为主体的高级氧化过程

臭氧是一种优良的强氧化剂，在污水消毒、除色、除臭、去除有机物和 COD 方面有很好的效果。臭氧氧化法降解有机物速度快，条件温和，不产生二次污染，在水处理中应用广泛。臭氧对水中有机物的氧化主要通过两种途径，一是臭氧直接氧化，二是通过形成的羟基自由基进行自由基氧化。O_3 的直接反应具有较强的选择性，一般是破坏有机物的双键结构；间接反应一般不具有选择性。O_3 在水中生成羟基自由基（·OH）主要有以下三种途径：① O_3 在碱性条件下分解生成·OH；② O_3 在紫外光的作用下生成·OH；③ O_3 在金属催化剂的催化作用下生成·OH。以 O_3 为主体的高级氧化过程有 O_3/UV 工艺、O_3/H_2O_2 工艺、O_3/H_2O_2/UV 工艺、O_3/金属催化剂工艺等。

4. 光催化氧化法

半导体光催化剂经太阳光或人工光照射而吸附光能后，发生电子跃迁并生成电子-空穴对，对吸附于表面的污染物，直接进行氧化降解，或在催化剂表面形成强氧化性的自由基，并通过自由基氧化有机污染物，达到对有机物的降解或矿化。光催化剂主要有 TiO_2、ZnO、CdS、WO_3、SnO_2 等半导体材料。光催化氧化技术对难降解有机污染物有着较好的降解效果，并具有反应条件温和、能耗低、无二次污染和应用范围广等优点。然而由于光催化氧化技术普遍存在催化剂不成熟，光生电子-空穴复合过快，光催化量子效率低、处理能力小、装置复杂等问题，影响其在实际水处理中的应用与推广。

5. 电化学高级氧化

电化学高级氧化法通过有催化活性的电极反应直接或间接产生·OH，有效降解难生化处理的污染物。但长期以来，受电极材料的限制，该工艺降解有机物的电流效率低，能耗高，难以实现工业化。近年来在电催化电极材料和机理方面的研究取得了较大的发展，并开始应用于难降解废水的处理。

高级氧化工艺能对污水中的难生物降解的以及不能生物降解的有毒有害污染物发挥显著的处理功效，成为近年来水处理方面的研究热点。但这些工艺的处理成本较昂贵，目前主要应用于某些特种废水的处理。

三、物理化学处理法

（一）混凝法

天然水或废水中颗粒态杂质的尺寸大小不一，大至几百微米，小至不足纳米。大颗粒悬浮物可借重力或离心力去除，细微颗粒特别是胶体则要借助混凝作用去除。

混凝就是通过向水（天然水或废水）中投加化学药剂来破坏胶体颗粒的稳定性，使水中胶体和细小悬浮物凝聚成尺寸较大、易于分离的絮凝体的过程。混凝包括凝聚与絮凝两个过程。凝聚（Coagulation）是指胶体双电层被压缩而脱稳的过程；絮凝（Flocculation）仅指胶体脱稳后借助于长链高分子聚合物的吸附架桥作用聚结成大颗粒絮体的阶段。

水中的胶体微粒具有稳定性，在水中能长时间地保持分散状态。要想去除水中胶体态污染物，首先要使胶体脱稳，继而凝聚和絮凝。水的混凝就是胶体微粒的脱稳和絮凝过程，它主要通过电性中和与双电层压缩作用、凝聚物网捕-共沉淀作用、高分子桥连作用和去溶剂化作用等来实现。

（二）气浮法

生产实践表明，沉淀法对地表水和废水中的藻类、植物残体、细小胶粒和纤维等轻质的悬浮固体以及油类的去除效果甚差，这些难于沉淀的污染物可采用气浮法进行处理。气浮（也称浮选）是通过向水中释放高度分散的微小气泡，使其黏附废水中细小的轻质固体颗粒或者油类，从而使带气颗粒（或油珠）的视密度显著小于水而上浮至水面，实现固-液或液-液分离的方法。

1. 气浮机理

气浮分离工艺必须满足三个基本条件：① 必须向水中释放足够量的高度分散的微小气泡；② 必须使水中的污染物呈现悬浮状态；③ 必须使气泡与悬浮态污染物产生黏附作用。只有满足这三个条件，才能达到气浮分离的目的。在这三个条件中，最重要的是气泡能够黏附在污染物颗粒或油珠上。这必然涉及气、液、固三相界面的表面张力、界面能和水对悬浮态污染物的润湿性等问题。

2. 气浮形式分类

通常按照产生气泡的方法不同，将气浮法分为溶解空气气浮法和分散空气气浮法。溶解空气气浮法包括真空式气浮法和压力溶气气浮法两种。

分散空气气浮就是利用机械剪切力将混于水中的空气破碎成微小气泡后进行气浮处理的方法。在水处理中常用的分散空气气浮方法可分为扩散曝气气浮、叶轮气浮和射流气浮三种。

（三）吸附法

1. 吸附机理

吸附是一种表面化学现象。固体表面上的吸附作用与其表面性质有关。固体表面上的原子或分子所受的力是不均匀的，因而产生表面张力，具有表面能，且有自发降低表面能的倾向。然而，固体表面不像液体那样易于缩小，所以只能将外界的原子、分子或离子吸附到其表面，以降低其表面能。这是固体能产生吸附作用的根本原因。具有吸附作用的固体称为吸附剂，被吸附在固体表面的物质称吸附质。

2. 吸附类型

根据吸附质与吸附剂之间作用力的不同，液相吸附可分为两种类型，即物理吸附和化学吸附。物理吸附是吸附质与吸附剂之间通过分子引力（即范德华力）所产生的吸附。化学吸附是指吸附质与吸附剂之间通过化学键力所产生的吸附。

在水或废水处理中，绝大多数吸附现象是上述两种吸附作用协同作用的结果，只不过由于吸附质和吸附剂性质的不同，其中某种吸附起主要作用。

（四）离子交换

离子交换是利用离子交换剂上某种官能团所带的可交换离子与废水中带同性电荷的离子进行交换反应，以达到去除废水中有害离子的目的。

离子交换剂的种类很多，按母体材料不同，可分为无机离子交换剂和有机离子交换剂两大类。无机离子交换剂主要是天然沸石和人工沸石，也是最早使用的离子交换剂，主要用于给水处理。该类离子交换剂成本低，但不能在酸性条件下使用。有机离子交换剂包括磺化煤和离子交换树脂。磺化煤是由褐煤或烟煤经发烟硫酸磺化处理制成的，生产成本较低，但交换容量小，机械强度和化学稳定性较差，应用受到限制。离子交换树脂的生产成本较高，但它的交换速度较快，机械强度和化学稳定性好，因而成为目前废水处理领域应用最广泛的离子交换剂。

常用的离子交换设备有固定床、移动床和流动床三种，其工作原理与相应的吸附装置类似。固定床离子交换器具有设备紧凑、操作简单、出水水质好的优点；但是再生费用较大，生产能力较低。移动床和流动床具有交换速度快、生产能力大或交换效率高等优点；但是设备复杂，操作管理麻烦，对水质水量变化的适应性差，树脂的磨损大，因此它们的应用受到限制。目前，工业上广泛应用的是固定床离子交换器。

（五）膜分离

膜分离技术是指在分子水平上不同粒径分子的混合物在通过半透膜时，实现选择性分离的技术。它是一种以分离膜为核心，进行物质的分离、浓缩和提纯的新兴技术。近年来，膜技术逐渐渗透到废水处理的各个领域，除了单独用于污水处理外，更多的是与其他工艺结合解决传统方法难以解决的问题。对高 COD、高 SS、难降解有机工业废水的处理，在传统的生物方法中引进膜分离技术显得更为迫切。

依据膜孔径的不同（或称为截留分子量），可分为微滤膜（MF）、超滤膜（UF）、纳滤膜（NF）、反渗透膜（RO）等；根据膜材料的不同，可分为无机膜和有机膜。无机膜主要是陶瓷膜和金属膜，其过滤精度较低，选择性较小；有机膜是由高分子材料做成的，如醋酸纤维素、芳香族聚酰胺、聚醚砜、聚氟聚合物等。

膜生物反应器就是由膜分离技术与生物反应器相结合的生物化学反应系统。根据膜组件在膜生物反应器中所起作用的不同，大致可将膜生物反应器（MBR）分为分离膜生物反应器、无泡曝气膜生物反应器和萃取膜生物反应器三种。

四、生物处理法

（一）污水生物处理的原理

污水生物处理是利用自然界中广泛分布的个体微小、代谢营养类型多样、适应能力强的微生物的新陈代谢作用对污水进行净化的处理方法。它是建立在环境自净作用基础上的人工强化技术。其意义在于创造出有利于微生物生长繁殖的良好环境，增强微生物的代谢功能，促进微生物的增殖，加速有机物的无机化，增进污水的净化进程。

污水生物处理的基本原理是微生物在酶的催化作用下，利用微生物的新陈代谢功能，对污水中的污染物质进行分解和转化。微生物代谢由分解代谢（异化）和合成代谢（同化）两个过程组成，是物质在微生物细胞内发生的一系列复杂生化反应的总称。

分解代谢是微生物在利用底物的过程中，一部分底物在酶的催化作用下降解并同时释放出能量的过程，这个过程也称为生物氧化。根据氧化还原反应中最终电子受体的不同，分解代谢可分成发酵和呼吸两种类型，呼吸又可分成好氧呼吸和缺氧呼吸两种方式。合成代谢则是微生物利用另一部分底物或分解代谢过程中产生的中间产物，在合成酶的作用下合成微生物细胞的过程，合成代谢所需的能量由分解代谢提供。污水生物处理过程中有机物的生物降解实际上就是微生物将有机物作为底物进行分解代谢获取能量的过程。不同类型微生物进行分解代谢所利用的底物是不同的，异养微生物利用有机物，自养微生物则利用无机物。

（二）污水生物处理的基本类型

根据参与代谢活动的微生物对溶解氧的需求不同，污水生物处理技术分为好氧生物处理、缺氧生物处理和厌氧生物处理。好氧生物处理是在水中存在溶解氧的条件下（即水中存在分子氧）进行的生物处理过程；缺氧生物处理是在水中无分子氧存在，但存在如硝酸盐等化合态氧的条件下进行的生物处理过程；厌氧生物处理是在水中既无分子氧又无化合态氧存在的条件下进行的生物处理过程。好氧生物处理是城镇污水处理所采用的主要方法，高浓度有机污水的处理常常用到厌氧生物处理方法。近年来，随着氮、磷等营养物质去除要求的提高，缺氧生物处理和厌氧生物处理也广泛应用于城镇污水处理。缺氧和好氧结合的生物处理主要用于生物脱氮，厌氧和好氧结合的生物处理则主要用于生物除磷。工业废水则视其可生物降解性采用不同生物处理方法。

根据微生物生长方式的不同，生物处理技术又分成悬浮生长法和附着生长法两类。悬浮生长法是指通过适当的混合方法使微生物在生物处理构筑物中保持悬浮状态，并与污水中的有机物充分接触，完成对有机物的降解。与悬浮生长法不同，附着生长法中的微生物是附着在某种载体上生长，并形成生物膜，污水流经生物膜时，微生物与污水中的有机物接触，完成对污水的净化。悬浮生长法的典型代表是活性污泥法，而附着生长法则主要是指生物膜法。目前各种污水的生物处理技术都是围绕着这两类方法而展开。

1. 好氧生物处理

好氧生物处理是污水中有分子氧存在的条件下，利用好氧微生物（包括兼性微生物，但主要是好氧细菌）降解有机物，使其稳定、无害化的处理方法。污水好氧生物处理过程可用图 3-11 表示。有机物被微生物摄取后，通过代谢活动，约有 1/3 被分解、稳定，并提供其生理活动所需的能量，约有 2/3 被转化，合成新的细胞物质，即进行微生物自身生长繁殖。后者就是污水生物处理中的活性污泥或生物膜的增长部分，通常称其为剩余活性污泥或生物膜，又称生物污泥。在污水生物处理过程中，生物污泥经固液分离后，需进一步处理和处置。污水处理工程中，好氧生物处理法有活性污泥法和生物膜法两大类。

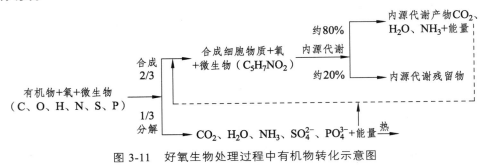

图 3-11　好氧生物处理过程中有机物转化示意图

2. 厌氧生物处理

厌氧生物处理是在没有分子氧及化合态氧存在的条件下，兼性细菌与厌氧细菌降解和稳定有机物的生物处理方法。在厌氧生物处理过程中，复杂的有机化合物被降解、转化为简单的化合物，同时释放能量。在这个过程中，有机物的转化分为三部分：一部分转化为甲烷，这是一种可燃气体，可回收利用；还有一部分被分解为二氧化碳、水、氨、硫化氢等无机物，并为细胞合成提供能量；少量有机物被转化、合成为新的细胞物质。由于仅少量有机物用于合成，故相对于好氧生物处理，厌氧生物处理的污泥增长率小得多。

（三）活性污泥法处理工艺及设备

1. 基本原理

向生活污水中不断地注入空气，维持水中有足够的溶解氧，经过一段时间后，污水中即生成一种絮凝体。该絮凝体是由大量微生物构成的，易于沉淀分离，使污水得到澄清，这就是"活性污泥"。活性污泥法就是以悬浮在水中的活性污泥为主体，在有利于微生物生长的环境条件下和污水充分接触，使污水净化的一种方法。活性污泥法的主要构筑物是曝气池和二次沉淀池，其基本流程如图 3-12 所示。需处理的污水和回流活性污泥一起进入曝气池，成为悬浮混合液，沿曝气池注入压缩空气曝气，使污水和活性污泥充分混合接触，并供给混合液足够的溶解氧。这时污水中的有机物被活性污泥中的好氧微生物群体分解，然后混合液进入二次沉淀池，活性污泥与水澄清分离，部分活性污泥回流到曝气池，继续进行净化过程，澄清水则溢流排放。由于在处理过程中活性污泥不断增长，部分剩余污泥从系统排出，以维持系统稳定。

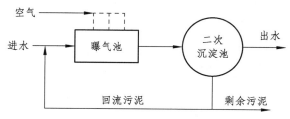

图 3-12　活性污泥法基本流程

2. 活性污泥法的运行方式

活性污泥法的工作效率除决定于活性污泥的质量和充足的氧气供应外，还与运行方式有密切的关系。下面介绍几种常用的运行方式。

（1）普通活性污泥法

普通活性污泥法又称传统活性污泥法，其曝气池呈长方形，水流形态为推流式。污水净化的吸附阶段和氧化阶段在曝气池中完成。进口处有机物浓度高，并沿池长逐渐降低，需氧量也沿池长逐渐降低。普通活性污泥法对有机物（BOD）和悬浮物去除率高，可达到 85%～95%，因此特别适用于处理要求高而水质比较稳定的废水。它的主要缺点是：① 不能适应冲击负荷；② 需氧量沿池长前大后小，而空气的供应是均匀的，这就造成前段氧量不足，后段氧量过剩的现象。若要维持前段足够的溶解氧，则后段会大大超过需要，造成浪费。此外，由于曝气时间长，曝气池体积大，占地面积和基建费用也相应增大。

（2）完全混合法

完全混合法的流程和普通法相同。该法有两个特点：一是进入曝气池的污水立即与池内原有浓度低的大量混合液混合，得到了很好的稀释，所以进水水质的变化对污泥的影响将降低到很小程度，能较好地承受冲击负荷；二是池内各点有机物浓度（F）均匀一致，微生物群的性质和数量（M）基本相同，池内各部分工作情况几乎完全一致。由于微生物生长所处阶段主要取决于 F/M，所以完全混合法有可能把整个池子工作情况控制在良好的同一条件下进行，微生物活性能够充分发挥，这一特点是推流式曝气池所不具备的。

（3）氧化沟

氧化沟即循环混合曝气池，自问世以来，发展很快，已演变出多种工艺和设备。下面介绍一种具有代表性的类型：卡鲁塞尔（Carrousel）氧化沟。它应用立式低速表面曝气器供氧并推动水流前进，沟深较大（4.0～4.5 m），占地面积较小，沟内流速达 0.3～0.4 m/s，循环混合液流入量为废水量的 30～50 倍。图 3-13 是典型卡鲁塞尔氧化沟的构造图。卡鲁塞尔 2000 型氧化沟如图 3-14 所示，在进水区设置了缺氧区（占氧化沟体积的 15%），具有脱氮、除磷的性能，BOD_5、氮和磷的去除率分别达 95%、90% 和 50% 以上。

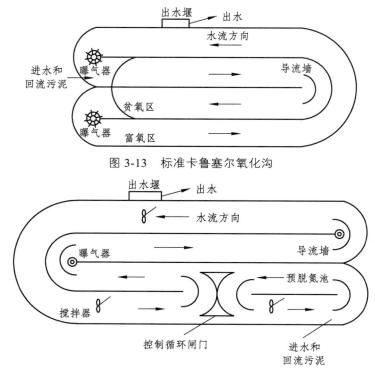

图 3-13　标准卡鲁塞尔氧化沟

图 3-14　卡鲁塞尔 2000 型氧化沟

（4）序批式活性污泥法（SBR）

序批式活性污泥法的主要装置是序批式反应器，又简称为 SBR 法，是一种间歇运行的活性污泥法。SBR 工艺操作顺序依次为进水、反应、沉淀、出水和待机。一批污水完成五个步骤为一个周期，所有操作均在设有曝气或搅拌的同一设备中进行。新的一批污水进入反应器即为另一周期开始。不需要沉淀池和污泥回流装置。

SBR 工艺与连续流活性污泥法工艺相比有一些优点：① 工艺系统组成简单，曝气池兼具二沉池的功能，无污泥回流设备；② 耐冲击负荷，在一般情况下（包括工业废水处理）无须设置调节池；③ 反应推动力大，易于得到优于连续流系统的出水水质；④ 运行操作灵活，通过适当调节各阶段操作状态可达到脱氮除磷的效果；⑤ 活性污泥在一个运行周期内，经过不同的运行环境条件，污泥沉降性能好，SVI 较低，能有效地防止丝状菌膨胀；⑥ 该工艺可通过计算机进行自动控制，易于维护管理。

（5）膜生物反应器（MBR）

膜生物反应器是一种由活性污泥法与膜分离技术相结合的新型水处理技术。在 MBR 中，膜直接与污泥混合液接触，并进行过滤，降解或去除污水中污染物质的生化反应过程则在生物反应器中完成。

膜生物反应器的优点是：① 容积负荷率高、水力停留时间短；② 污泥龄较长，剩余污泥量减少；③ 混合液污泥浓度高，避免了因为污泥丝状菌膨胀或其他污泥沉降问题而影响曝气反应区的 MLSS 浓度；④ 因污泥龄较长，系统硝化反硝化效果好，在低溶解氧浓度运行时，可以同时进行硝化和反硝化；⑤ 出水有机物浓度、悬浮固体浓度、浊度均很低，甚至致病微生物都可被截留，出水水质好；⑥ 污水处理设施占地面积相对较小。

（四）生物膜法处理工艺及设备

生物膜法是一大类生物处理法的统称，包括生物滤池、生物转盘、生物接触氧化池、曝气生物滤池及生物流化床等工艺形式。其共同的特点是微生物附着生长在滤料或填料表面上，形成生物膜。污水与生物膜接触后，污染物被微生物吸附转化，污水得到净化。生物膜法对水质、水量变化的适应性较强，污染物去除效果好，是一种被广泛采用的生物处理方法，可单独应用，也可与其他污水处理工艺组合应用。

1. 生物滤池

生物滤池法的基本流程是由初沉池、生物滤池、二沉池组成。进入生物滤池的污水，必须通过预处理，去除悬浮物、油脂等会堵塞滤料的物质，并使水质均化稳定。一般在生物滤池前设初沉池，但也可以根据污水水质采取其他方式进行预处理，达到同样的效果。生物滤池后面的二沉池，用以截留滤池中脱落的生物膜，以保证出水水质。

2. 生物转盘法

生物转盘又称旋转式生物反应器，它是由盘片、接触反应槽、转轴和驱动装置等部分组成。盘片成组串联在转轴上，转轴支承在半圆形反应槽两端的支座上，转轴距槽中水面 10~25 cm，由电机带动旋转。转盘约有 40% 的面积浸没在槽内的污水中。

生物转盘运转时，污水在反应槽中顺盘片间隙流动，盘片在转轴带动下缓慢转动，污水中的有机污染物被转盘上的生物膜所吸附。当这部分盘片转离水面时，盘片表面形成一层污水薄膜，空气中的氧不断地溶解到水膜中，生物膜中微生物吸收溶解氧，氧化分解被吸附的有机污染物。盘片每转动一周，即进行一次吸附-吸氧-氧化分解的过程。转盘不断转动，污染物不断地被氧化分解，生物膜也逐渐变厚，衰老的生物膜在水流剪刀作用下脱落，并随污水排至沉淀池。转盘转动也使槽中污水不断地被搅动充氧，脱落的生物膜在槽中呈悬浮状态，继续起净化作用。因此，生物转盘兼有活性污泥池的功能。

3. 生物接触氧化法

生物接触氧化法是在曝气池中设置填料（作为生物膜的载体），当经过充氧的废水以一定的流速流过填料与生物膜接触，利用生物膜和悬浮活性污泥中微生物的联合作用净化污水的方法。这种方法是介于活性污泥法和生物滤池两者之间的生物处理法，所以又称接触曝气法或淹没式生物滤池。由于生物接触氧化法兼具两种方法的优点，所以很有发展前途。生物接触氧化装置运转时，污水在填料中流动，水力条件良好。通过曝气使水中溶解氧充足，适于微生物生长繁殖，故生物膜上生物相丰富，除细菌（包括球衣细菌等丝状菌）外，还有多种原生动物和后生动物，保持着较高的生物量。据实测，每平方米填料表面生物量在 100 g 以上,如折算成 MLSS,可达 10 g/L 之多,能有效地提高污水的净化效果。BOD_5 容积负荷可达 $3 \sim 6$ kg/(m³·d)。生物接触氧化法不需污泥回流,也不存在污泥膨胀问题,管理简便。

(五)污水的自然生态处理系统

1. 稳定塘

稳定塘又称氧化塘,是一种天然的或经一定人工构筑的污水净化系统。污水在塘内经较长时间的停留、储存,通过微生物(细菌、真菌、藻类、原生动物等)的代谢活动,以及相伴随的物理的、化学的、物理化学的过程,使污水中的有机污染物、营养素和其他污染物质进行多级转换、降解和去除,从而实现污水的无害化、资源化与再利用。

生物稳定塘不仅能取得较好的 BOD 去除效果,还可以去除氮、磷营养物质及病原菌,重金属及有毒有机物。此外,它还具有处理成本低,操作管理容易等优点。它的主要缺点是占地面积大,处理效果受环境条件影响大,处理效率相对较低,可能产生臭味及滋生蚊蝇,不宜建设在居住区附近。

稳定塘按塘中微生物优势群体类型和塘水中的溶解氧状况可分为好氧塘、兼性塘、厌氧塘和曝气塘。按用途又可分为深度处理、强化处理、储存塘和综合生物塘等。上述不同性质的塘组合成的塘称为复合稳定塘。此外,还可以用排放间歇或连续、污水进塘前的处理程度或塘的排放方式(如果用到多个塘的时候)来进行划分。

2. 污水土地处理系统

污水土地处理系统是指利用农田、林地等土壤-微生物-植物构成的陆地生态系统对污染物进行综合净化处理的生态工程。它由污水的预处理设备、调节存储设备、输送配布设备、控制系统与设备、土地净化田和收集利用系统组成,其中土地净化田是污水土地处理系统的核心环节。

污水土地处理系统能在处理城镇污水及一些工业废水的同时,通过营养物质和水分的生物地球化学循环,促进绿色植物生长,实现污水的资源化与无害化。它具有明显的优点:① 促进污水中植物营养素的循环,污水中的有用物质通过作物的生长而获得再利用;② 可利用废劣土地、坑塘洼地处理污水,基建投资省;③ 使用机电设备少,运行管理简便、成本低廉,节省能源;④ 绿化大地,增添风景美色,改善地区小气候,促进生态环境的良性循环。

污水土地处理系统如果设计不当或管理不善,也会造成许多不良后果,如:① 污染土壤和地下水,特别是造成重金属污染、有机毒物污染等;② 导致农产品质量下降;③ 散发臭味、滋生蚊蝇,危害人体健康等。

当前,污水土地处理系统常用的工艺有慢速渗滤系统、快速渗滤系统、地表漫流系统、湿地处理系统和地下渗滤处理系统。

3. 废水人工湿地处理系统

湿地是一种生长着多种动植物的生态系统,它具有优良的净化废水的功能。应用湿地净化废水的历史悠久，但有目的地利用天然湿地来处理废水则始于 20 世纪 70 年代。20 世纪 80 年代后，人工（或构筑）湿地废水处理系统逐渐被开发和应用。近年来，有关人工湿地的研究和应用日渐广泛。

所谓废水人工湿地处理系统，是将废水有控制地投配到人工构筑的湿地上，利用土壤、植物和微生物的联合作用处理废水的一种处理系统。它可以分为三种类型：表面流湿地、地下潜流湿地和垂直下渗湿地。

人工湿地废水处理系统的优点是基建投资和运行费用低（分别为生物处理的 1/3 ~ 1/5 和 1/5 ~ 1/6 ）；可长年运行，运行管理简便；水力负荷远高于天然湿地，处理效果好，出水水质优于生物处理，对氮、磷、重金属和难降解有机物也有处理效果；湿地植物有一定经济价值；具有一定的景观功能。缺点是需要的土地面积大，净化效果受气候和植物生长期影响大，有蚊蝇滋生。

（六）污水深度处理

1. 生物脱氮原理及工艺

（1）生物脱氮原理

未经处理的城市污水中总氮浓度常在 20 ~ 85 mg/L，其中主要是有机氮和氨氮（NH_3-N）。在氨化细菌的作用下，有机氮化合物分解，转化为氨氮。氨氮转化的第一步是硝化，硝化菌将氨氮转化成硝酸盐的过程称为硝化。整个硝化过程是由两类细菌依次完成的，分别是氨氧化菌（也称亚硝化菌）和亚硝酸盐氧化菌（也称硝化菌），统称为硝化细菌。它们都是专性的自养型革兰氏阴性好氧菌，以碳酸盐和二氧化碳等无机碳作为碳源，利用氨氮转化过程中释放的能量作为自身新陈代谢的能源。反应过程为两步：

$$NH_4^+ + \frac{3}{2}O_2 \xrightarrow{\text{亚硝化菌}} NO_2^- + 2H^+ + H_2O - 278.42 \text{ kJ}$$

$$NO_2^- + \frac{1}{2}O_2 \xrightarrow{\text{硝化菌}} NO_3^- - 72.27 \text{ kJ}$$

总反应式：$NH_4^+ + 2O_2 \longrightarrow NO_3^- + 2H^+ + H_2O - 351 \text{ kJ}$

在上述生物反应过程中，细菌获得能量的同时，部分 NH_4^+ 被同化为细胞组织。

由上述反应式可以看到，反应中产生 H^+，要消耗水中的碱度。经计算，氧化 1 g 氨氮需要 7.14 g 的碱度（以 $CaCO_3$ 计），因此硝化阶段 pH 宜维持在 7.5 ~ 9.0。此外，水温对亚硝化菌的活性有很大的影响，最适宜的温度是 35 ℃。随水温下降，亚硝化速率急剧下降。BOD_5/TKN（总凯氏氮）对硝化作用也有很大影响，一般认为 BOD_5/TKN < 3 为宜。BOD 负荷是设计生物脱氮系统的重要参数，BOD 负荷不应大于 0.1 kg(BOD_5)/[kg(MLSS)·d]。溶解氧对硝化过程有很大的影响，硝化过程中 DO 不能低于 0.5 mg/L，控制在 1.5 ~ 2.0 mg/L 能得到较好的硝化效果。

好氧生物硝化过程只能将氨氮转化为硝酸盐，不能最终脱氮。欲最终脱氮，还必须

进一步将 NO_3^- 转化为气态 N_2，使其逸入大气，通常将这一生物转化过程称为反硝化（或脱硝）。

NO_3^- 的反硝化过程在生物化学过程中是还原反应，NO_3^- 作为电子受体，在兼性异养型厌氧菌的作用下被还原。该反应必须具备两个条件，一是污水中应含有充足的电子供体；二是厌氧或缺氧条件。电子供体包括与氧结合的氢源和异养菌所需的碳源。当污水中含有充足的可生物降解的有机物，可以作为自源电子供体；若此类有机质不足，则必须额外投加适量营养物，称为外源电子供体。一般常用甲醇作为外源电子供体，实际应用中常采用生活污水或其他易生物降解的含碳废物，如粪便与食品废物等。反硝化反应也分为两步：

$$6NO_3^- + 2CH_3OH \xrightarrow{\text{厌氧菌}} 6NO_2^- + 2CO_2 + 4H_2O$$

$$6NO_2^- + 3CH_3OH \xrightarrow{\text{厌氧菌}} 3N_2 + 3CO_2 + 3H_2O + 6OH^-$$

总反应：$6NO_3^- + 5CH_3OH \xrightarrow{\text{厌氧菌}} 3N_2 + 5CO_2 + 7H_2O + 6OH^-$

由于细胞合成消耗一定量的甲醇，McCarty 依据实验结果，提出计算脱氮需要的甲醇量的公式：

$$\rho_m = 2.47N_0 + 1.53N_1 + 0.87D_0$$

式中　ρ_m——需要的甲醇浓度，mg/L；

　　　N_0—— NO_3^- 的初始浓度，mg/L；

　　　N_1—— NO_2^- 的初始浓度，mg/L；

　　　D_0——溶解氧的初始浓度，mg/L。

可以算出，将 1 mg NO_3^--N 还原为 N_2，需 2.47 mg 甲醇（合 3.7 mg COD），产生 3.57 mg 碱度（以 $CaCO_3$ 计）和 0.45 mg VSS（新细胞）。如果废水中的 $BOD_5/TKN > 3$，则不需外加碳源。此外，反硝化适宜的温度为 15～30 ℃，适宜的 pH 是 7.0～7.5，DO 应严格控制在 0.5 mg/L 以下。

传统的生物脱氮技术需要将氨氮完全氧化为硝酸盐氮，再通过厌氧反硝化转化为氮气。基于该理论的脱氮技术通常处理工艺流程较长，硝化过程需要补充碱度，反硝化过程需要补充碳源，同时需要污泥回流和消化液回流，运行成本较高，运行控制较为复杂。鉴于传统生物脱氮技术中的缺点，新的生物脱氮理论已经突破了传统的脱氮理论，从而为开发新型高效的脱氮处理技术提供了理论依据。新的脱氮理论主要为：

① 由于亚硝化细菌和硝化细菌生长特性的差异，可通过控制运行条件，氨氮的氧化过程控制到 NO_2^- 阶段，不氧化到 NO_3^-，然后再通过反硝化作用直接将 NO_2^- 还原到 N_2，有人也简称它为"短程反硝化"。

② 在厌氧条件下，某些细菌可利用 NH_4^+ 为电子供体，NO_3^- 或 NO_2^- 为电子受体，直接将 NH_4^+ 和 NO_2^- 转化为 N_2 和气态氮化物。这一生化过程称为"厌氧氨氧化"。

③ 一些硝化细菌除了能进行正常的硝化作用外，还能进行反硝化作用。反硝化作用不只在厌氧条件下进行，某些细菌也可在好氧条件下进行。

基于以上生物脱氮新理论，在生物脱氮新技术、新工艺上取得了一些突破，目前已被工程应用的包括 SHARON-ANOMMOX 工艺、CANON 工艺和 OLAND 工艺。

（2）生物脱氮处理工艺

① 二段生物脱氮处理工艺

在 BOD_5 与 NH_3-N 共存的污水好氧处理过程中，存在着一定比例的硝化细菌，其数量受 BOD_5 与总氮浓度比的制约。当 BOD_5 与总氮比在 1～3 时，硝化细菌比例较高，此种条件下的好氧处理相当于单独的硝化处理；而当 BOD 与总氮比大于 5 时，则完成硝化处理过程相当于碳氧化与硝化相结合的处理过程。因此，污水脱氮处理工艺流程因硝化处理工艺的不同而有差别。图 3-15 给出曝气氧化硝化-反硝化脱氮两段工艺流程。该流程的主要工艺参数列于表 3-2 中。

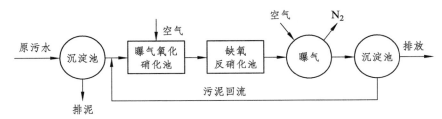

图 3-15　内碳源二段生物脱氮工艺

表 3-2　二段生物处理脱氮工艺参数

处理段	反应器	细胞停留时间/d	水力停留时间/h	pH	MLVSS/g·L^{-1}
碳氧化+硝化	推流曝气池	10～20	6.0～8.0	6.5～8.5	1～2
反硝化	推流厌氧池	1～5	0.5～3.0	6.5～7.0	1～2

② 三段生物脱氮工艺

图 3-16 所示为含碳有机物氧化-硝化-反硝化脱氮三段工艺流程。该流程主要工艺参数列于表 3-3 中。二段工艺适于 BOD_5 与总氮比小于 3 的废水，而三段工艺适于此比值大于 5 的废水。这种流程脱氮效率高，但在脱氮阶段必须投加碳源，而且流程长，构筑物多。

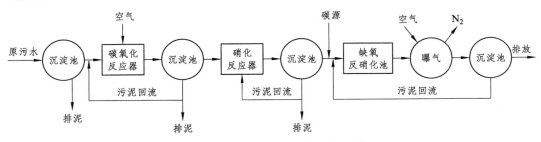

图 3-16　外碳源三段生物脱氮工艺

表 3-3　三段生物处理脱氮工艺参数

处理段	反应器	细胞停留时间/d	水力停留时间/h	pH	MLVSS/g·L⁻¹
碳氧化	连续流搅拌	2～5	1.0～3.0	6.5～8.0	—
硝化	推流曝气池	10～20	0.5～3.0	7.0～8.0	1～2
反硝化	推流厌氧池	1～5	0.2～2.0	6.5～7.0	1～2

③ 前置反硝化脱氮工艺

前置反硝化生物脱氮工艺，也称为循环法生物脱氮工艺及 A/O（缺氧/好氧）脱氮工艺（图 3-17）。这种工艺能充分利用原污水中有机成分作为碳源，不需外加碳源，可以减少曝气量，不设中间沉淀池和回流系统，显著减少了基建投资和运行费用。

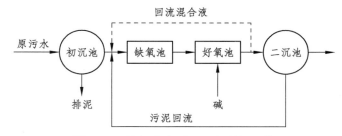

图 3-17　缺氧/好氧（A/O）脱氮工艺

④ SHARON-ANAMMOX 工艺

该工艺是一种短流程生物脱氮技术。其基本原理是通过控制温度、水力停留时间、pH 等条件，在 SHARON 反应器中将污水中 50%的 NH_4^+ 氧化为 NO_2^-，然后将含有 NH_4^+ 和 NO_2^- 的污水排入 ANAMMOX 反应器，在厌氧条件下将 NH_4^+ 和 NO_2^- 转化为 N_2 和 H_2O。

由于该工艺不需要外加碳源，只需要对脱氮过程进行控制，避免了传统硝化、反硝化过程中对 COD 的控制。此外，与传统的硝化、反硝化工艺相比，该工艺可以节约氧气 50%左右，不需要外加碳源，污泥产量低，而且不向环境排放 CO_2，还能消耗 CO_2。总体上，与传统工艺相比，该组合工艺可以节约 90%以上的运行成本，具有很好的应用前景。

该工艺适用于污泥浓缩排放污水（污泥上清液）和高氨氮、低碳源工业废水的处理。

⑤ CANON 工艺

该工艺是一种短流程生物脱氮工艺，是基于亚硝化和厌氧氨氧化技术而发展的。其核心是在单个反应器内，通过控制溶解氧实现亚硝化和厌氧氨氧化，从而达到除氮的目的。

该工艺的基本原理是在限氧条件下（<0.5%饱和空气），建立好氧和厌氧氨氧化菌的共生系统，即可实现在一个反应器中同时进行硝化和反硝化过程，达到脱氮的目的。在限氧条件下，NH_4^+ 被氧化为 NO_2^- 的反应式如下：

$$NH_4^+ + 1.5O_2 \longrightarrow NO_2^- + 2H^+ + H_2O$$

随后厌氧氨氧化菌将 NH_4^+ 与 NO_2^- 以及痕量 NO_3^- 转化为 N_2：

$$NH_4^+ + 1.32NO_2^- \longrightarrow 1.02N_2 + 0.26NO_3^- + 2H_2O$$

该工艺比较适合含高氨氮、低有机物的污水的处理。由于 CANON 工艺所涉及的微生物均为自养菌，故不需要外加碳源。此外，整个脱氮过程在单一、微量曝气的反应器中发生，从而大大减少了占地面积和能耗。与传统脱氮工艺相比，这一过程可减少 63% 的供氧量、100%的碳源。CANON 工艺的关键是要控制过程中 O_2 的过量而导致 NO_2^- 累积。

2. 深度处理除磷

水环境中的磷化合物主要来源于生活污水与农田排水，部分来自工业废水。磷化合物是地表水是否富营养化的主要限制性元素。水中的磷以正磷酸盐、聚磷酸盐与有机磷三种形态存在，生活污水中后两项占总磷的 70%左右，10%左右以固体形式存在。

一般污水二级处理过程，约有 10%的磷在一级沉淀中被去除，相当于污水中固态磷含量。在好氧生物处理过程，污水中部分磷作为微生物的营养物被细胞同化吸收，转化为细胞组织而被去除，去除率取决于活性污泥的产量。细胞组织对磷的吸收量，相当于总磷的 1/5 左右。

（1）生物脱磷机理

污水中磷的去除主要由聚磷菌等微生物来完成。在好氧条件下，聚磷菌不断摄取并氧化分解有机物，产生的能量一部分用于磷的吸收和聚磷的合成，一部分则使 ADP 通过与 H_3PO_4 结合，转化为 ATP 储存起来。细菌以聚磷（一种高能无机化合物）的形式在细胞中储存磷，其量可以超过生长所需，这一过程称为聚磷菌磷的摄取。处理过程中，通过从系统中排除高磷污泥以达到去除磷的目的。在厌氧和无氮氧化物存在的条件下，聚磷菌体内的 ATP 进行水解，放出 H_3PO_4 和能量，形成 ADP，这一过程称为聚磷菌磷的释放。

生物除磷技术就是通过上述两个过程来完成的。在好氧反应器内应保持充足的溶解氧，在厌氧反应器内应保持绝对厌氧条件，氮氧化物含量接近零；适宜的 pH 是 6～8，在温度 5～30 ℃内都能取得较好的除磷效果。一般认为，较高的 BOD_5 负荷对除磷有利，因此 BOD_5/TP 应大于 20；小分子的易降解有机物能促进磷的释放，磷的释放越充分，磷的摄取量就越大；硝酸盐和亚硝酸盐会抑制厌氧细菌释放磷，从而影响在好氧条件下磷的吸收。生物除磷是通过排除剩余污泥完成的，一般污泥龄短的系统，产生的剩余污泥量较多，可以取得较高的除磷效率。

（2）生物脱磷处理工艺

① 厌氧-好氧除磷工艺（A/O 工艺）

工艺流程与图 3-17 类似，只是将缺氧池改为厌氧池。在厌氧池中释放磷，然后在好氧池中吸收磷、去除 BOD，当停留时间足够长时，还会进行硝化，通过二沉池排泥除去磷。厌氧池水力停留时间为 1～2 h，污泥浓度为 2.7～3.0 g/L，污泥龄在 2～25 d。污泥含磷量约为 4%，污泥的回流比一般为 25%～40%。磷去除率 75%左右，出水磷浓度可达 1.0 mg/L 以下。

② Phostrip 除磷工艺

工艺流程如图 3-18 所示。原水与释放磷后的污泥一起进入曝气池，去除有机物和聚磷菌过量摄取磷，混合液经二沉池沉淀，上清液排放。含磷污泥一部分进入厌氧释磷池，一部分回流曝气池，还有一部分作为剩余污泥排放；厌氧池的上清液进入石灰沉淀池，去除磷后，上清液回流至曝气池，污泥从系统中排出。

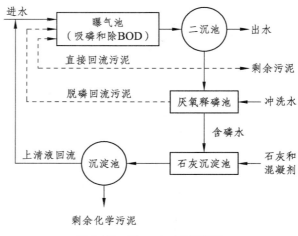

图 3-18　Phostrip 工艺流程

　　Phostrip 工艺除磷效果好，出水磷浓度一般小于 1.0 mg/L。缺点是工艺流程长，运行管理复杂，费用高。

　　③生物除磷工艺计算

　　设计生物除磷系统时，BOD_5/P =20 ~ 30，水力停留时间取 1 h 左右；A/O 系统的厌氧与好氧段的容积比取 1∶3 ~ 1∶2.5，污泥龄以 5 ~ 10 d 为宜。

　　3. 同步脱氮除磷工艺

　　（1）A^2/O 工艺

　　A^2/O 中 A^2 是英文 Anaerobic-Anoxic 的简称，是 A/O 工艺的改进，流程如图 3-19 所示。污水与回流污泥先进入厌氧池（溶解氧<0.5 mg/L）完全混合，经一定时间（1 ~ 2 h）的厌氧分解，去除部分 BOD，部分含氮化合物转化成 N_2（反硝化）而释放，回流污泥中的聚磷微生物释放出磷，满足细菌对磷的需求。之后，污水流入缺氧池，池中的反硝化细菌利用污水中未分解的含碳有机物作碳源，将好氧池通过内循环回流进来的 NO_3^- 还原为 N_2 而释放。最后，污水流入好氧池，水中 NH_3-N 进行硝化反应生成 NO_3^-，同时水中有机物氧化分解供给吸磷微生物以能量，从水中吸收磷，磷进入细胞组织，经沉淀池分离后以富磷污泥的形式从系统中排出。

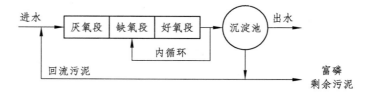

图 3-19　A^2/O 脱氮除磷工艺系统

A^2/O 系统中厌氧、缺氧、好氧过程可以在不同的设备中进行，也可在同一设备的不同部位完成。例如，在氧化沟中可以通过控制转刷的供氧量，使氧化沟各段分别处于厌氧、缺氧和好氧状态；或者可使设备在不同时间处于不同的状态间歇运行。例如，日本日立公司提供的 RC 环游式间歇曝气处理装置，运转时，曝气 0.5 h，停止曝气 1.5 h，交替进行，使设备在不同时段处于好氧、缺氧、厌氧状态，后两种方式可节省基建投资和运行费用。表 3-4 所示为不同处理对象的 A^2/O 系统设计参数。

表 3-4　A^2/O 系统设计参数

项　目	去除 BOD 和 P	去除 BOD、N 和 P
厌氧停留时间/h	0.5 ~ 1.0	0.5 ~ 1.0
缺氧停留时间/h	—	0.5 ~ 1.0
好氧停留时间/h	1.0 ~ 3.0	3.5 ~ 6.0
$\dfrac{F}{M}$ /[kg(BOD$_5$)·kg(MLSS)$^{-1}$·d^{-1}]	0.2 ~ 0.6	0.15 ~ 0.70
MLVSS/(mg·L^{-1})	2000 ~ 4000	3000 ~ 5000
氧利用率/[kg(O$_2$)·kg(BOD$_5$)$^{-1}$]	1.0	1.2
污泥回流率/%	10 ~ 30	50 ~ 100
内循环占进水比例/%	—	100 ~ 300
BOD$_5$/P	—	5 ~ 25

（2）Bardenpho 工艺

Bardenpho 发展了内源碳循序利用生物脱氮除磷（A/O-A/O）工艺，如图 3-20 所示。该工艺的特点是各项反应都重复了二次以上，脱氮除磷效果良好，缺点是工艺较长，反应器多，运行复杂，费用高。

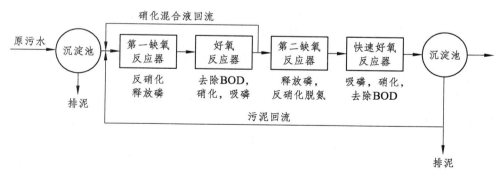

图 3-20　Bardenpho 脱氮工艺

（3）Phoredox 工艺

Phoredox 工艺是在 Bardenpho 工艺的最前端增加了一个厌氧反应器以强化磷的释放，从而使好氧段具有更强的吸收磷的能力。表 3-5 所示是该工艺的主要设计参数。由于脱氮除磷效果好，该工艺在国外应用广泛。

表 3-5　Phoredox 同步脱氮除磷工艺设计参数

反应器	水力停留时间/h
厌氧反应器	1.0～2.0
第一缺氧反应器	2.0～4.0
第一好氧反应器	3.8
第二缺氧反应器	2.0～4.0
第一好氧反应器	0.5～1.0

　　脱氮除磷可用氧化沟工艺来实现，通过安装或不安装曝气设备、控制曝气强度的方法在氧化沟的不同部位形成好氧、厌氧或缺氧区，形成不同的工艺。现在已经出现了采用 A²/O、Bardenpho 和 Phoredox 工艺的氧化沟脱氮除磷工艺，使处理厂更加紧凑，运行管理更为简便。

　　此外，通过改变运行方式，同步脱氮除磷也可以在 SBR 工艺中实现。

第五节　污水处理系统

　　按照处理目标和要求，污水处理程度一般可分为一级处理、二级处理和三级处理（深度处理）。

　　一级处理：主要去除污水中呈悬浮状态的固体污染物，主要技术为物理法。经过一级处理后的污水，BOD 一般可去除 30%左右，达不到排放标准。一级处理属二级处理的预处理。

　　二级处理：污水经过一级处理后，再用生物方法进一步去除污水中的胶体和溶解性污染物的过程，其 BOD 去除率在 90%以上，主要采用生物法。

　　三级处理：是在一级，二级处理后，进一步处理难降解的有机物和氮、磷等能够导致水体富营养化的可溶性无机物。采用的技术方法包括生物脱氮除磷法、混凝沉淀法、砂滤法、活性炭吸附法、离子交换法和电渗析法等，与前面的处理技术形成组合处理工艺。三级处理是深度处理的同义语，但两者又不完全相同。一般三级处理指二级处理后以达到排放标准为目标增加的工艺过程，常用于二级处理之后；而深度处理更多地指以污水的再生回用为目标。污水再用的范围很广，从工业上的重复利用、水体的补给水源到成为生活用水等。

　　污泥是污水处理过程中的产物。城市污水处理产生的污泥含有大量有机物，富有肥分，可以作为农肥使用；但又含有大量细菌、寄生虫卵以及从生产污水中带来的重金属离子等，需要做稳定与无害化处理。污泥处理的主要方法是减量处理（如浓缩法脱水等），稳定处理（如厌氧消化法、好氧消化法等），综合利用（如消化气利用，污泥农业利用等），最终处置（如干燥焚烧、填地投海、建筑材料等）。

对于某种污水、采用哪几种处理方法组成系统，要根据污水的水质、水量，回收其中有用物质的可能性、经济性、受纳水体的具体条件，并结合调查研究与经济技术比较后决定，必要时还需进行试验。

污水处理的典型流程见图 3-21。

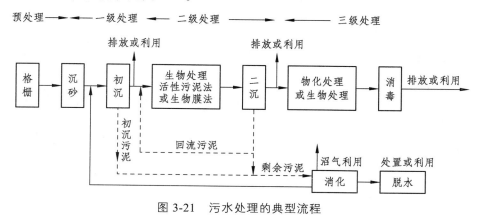

图 3-21 污水处理的典型流程

第六节 相关工程实例

一、成都市温江区永盛污水处理站二期扩建工程

1. 项目建设规模及内容

成都市温江区永盛污水处理站二期扩建工程设计处理规模为 0.50 万立方米每天，总变化系数 K_z=1.58，主要包含新建 CASS 池 1 座、细格栅及预处理强化池、中间调节水池及提升泵井、高密度沉淀池、反硝化深床滤池、接触消毒池、出水检测明渠、配电间及柴油发电机房、出水在线检测室、进水在线检测室、离子除臭装置、门卫室；同时对粗格栅间及提升泵房、鼓风机房及变配电间、脱水机房新增二期设备，拆除细格栅及旋流沉砂池、气水反冲滤池、反冲洗泵房、紫外线消毒渠、出水在线检测室、回用水井、进水流量计井、出水流量计井。

2. 项目进水水质（表 3-6）

表 3-6 污水处理厂进水水质

项目	pH	SS	BOD$_5$	COD$_{Cr}$	TN	氨氮	总磷	水温
单位		mg/L	mg/L	mg/L	mg/L	mg/L	mg/L	℃
浓度	6~9	250	300	500	45	35	4.0	12-25

3. 排放标准

二期的出水水质执行在《城镇污水处理厂污染物排放标准》（GB18918—2002）一级

A 的基础上，主要指标满足《四川省岷江、沱江流域水污染物排放标准》（DB51 2311—2016）中城镇污水处理厂的水污染物排放限值要求（表3-7）。

表 3-7　污水处理厂出水水质

项目	pH	SS	BOD$_5$	COD$_{Cr}$	总氮	氨氮	总磷	色度	粪大肠菌群数
单位		mg/L	mg/L	mg/L	mg/L	mg/L	mg/L		个/L
浓度	6~9	10	6	30	10	1.5（3）	0.3	30	1000

4. 处理工艺

污水处理工艺采用改良 CASS + 高密度沉淀池+深床反硝化滤池为主题的三级深度处理工艺，为满足再生水回用要求，出水消毒采用二氧化氯消毒。污泥采用机械处理，选用带式浓缩脱水一体机，脱水后污泥含水率应小于 80%。污泥最终运至四川绿山生物科技有限公司处理。具体详见图 3-22。

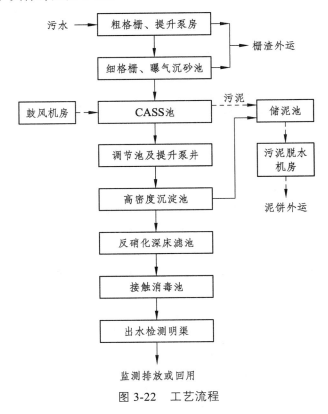

图 3-22　工艺流程

二、速分生化技术处理天津市滨海新区某雨水排污泵站

该临时废水处理工程位于海河南雨水泵站附近的空地上，设计处理水量为 500 m^3/d，总投资为 234 万元，主要采用速分生化技术。速分生化技术就是将流体力学中流离原理与生物接触氧化机理相结合并应用到污水处理领域的一种新型生物膜法处理技术。它采

用速分球作为生物膜载体，通过流离聚集和多相生物反应，完成固液分离、污水净化和污泥消解的目的。

污水经提升泵送入污水处理系统进行处理。经过现场取样分析，确定设计进水水质，最终出水水质需满足天津市《城镇污水处理厂污染物排放标准》（DB 12 /599—2015）A标准。具体详见表3-8。

表3-8　雨水泵站进水水质及排放标准

项目	COD	BOD$_5$	NH$_4^+$-N	SS	TN	TP
实际进水	53~200	32~100	5.4~35	120~400	11~40	1.0~3.0
设计进水	≤200	≤100	≤35	≤400	≤40	≤3
排放标准	≤30	≤6	≤1.5（3.0）	≤5	≤10	≤0.3

注：每年从11月1日到次年3月31日，执行括号内的排放限值。

根据进水水质可知，BOD$_5$/COD 约 0.4，属可生化污水，又因为排放水 TN 和 TP 要求比较高，所以除了考虑有机物降解以外，还要考虑脱氮及除磷。通过考察雨水泵站周围的实际情况，从投资、运行费用、管理技术、处理效果等方面进行分析，最终确定了如图3-23所示的污水处理工艺流程。

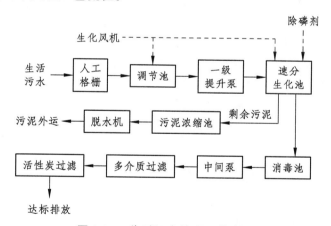

图 3-23　临时污水处理工艺流程

临时污水处理工程经过几个月稳定运行测试，处理效果稳定，出水水质良好，并对进、出水水质各项指标进行监测，运行效果（平均值）如表3-9所示。

表3-9　污水的处理效果

项目	COD	BOD$_5$	NH$_4^+$-N	TN	TP	SS
进水/ mg·L^{-1}	123.6	74.2	26.5	33.6	1.90	234.5
出水/ mg·L^{-1}	22.8	4.3	0.8	6.9	0.26	3.2
去除率/%	81.5	94.2	96.9	79.4	86.30	98.6

采用速分生化工艺可以有效处理城镇生活污水，获得较好的去除效果，对 COD、

BOD$_5$、NH$_4^+$-N、TN、TP、SS 平均去除率分别为 81.5%、94.2%、96.9%、79.4%、86.3% 以及 98.6%，平均出水浓度分别为 22.8、4.3、0.8、6.9、0.26、3.2mg/L，达到了天津市《城镇污水处理厂污染物排放标准》（DB12/599—2015）A 标准。

速分生化法作为一种新型高效生物膜处理技术，工艺流程简单，处理效果稳定，出水水质良好，运行操作简单，占地面积小，运行费用低，是一种很有发展前途的工艺，适合于城镇生活污水的集中处理。

思考题

1. 解释下列名词：水体、水污染、水质指标、水体自净、悬浮固体、总固体（TS）、化学需氧量、生物化学需氧量、总有机碳、活性污泥法、生物膜法。

2. 水质指标有哪几类?水污染控制工程中常用哪些水质指标?

3. 沉淀池有哪几种类型？它们各自有何优缺点?

4. 请列举废水化学处理的主要方法，并说明各自的适用场合。

5. 混凝法的原理是什么?化学沉淀法与其相比，在原理上有什么不同?

6. 简述水体污染控制的基本途径。

7. 试比较厌氧生物处理和好氧生物处理的优缺点和适用范围。

8. 活性污泥法主要有哪些运行方式?各自的特点与适用范围如何?

9. 生物膜法主要有哪些运行方式?各自的特点与适用范围如何?

10. 稳定塘与土地处理系统分别有哪些主要的类型?请简述其各自的特点及适用范围。

11. 简述污水生物脱氮除磷的原理。

12. 什么是一级、二级和三级污水处理系统?

13. 在实际废水处理中，为什么不能只采用一种水处理方法，而往往采用多种方法联合处理?

参考文献

[1] 张自杰. 排水工程（下册）[M]. 4 版. 北京：中国建筑工业出版社，2000.

[2] 高廷耀，顾国维，周琪，等. 水污染控制工程（下册）[M]. 4 版. 北京：高等教育出版社，2015：86-285.

[3] 蒋展鹏，杨宏伟. 环境工程学[M]. 3 版. 北京：高等教育出版社，2013.

[4] 贾涛. 我国市政污泥处理的现状与发展探讨[J]. 中国高新技术企业，2016，31：66-67.

[5] 唐晓璐. 水污染现状及其处理的新技术[J]. 中小企业管理与科技，2017，4（09）：193-196.

[6] 黄豫. 简议生物膜法在市政污水处理中的应用[J]. 绿色环保建材，2017，4（04）：185+187.

[7] 公言飞，刘鹏，郅立鹏. 膜生物反应器（MBR）研究现状及发展趋势[J]. 中国资源综合利用，2021，39（03）：90-93.

[8] 叶建锋. 废水生物脱氮处理新技术[M]. 北京：化学工业出版社，2006.

[9] 景艳波. A^2/O 工艺在城市生活污水处理中的应用[J]. 能源与环境，2013（2）：87-88.

[10] 邓妍，刘兴静，杨迪，等. 速分生化技术处理城市生活污水工程实例[J]. 中国给水排水，2019，35（02）：92-96.

第四章

大气污染控制

学习要求

1. 了解大气层的结构，掌握大气污染、大气污染源、大气污染物的基本概念、分类和特征。

2. 了解大气污染的危害、大气污染典型事件及全球性的大气环境问题，掌握影响大气污染的因素。

3. 了解燃料燃烧与大气污染的关系，掌握燃烧过程中污染物的生成与控制。

4. 掌握颗粒污染物及气态污染物的基本控制方法。

5. 了解防治大气污染的法规及标准，掌握大气污染综合防治策略。

引 言

空气、水和食物是人类生存不可缺少的三种关键性物质。空气由于在正常情况下人们可以随时随地得到，不必像水和食物那样需要经过一定的努力才能获得，所以人们往往不觉得其珍贵。其实人们周围的空气和人类的生活息息相关，人可以在 5 周内不吃饭、5 d 内不饮水还能生存，而空气仅断绝 5 min 就会死亡。说明人们片刻也离不开空气，就像"鱼儿离不开水"一样。同时空气还是人们生活和生产活动的必需物质之一，例如燃料燃烧、冬季取暖等，都离不开空气。然而随着人类生产活动和社会活动的增加，大气环境质量日趋恶化。特别地，自工业革命以来，由于大量燃料的燃烧、工业废气和汽车尾气的排放等，已发生多起与大气污染有关的公害事件，已经引起了世界各国的高度重视。

大气污染概述

按照国际标准化组织对大气和空气的定义：大气是指环绕地球的全部空气的总和；空气是指人类、植物、动物和建筑物暴露于其中的室外及室内空气。可见大气和与空气是作为同义词使用的，其区别仅在于"大气"所指的范围更大些，而"空气"所指的范围相对小些。一般对于室内或特指某个场所（如车间，会议室和厂区等）供人和动植物生存的气体，习惯上称为空气。而在大气物理学、大气气象学、自然地理学以及环境科学的研究中，常常以大区域或全球性的气流为研究对象，常用大气。大气（或空气）污染控制工程的研究内容和范围基本上都是环境空气的污染与防治，且更侧重于和人类关系更密切的近地层空气。在后续的论述中，无论是"大气"还是"空气"，均指"环境空气"。

一、大气层的结构

大气圈是指包围在地球外围的空气层，通常又称之为大气或地球大气。它对地球起着保护层作用，防止太阳辐射的短波紫外线的伤害，以及外层空间各种宇宙射线直射地面而对生命产生的危害。此外，它还能起到调节气候，防止水汽外逸，以保持生命活动所必需的足够水分等。大气圈没有确切的上界，在 2000～16 000 km 高空仍有稀薄的气体和基本粒子。在地下，土壤和某些岩石中也会有少量空气，它们也可认为是大气圈的一个组成部分。地球大气的主要成分为氮、氧、氩、二氧化碳和不到 0.04% 比例的微量气体。地球大气圈气体的总质量约为 $5.136×10^{21}$ g，相当于地球总质量的 0.86%。由于地心引力作用，几乎全部的气体集中在离地面 100 km 的高度范围内，其中 75% 的大气又集中在地面至 10 km 高度的对流层范围内。

根据大气在垂直方向上温度、化学成分、荷电等物理性质的差异，同时考虑大气的垂直运动状况，将大气分为五层：对流层、平流层、中间层、暖层（热成层）、逸散层，如图 4-1 所示。

1. 对流层

对流层是大气的最低层，底界是地面。从地面到 50～100 km 的一层称为近地层。地面以上厚度 1 km 多（1～2 km）的大气称为大气边界层；大气边界层以上称为自由大气。对流层的厚度随纬度和季节变化。在赤道低纬度地区为 17～18 km，在中纬度地区为 10～12 km，两极附近高纬度地区为 8～9 km；夏季较厚，冬季较薄。整个大气圈质量有 80%～90% 集聚在这一层。

对流层的特点：① 温度变化大，高度越高，温度越低。上冷下热，温度随高度的变化率为 -0.65 ℃/100 m。② 空气具有强大的对流运动，主要是下垫面受热不均及其本身特性不同造成的。③ 温度和湿度的水平分布不均匀。④ 存在着极其复杂的气象条件，形成云、雾、雨、雪、雹、霜、露等一系列天气现象。

大气污染主要也是在这一层发生，该层与人类关系最密切，是我们进行研究的主要对象。不同地表处低层空气的温度也千差万别，从而形成了垂直和水平方向的对流。

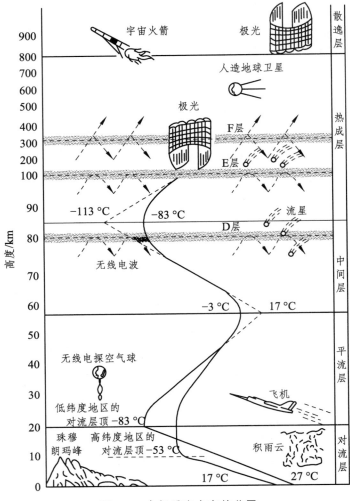

图 4-1　大气垂直方向的分层

2. 平流层

平流层位于对流层顶之上到约 55 km 的大气层，其厚度约为 38 km。35～40 km 的一层称为同温层，气温几乎不随高度变化，为-55 ℃。该层集中了地球大气中大部分的臭氧，并在 20～25 km 高度上达到最大值，形成臭氧层，而臭氧能强烈吸收太阳的紫外线（200～300 nm）能量，从而使其温度随高度的增加而上升。40～55 km 为逆温层，温度由-55 ℃上升到-3 ℃。

平流层特点：① 平流层内的空气主要做水平运动，对流十分微弱，几乎没有水蒸气和尘埃，所以大气透明度好，极少狂风暴雨等现象，是超音速飞机飞行的理想场所。② 温度随高度增加而升高。③ 污染物停留时间长。大气污染物进入平流层后，一般难以消除，会较长时间地存在。

3. 中间层

中间层约为从平流层顶到 80 km 的高度范围，其厚度约为 35 km。由于该层缺少加热机制，气温随高度增加而下降，中间层顶温度由-3 ℃降至-83 ~ -113 ℃。中间层也称为高空对流层。

中间层特点：① 温度随高度增加而降低。② 垂直对流运动强烈。

4. 暖层（又称热层或电离层）

暖层位于中间层顶到 800 km 的高度范围，厚度约为 630 km。该层的下部基本上由分子氮组成，上部由原子氧所组成。在太阳辐射的作用下，大部分气体分子发生电离，而且有较高密度的带电离子的稠密带，称为电离层。电离层能将电磁波反射回地球，对全球性的无线电通信有重大意义。电离后的氧能强烈地吸收太阳的短波辐射，温度随高度增加而迅速增加。独特的极光现象就是在热层出现。

热层特点：① 温度随高度增加而升高，且变化比平流层更为明显。② 存在大量的离子和电子。

5. 逸散层

逸散层是大气圈的最外层，高度达 800 km 以上，厚度有上万千米。在太阳紫外线和宇宙射线的作用下，大部分分子发生电离。空气极为稀薄，地心引力减弱，气体及微粒之间很少相互碰撞，很容易被碰出地球重力场而进入太空逸散。

逸散层特点：① 温度随高度增加而升高。② 地心引力小，气体分子易逃逸，故空气稀薄。

二、大气的组成

人们呼吸的空气实际上是由多种气体组成的混合气，也包括水汽、尘埃、细菌、花粉等。不受污染时的大气，即干洁空气的成分见表 4-1，其中氮、氧、氩和二氧化碳共计约占空气总量的 99.99%。

表 4-1　干洁空气的平均成分

气体名称	分子量	体积分数/%	质量分数/%
氮	28.016	78.09	75.55
氧	32.000	20.95	23.13
氩	39.944	0.93	1.27
二氧化碳	44.010	0.03	0.05
合计		100	100

大气中水蒸气浓度（空气的湿度）的变化较大，它随地区、气候、气温而异，其容积占全部空气的 1% ~ 3%。在正常情况下，气体的相互比例是一定的。除去氮、氧、氢和二氧化碳等主要成分外，空气中尚有多种其他气体和杂质（包括人类活动产生的各种

污染物如二氧化硫、烟尘等），它们所占的体积是很小的，只有 0.01%，被称作"微量气体"或"微量杂质"。过去对它们的存在往往无人注意，可是使大气污染成为问题的正是空气中除去主要成分之外余下的这 0.01%，它们是人们解决大气污染问题的主要研究对象。

三、大气污染

1. 大气污染的概念

由于人类活动或自然过程，排放到大气中的有害物质超过环境所能允许的极限（环境容量），其浓度及持续时间足以对人们的生活、工作、健康、精神状态、设备财产以及生态环境等产生不利影响，即为大气污染。

造成大气污染的原因包括两个方面，即自然过程及人类生产和生活活动，而后者是最主要的原因。这一方面是由于人口的迅速增长，人类在进行生活活动时需要燃烧大量的煤、油、天然气等燃料而排放大量有害的废气；另一方面人类在进行工业生产过程中，将含有多种有害物质的大量的工业废气未经净化处理或处理得不太彻底就排入大气环境中，从而造成大气的污染。人类活动无论从排放有害物质的总量、持续时间还是影响范围和程度都远远超过自然过程所造成的大气污染。

2. 大气污染的危害

大气污染的危害可以是全球性，也可能是区域性的或局部地区的。全球性大气污染主要表现在臭氧层损耗加剧和全球气候变暖，直接损害地球生命支持系统。区域性的大气污染主要是酸雨，不仅损害人体的健康，而且影响生物的生长，并会使建筑物遭到不同程度的破坏。

城市范围和局部地区大气污染主要表现在这些范围内大气的物理特征和化学特征的变化。物理特征主要表现在烟雾日增多、能见度低以及城市的热岛效应。化学特征的不良变化将危害人体健康，导致癌症、呼吸系统疾病、心血管疾病等发病率呈上升趋势。

3. 大气污染的类型

对大气污染分类可以采取不同的方法。根据大气污染原因和大气污染物的组成，把大气污染分为煤烟型污染、石油型污染、混合型污染和特殊型污染四大类。

（1）煤烟型污染是由燃煤工业的烟气排放及家庭炉灶等燃煤设备的烟气排放造成的，我国大部分的城市污染属于此类型污染。

（2）石油型污染是燃烧石油类燃料向大气中排放有害物质造成的。

（3）混合型污染是由煤炭和石油在燃烧或加工过程中产生的混合物造成的大气污染，是介于煤烟型和石油型污染之间的一种大气污染。

（4）特殊型大气污染是各类工业企业排放的特殊气体（如氯气、硫化氢、氟化氢、金属蒸汽等）引起的大气污染。

根据污染的范围可将大气污染分为局部地区大气污染、区域性大气污染、广域性大气污染和全球性大气污染。

四、大气污染源

大气污染源是指向大气排放足以对环境产生有害影响物质的生产过程、设备、物体或场所等。它具有两层含义，一层是指"污染物的发生源"，如火力发电厂排放 SO_2，就称火力发电厂为污染源。另一层是指"污染物来源"，如燃料燃烧向大气中排放污染物，表明污染物来自燃料的燃烧。

大气污染物主要来源于自然过程和人类活动，因此从大范围来分，可将大气污染源分为自然污染源和人为污染源两大类。为了满足污染调查、环境评价、污染物治理等方面的需要，对人为污染源做了进一步分类。

（1）按污染源存在的形式可分为固定污染源和移动污染源两大类（如工厂烟囱、厂房等不能随便移动的为固定污染源，汽车、火车等交通工具等是在移动过程中排放出污染物的称为移动污染源）。

（2）按污染源排放空间分为高架源和地面源。

（3）按污染源排放方式可分为点源、面源和线源。

（4）按污染物排放时间可分为连续源、间断源和瞬时源。

（5）按污染物产生的类型可分为工业污染源、农业污染源、生活污染源和交通污染源。

五、大气污染物

（一）大气污染物

大气污染物是指由于人类活动或自然过程，排放到大气中并对人或环境产生不利影响的物质。

我国环境标准和环境政策法规中规定的大气污染物，可分为以下两种。

（1）为履行国际公约而确定的污染物主要有二氧化碳、氟氯烃。

（2）全国性的大气污染物主要有烟尘、工业粉尘、二氧化硫（SO_2）、氮氧化物（NO_x）、一氧化碳（CO）、光化学氧化剂（O_3）、过氧乙酰硝酸酯（PAN）等。我国大气环境的主要污染物是烟尘和 SO_2。

按污染物的存在状态可将其分为颗粒污染物（气溶胶态污染物）和气态污染物，见表 4-2。

表 4-2　颗粒污染物和气态污染物

颗粒污染物		气态污染物	
污染物种类	污染物颗粒大小	污染物种类	污染物举例
粉尘	$1 \sim 200\ \mu m$	含硫化合物	SO_2、SO_3、H_2S
烟	$0.01 \sim 1\ \mu m$	含氮化合物	NO、NO_2、NH_3
飞灰		碳的氧化物	CO、CO_2
黑烟		碳氢化合物	烃类
雾		卤素化合物	HF、HCl

在大气污染控制中，根据大气中颗粒物的大小，又将粉尘分为总悬浮颗粒物（TSP）、可吸入颗粒物（PM_{10}）和细颗粒物（$PM_{2.5}$）。总悬浮颗粒物是指空气动力学当量直径小于100 μm 的所有固体颗粒。可吸入颗粒物是指空气动力学当量直径小于 10 μm 的固体颗粒，可通过呼吸进入肺部，它能较长期地在大气中飘浮，因此又称为飘尘。细颗粒物是指空气动力学当量直径小于 2.5 μm 的所有固体颗粒，其化学成分主要包括有机碳、炭黑、粉尘、硫酸盐、硝酸盐、铵盐等物质。虽然 $PM_{2.5}$ 只是地球大气成分中含量很少的组分，但它对空气质量和能见度等有重要的影响。与较粗的大气颗粒物相比，$PM_{2.5}$ 粒径小，活性强，易附带有毒、有害物质（重金属、微生物等），且在大气中的停留时间长、输送距离远，因而对人体健康和大气环境质量的影响更大。

按污染物的形成过程可分为一次污染物和二次污染物（表 4-3）。由污染源直接排放，且在大气迁移时其物理和化学性质尚未发生变化的污染物称为一次污染物（如 SO_2、NO_2 和 CO 等）。一次污染物在大气中经过化学反应生成的污染物称为二次污染物（如 SO_3、H_2SO_4、硫酸盐和硝酸盐等）。

表 4-3　一次污染物和二次污染物

污染物	一次污染物	二次污染物
含硫化合物	SO_2、H_2S	SO_3、H_2SO_4、硫酸盐
含氮化合物	NO、NH_3	NO_2、HNO_3、硝酸盐
碳的氧化物	CO、CO_2	醛、酮、过氧乙酰硝酸酯
碳氢化合物	烃类	无
卤素化合物	HF、HCl	无

（二）大气污染物的危害

1. 对人体的危害

排入大气的工业有害物成分复杂，对人体健康有多种多样的影响，与一般的工业中毒不同。大气污染的影响不是 8 h，而是长期污染环境，因此对人体健康的影响范围大，持续时间长，危害较为严重。主要表现为呼吸道疾病、生理机能障碍，或因污染急性中毒使症状恶化而死亡等。

（1）呼吸道

大气中的工业有害物多数是经呼吸道（气管、支气管及肺泡等）进入机体。整个呼吸道都能吸收毒物，尤以肺泡的吸收能力最大。人肺里与空气接触的肺泡膜总表面积达50 m^2 以上，相当于网球场那么大，大约为人体表面积的 25 倍；而且肺泡壁很薄，只有 1～4 μm 厚，表面为含碳酸的液体所湿润，肺泡壁又有丰富的微血管，所以肺泡对毒物的吸收极其迅速。特别应当指出，经肺泡吸收的毒物可不经肝脏的解毒作用而直接进入血液循环，分布全身，造成更大危害。

（2）皮肤

工业有害物经皮肤吸收进入体内的途径有：① 通过表皮。② 通过毛囊及皮脂腺。③ 极少数可通过汗腺导管。在大气中含有某些脂溶性较强的工业有害物，如苯蒸气、有机磷化合物等，以及能与皮肤的脂酸根结合的有害物，如汞蒸气、砷等都能通过皮肤，经毛孔到达皮脂腺及腺体细胞而被吸收。某些气态毒物如氰化氢，能同时经表皮和毛囊两条途径进入皮肤。当皮肤损伤或患有皮肤病时，其屏障作用被破坏，这时不能经皮肤吸收的毒物也能被吸收。腐蚀性物质可通过腐蚀作用而经皮肤进入人体。通过皮肤进入体内的有害物，也会不经肝脏而直接进入血液循环，分布到全身。

（3）消化道

经消化道吸收的毒物，先经过肝脏，在肝脏转化后，才能进入大循环。呼吸道疾病是大气污染引起的常见病，如支气管炎、肺炎、喉炎、支气管哮喘、感冒、肺气肿和肺癌等。这些疾病患者，当烟雾污染严重时，就会表现为急性疾病状态，并有突然死亡的危险。同时，由于呼吸道疾病削弱了人的体质，会进一步引起心脏和其他器官的机能障碍而导致死亡。

大气污染严重地区的呼吸道疾病发病率与死亡率都较高。英国 20 世纪 50 年代烟雾严重时期，每 10 万人中就有 40～50 人死于支气管炎，占英国当时死亡率的第二位；与平时相比，肺气肿发病率高 11 倍，支气管炎为 7 倍多，循环系统疾病近 3 倍。又如美国加利福尼亚，1960 年肺结核死亡率已下降到 1950 年的 1/4，而呼吸道疾病死亡率却增加 1 倍多，肺气肿患者增加 2 倍多，肺气肿死亡率高 4 倍。

（4）眼睛

有些大气污染物会刺激人的眼睛，使得人眼睛模糊不清或流泪，同时烟尘也会缩短人的视程。当空气干燥而清洁时，人的视程能达 160 km 以上；当大气被烟雾污染时，能见度（即肉眼刚刚能看到并能识别一件物体的最大距离）会降低。在很多工业城市中，能见度一般是在 16 km 以内；当烟雾增多时，能见度可缩减到只有几米。从而导致汽车在公路上行驶困难，交通事故发生率增高。

（5）癌症

工业排入大气的污染物含有致癌物质，如 3,4-苯并芘、镍等和某些放射性物质，此外还有二氧化硫、一氧化氮和酚等。美国加利福尼亚大学曾做动物实验，把同一种动物放在新鲜空气和人造工业废气中饲养进行对比，新鲜空气中饲养的动物没患病，而工业废气中饲养的动物则有 1/3 得了肺癌。还有人把洛杉矶烟雾浓缩后涂在老鼠皮肤上，老鼠就生了癌。

近些年来，大气污染严重地区肺癌有显著增加。如日本在尼崎市连续做了 7 年调查，全市因患肺癌死去 200 多人，死者大致与污染的严重程度相符，高浓度污染区的死亡率是低浓度污染区的 1.6 倍。其他国家也有类似调查资料，据美国的调查，呼吸器官癌症（如喉癌、肺癌、鼻咽癌等）、肠胃癌、动脉硬化和心肌梗死四大疾病死亡率的分布与工厂和汽车密度成正比。

2. 对农林牧业的危害

大气污染可引起农作物和树林枯黄、枯死，造成减产，品质变劣，还会助长农林业病虫害发生和蔓延。在一些发电厂、钢铁厂、化工厂等企业的周围和附近，有排放量最大时可以看到大片农作物出现病态，这往往是空气污染造成的损害。例如，排放的二氧化硫随雨、雪降落地面，形成酸雨，会增加土壤酸度，危害植物的正常生长。空气变得污浊之后，会影响阳光照射，妨碍光合作用的进行，使植物生长缓慢而减产。有些植物如苜蓿和荞麦、豌豆等作物及柑橘、松柏类树木对二氧化硫比较敏感，在人尚未感觉时，这类植物已有明显反应。因此，在可能遭到二氧化硫污染的地区，可种植这类植物，犹如建造了毒气自动监测报警站。

大气污染对家畜的危害有直接和间接两方面。家畜吸入污染物质，引起呼吸道感染，发生中毒死亡，或侵害动物骨骼组织，使体质瘦弱，特别是对动物牙齿的牙釉质的腐蚀作用，使牙齿损坏松脱，不能采食，以致瘦弱而死亡等。此外，空气污浊、阳光不足也会影响动物的生长发育。其间接危害主要是通过污染牧草而引起牧畜中毒。

烟尘对农业的危害主要是由于它常附有其他有毒物质。如在二氧化硫污染地区，烟尘普遍降落，在各种作物的嫩叶、新梢、果实等柔嫩组织上，差不多都能看到污斑，造成减产、品质低劣。烟尘对动物的危害也很大，会引发"尘肺"病。日本对宇部市动物园的 35 只猴子做了胸部透视照相和检查，先发现 5 只猴子有肺结核，后来死去 19 只；经尸检发现，在 19 例死猴中，有 16 例是硅沉着病。

3. 对器物的腐蚀

大气污染腐蚀损坏各种器物是非常严重的，特别是对金属制品、涂料、皮制品、纸制品、纺织衣料、橡胶制品和建筑物损害最大，而且这种损害随着污染的加剧而越加厉害。例如在巴黎，保持了 20 年的金属屋面，现在仅仅 5 年时间就因为"烟雾"，涂料被侵蚀分解而变坏。

大气中腐蚀金属的主要污染物是二氧化硫，当它与水汽形成硫酸雾时，对铁的腐蚀尤其严重。据调查，英国铁轨损坏有 1/3 是由大气污染造成的。受二氧化硫污染的城市或工业区，金属的腐蚀速度比乡村或清洁地区大 1.5 ~ 5 倍。在正常条件下，二氧化硫对金属的腐蚀是随相对湿度及温度的增加而增强。金属在含二氧化硫大气中被腐蚀的强弱次序为：碳钢、锌、铜、铝、不锈钢。

延伸阅读

霾

霾又称灰霾，是由大量悬浮颗粒物组成的气溶胶系统，与不良气象条件共同作用形成的一种危害型天气现象。其气象学定义为：大量极细微的颗粒物的干尘粒等均匀地浮游在空气中，使水平能见度小于 10.0 km 的空气普遍浑浊，使远处光亮物微带黄、红色，使黑暗物微带蓝色的现象。灰霾的成分非常复杂，主要成分是以 $PM_{2.5}$ 为主的大气气溶胶。表 4-4 为雾、霾及雾霾混合物的简单对比。

表 4-4　雾、霾及雾霾混合物特征

指标	雾	雾霾混合物	霾
组分类型	微小水滴或冰晶	微小水滴或吸湿微粒	干污染细颗粒物（$PM_{2.5}$）
水分含量	高于 90%	80%~90%	80%
可见厚度	几十米至 200 m	1 km	1~3 km
外观颜色	乳白色、青白色	白色、灰色	黄色、橙色
边界特征	清晰分明	浅淡掺和	模糊杂糅
水平能见度	小于 1 km	1~10 km	小于 10 km

大气气溶胶根据其形成机制，可分为一次气溶胶和二次气溶胶两类。二次气溶胶是指 NO_x、SO_2、VOCs 等一次污染物在阳光照射下经复杂物理、化学过程形成的二次颗粒物，是我国灰霾天气形成的重要成因。灰霾天气发展时，大气中包括硫酸盐、硝酸盐、铵盐等粒子的二次气溶胶含量迅速增加，其中硫酸盐、硝酸盐两类气溶胶成分对消光作用的贡献在华北地区达 40%~50%，在南京地区甚至高达 60% 以上。我国大气中一半以上的 $PM_{2.5}$ 是二次气溶胶。

目前较为公认的灰霾成因：各种污染源排放的大气污染物，在特定气象条件作用下，经过一系列复杂的物理、化学过程形成细粒子，并与水汽相互作用产生大气消光现象。工业废气、汽车尾气、燃煤采暖废气、建筑及道路交通扬尘等在内的人类生产、生活活动排放的大气污染物，当其排放量超过大气自净能力和承载能力时，颗粒污染物浓度将持续升高；如果同时出现静风、逆温、高湿等不良气象条件，则容易出现灰霾天气。

灰霾污染曾在西方国家工业化进程中多次发生，如比利时马斯河谷烟雾事件、美国多诺拉烟雾事件、伦敦烟雾事件。之后，西方发达国家通过立法和行政手段，采取调整经济结构与能源结构、发展节能环保技术、加强环境监管与公众监督、推动公共交通等一系列大气污染综合防治措施，逐步消除了灰霾危害。2014 年 11 月北京 APEC 会议期间，北京及周边的天津、河北、山东、山西五省市进行区域联防联控。在采取了不同程度的燃煤电力企业停产限产、机动车限行、建筑工地停工等措施后，北京市告别了 10 月份的多次重度灰霾天气，空气质量持续保持优良等级，北京天空重现一片湛蓝，被人们称为"APEC 蓝"。APEC 蓝的创举和西方国家烟雾事件治理经验证明，灰霾天气是可以治理的。

灰霾天气成因分析表明，大气污染物的大量排放是灰霾天气形成的内因，不良气象条件和地形地貌是灰霾天气形成的重要外因。外因具有一定程度的不可控性，而污染物大量排放这一内因是可控的，治理大气污染是解决灰霾问题的根本途径。根据灰霾天气成因及国内外相关防治工作经验，可从三方面进行防治：①加强环境保护法律、法规、标准体系建设，切实加大产业政策引导力度，推行绿色发展理念；②控制燃煤废气、汽车尾气、扬尘等大气污染物排放量；③建立健全重污染天气监测预警体系，实行区域大气污染联防联治。

六、影响大气污染的因素

由污染源排出的有害物进入大气后，是否会引起大气污染，首先是与空气污染物的数量有关。例如，某种特殊原因如毒物管道破裂、储罐爆炸等导致有污染气体泄露，顷刻间就会有大量有毒物质排入大气。当进入大气的有害物数量一定时，所在地区的空气污染还与污染物在空气中的活动有关，即污染物是及时得以扩散稀释，还是在近地面大气层中滞留聚积等。

一般来说，某个地区所受到的大气污染程度主要取决于三个条件：① 污染源排放到该地区的污染物的数量；② 当地的气象条件，使污染物在大气中是否能及时得到扩散稀释；③ 该地区下垫面的情况（地形、地物）。

（一）气象因素

一个工业城市地面排烟量一般不会有很大变化。以工厂污染源为例，每个工厂排出的污染物数量和废气组成，通常是不会有很大变化的，但城市里空气污染物的浓度有时却会有很大变化，往往有几倍、几十倍的差别，这种现象与当时当地的气象条件密切相关。

影响大气污染物扩散的主要气象因素是风、湍流、大气稳定度。

1. 风

风是指空气的水平运动。当风力强劲时，除了在多沙和沙漠地带，很少有大气污染问题。一个工业城市虽然可以产生大量的烟、灰尘和其他有害物，但是风能把它们吹散到大容积的大气里，在风带走这些污染物的路程中，会不断扩散稀释而降低大气污染物的浓度。当风力很微弱时，污染物的浓度就可能逐渐增高到达危险的程度。例如，冬季无风的早晨往往烟雾弥漫，所以风是大气对污染物具有自然稀释能力的一个重要因素。世界上多起烟雾事件几乎都是发生在无风或微风情况下。特别是地处盆地、谷地的工业城市更是如此，风不能吹散有害物，使烟雾浓度不断积累增高，会导致造成灾难性死亡事件。

风的方向、速度等对大气污染有重要影响。进行大气测定，布置监测网点，城市规划时工业区与居民区的布局，厂址选择等都要考虑上风向和下风向。污染源的"上风向"，空气不易被污染，而污染源的"下风向"，空气容易被污染。

风速对空气污染也有影响，风速大于 4 m/s 时，可以使污染空气移动并吹散，从而起到自然稀释作用。风速低于 3 m/s 时，能使污染空气移动，但不容易将它吹散。风速等于零（静风）时，污染空气水平方向的扩散趋于停止。

2. 湍 流

日常观察风的运动，就会发现风速时大时小，一阵阵的，风在主导风向的左右和上下会出现无规则的摆动，是一种不规则的涡状运动。风的这种无规则的阵性和摆动，就叫作大气湍流。图 4-2 展示了大气湍流对污染扩散的影响。

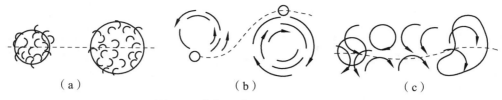

图 4-2　大气湍流对污染扩散的影响

　　从工厂排出的烟上升到一定高度后，转向水平方向运动，越扩越大，而且向上下左右摆动，好像一条"龙"，这就是大气中存在湍流的缘故。若大气不存在大气湍流，那么从排放源出来的烟流就会呈一柱状向下风向移动而不会向四周迅速扩散。湍流与大气污染有重要关系，要把从各种污染源排放到大气中的污染物输送走，同时又扩散开来，需要靠风和湍流的共同作用。

　　把湍流想象成是由许多湍涡形成的，湍涡的不规则运动与分子运动极为相似。不同的是，分子的运动以分子为单位，湍流以湍涡为单位，湍涡运动速度比分子运动速度大得多，比分子扩散快 $10^5 \sim 10^6$ 倍。

　　大气湍流分为热力湍流和机械湍流两种。由大气的热力因子引起的大气湍流称为热力湍流；由地面的粗糙度引起的大气湍流称为机械湍流。

　　湍流的强弱与风速大小、地面起伏状况和近地面大气的热状况等有关。空气在起伏不平的地面流动时，由于空气本身的黏滞性和地面的阻力，在主要气流中产生了大大小小涡流即为湍流，所以湍流可以看作是由大大小小的涡流混杂着的气流。湍流本身又有尺度大小和强度的差别，城市街道上废气的扩散和稀释，主要是小尺度湍流起作用，而高烟囱排放废气的扩散和稀释，主要是大尺度的湍流起作用。湍流尺度大，使废气扩散范围大，但其污染的地区也大。湍流强度越强，越利于扩散，反之不利于扩散。

3. 大气稳定度

　　大气的自然扩散能力，除受风和大气湍流的影响外，大气稳定度也是一个重要影响因素。

　　大气稳定度就是大气在垂直方向上的稳定程度，它主要决定于大气温度随高度的变化。在正常状态下，对流层的气温随着离地面的高度增加而下降，一般是每升高 100 m，气温约下降 0.65 ℃，即上冷下热。地面上温度高、密度小的空气上升，而上层的温度低、密度大的空气下降，互相对流。当暖空气向上移动的对流过程中，污染物便能垂直上升，向高空扩散。但有时在特殊情况下，可出现下层气温低，上层气温高，即出现逆温层，空气的对流受阻碍，使烟气不易扩散，污染物在地面上不断聚集，可造成严重污染。

(二) 下垫面的影响

　　下垫面的形式多种多样：有平原、丘陵、高原，有陆地、沙漠、水面，还有建筑物密集的城市和建筑物分散的农村等。不同的下垫面其粗糙度不同，它们的热力性质不同，因而对气流和气象有不同的影响，进而也就影响了污染物的扩散。

1. 山谷风

　　在山谷地区的白天，谷坡加热较快，临近谷坡的大气温度高而轻，坡间的大气加热较慢，温度低而重。这样，临近谷坡的气流顺坡而上，坡间气流下沉，形成局地环流。夜晚刚好相反，谷坡迅速冷却，临近谷坡的气流温度低而重；坡间气流冷却较慢，温度高而轻，于是气流就顺坡而降。山谷昼夜局地环流见图4-3。因此，在山谷地区非常容易形成高浓度污染。山谷风也是著名的马斯河谷事件及多诺拉事件的基本原因之一。

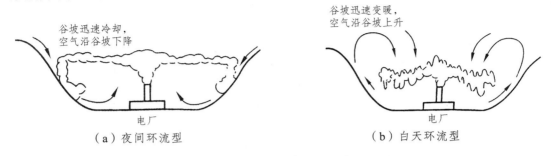

（a）夜间环流型　　　　　　　　　　　　　　　（b）白天环流型

图4-3　山谷昼夜局地环流

山区对污染物的另一种影响是山坡尾流。例如，迎风向山坡一侧的工厂排烟可以顺风扩散，当烟气运行时，碰到高的丘陵和山坡，在迎风面会发生下沉作用，在其附近会引起污染。如果丘陵不太高，烟气越过，又会沿背风面山坡下滑，并产生涡流，结果在背风向山坡一侧的工厂排烟不仅不能扩散，而且还会被形成的涡流卷到地面，出现严重的污染。因此，山区的工厂厂房（尤其是烟囱）最好选在远离山坡的平地上。如果必须建在山坡上，也应尽可能选择在经常迎风的山坡一侧。如果一定要建在背向山坡上，则需要把烟囱建得很高，但这样往往投资更大。

2. 海陆风

图4-4所示为海陆风示意图。白天，陆地加热快，空气温度高而轻，伴随着上升运动，地面气压减小；水面加热慢，空气温度低而重，气压增大，于是风从水面吹向陆地。夜晚，陆地散热快，空气温度低而重，气压增大；水面散热慢，空气温度高而轻，伴随上升运动，气压减小，于是风从陆地上吹向水面。这种环流的形成，使夜间吹向海面的污染物，在白天又被吹回来，从而造成严重的大气污染。

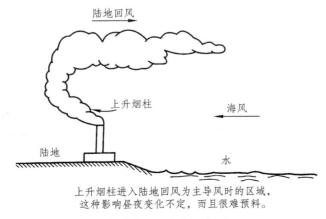

上升烟柱进入陆地回风为主导风时的区域，
这种影响昼夜变化不定，而且很难预料。

图4-4　海陆风示意图

3. "城市热岛"效应

城市的市中心区往往比市郊温度高 2~3 ℃，这个气温较高的市中心区好像是个"热岛"。一般的工业城市都会出现这种现象，而对于那些工厂集中、拥有大量汽车和人口稠密的工业城市，更为突出。图 4-5 所示为"城市热岛"效应图。

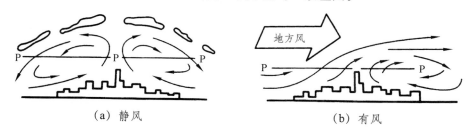

（a）静风　　　　　　　　　　　　　（b）有风

图 4-5　"城市热岛"效应

形成"热岛"的原因是多方面的，城市由于工业交通和家庭用户等耗费大量燃料，不断散发热量，成为一个重要热源；同时到处是水泥和钢铁的路面和建筑，有较高的热容量，能吸收较多的热量（包括太阳的辐射热）；城市树木绿地少、市区风小、热量不易扩散等，这就形成市中心区温度较高的"热岛"。"热岛"的热气流与郊区冷空气的对流而形成所谓"城市风"。如果城市四郊都有工厂，则"城市风"是加重市区污染的重要原因。

国外有的城市在规划时把拥有大量污染源的大批工厂部署在市郊外围，市区内则是居民住宅、学校、机关和商店等，结果在城市风的影响下，周围工厂排出的大量烟尘涌入市区，反而使市区的污染物比工业区还高数倍，市中心烟雾弥漫，成了污染空气的海洋。同样的道理，城市里的工厂群与公园、湖泊、河流等风景区距离较近时，工厂区的污浊热空气与湖泊河流水面或公园的清凉空气对流，形成另一种"城市风"，结果把工业区的污染空气转移到公园、湖泊和河流附近。这些都是城市规划和旧城改造时必须考虑的问题。

另外，城市里和工厂周围的建筑物对烟气的上升和扩散也有很大影响。高大的建筑物有碍气流运行，降低风速，而且也能造成小范围内的涡流，阻碍烟气的迅速排走而回旋于厂区附近，加深污染，尤其是对矮烟囱的影响最大。

第二节	燃烧与大气污染

燃料的燃烧及其利用在人类生产和生活活动中有着极为重要的作用。不过，燃料在燃烧过程中会排放大量有害的废物，如 SO_2、烟尘、NO_x、CO_2 和一些碳氢化合物等，这些有害物质已成为主要的大气污染物。

根据京津冀雾霾成因贡献的相关文献：化石能源的燃烧贡献了 55% 以上的大气污染。燃烧化石燃料会产生含有毒素的细颗粒，这些细颗粒物可以穿透肺部和血液，通过长期接触能导致哮喘、肺癌、冠心病和中风等健康问题。

一、燃　料

燃料是指能在空气中燃烧，其燃烧热可经济利用的物质。目前人们广泛采用的化石燃料包括煤、石油和天然气等统称为常规燃料，其他可燃物质称为非常规燃料，如城市固体废物、商业和工业固体废物、农产物及农村废物、水生植物、污泥处理厂废物、可燃性工业和采矿废物、合成燃料等。燃料的种类很多，按物态可分为固体燃料、液体燃料和气体燃料。

1. 固体燃料

固体燃料主要是煤，它是一种不均匀的有机燃料，主要是由植物的部分分解和变质而形成。从组成来看，煤是由很多不同结构的含 C、H、O、N、S 的有机聚合物粒子和矿物杂质混合而成。除了所含的水分和矿物杂质成分外，其可燃成分主要是碳和氢，并含少量的氧、氮、硫。基于沉积年代的分类法，可以把煤分为褐煤、烟煤和无烟煤三类。各类煤的主要性质和煤中硫的分类分别见表 4-5 和表 4-6。

表 4-5　煤的种类和性质

煤的种类	主要性质
褐煤	形成年代最短，呈黑色、褐色或泥土色，结构类似木材，挥发分较高且析出温度较低。干燥后无灰的煤中碳的含量为 6%~75%，氧含量为 20%~25%。褐煤的水分和灰分含量都较高，燃烧热值较低，不能用于制焦炭，易于破裂
烟煤	形成历史较褐煤为长，呈黑色，外形有可见条纹，挥发分含量为 20%~45%，碳含量为 75%~90%。烟煤的成焦性较强，且含氧量低，水分和灰分含量一般不高，适宜工业上的一般应用
无烟煤	煤化时间最长，具有明亮的黑色光泽，机械强度高。碳的含量一般高于 93%，无机物含量低于 10%，因而着火困难，储存时稳定，不易自燃，成焦性极差

表 4-6　煤中硫的分类

煤中硫的分类		存在形态及主要性质	
硫化铁硫		主要代表为黄铁矿硫，是煤中主要的含硫成分。黄铁矿比矸石和煤重得多，本身虽无磁性但在强磁场感应下能够转变为顺磁性物质；和煤炭相比有不同的微波效应，吸收微波能力较强，据此可采用物理或化学方法，把黄铁矿从煤中脱除	
有机硫	原生有机硫	来源于形成煤的植物蛋白质的原生质，一般蛋白质含硫量为 5%，以各种不同形式的含硫杂环存在	有机硫主要以噻吩、芳香基硫化物、环硫化物、脂肪族硫化物、二氧化硫、硫醇等各种官能团形式存在，且与煤中有机质构成复杂的分子，不宜用一般重力分选的办法除去，需要采用化学方法进行脱硫
	次生有机硫	由一种松懈的键与煤中有机物构成的有机联系。在煤中分布不均匀，主要局限于黄铁矿包裹体的周围	
硫酸盐硫		主要以钙、铁和锰的硫酸盐形式存在，以石膏（$CaSO_4 \cdot 2H_2O$）为主，也有少量绿矾（$FeSO_4 \cdot 7H_2O$），在煤中含量较少	

2. 液体燃料

液体燃料分为天然液体燃料和人工液体燃料两类，前者是指石油（原油），后者是指石油加工后的产品、合成的液体燃料以及煤经高压加氢所获得的液体燃料等。液体燃料属于比较清洁的燃料，发热值高且稳定，燃烧产生的污染物较少。

原油是天然存在的，是由链烷烃、环烷烃和芳香烃等碳氢化合物组成的混合液体。这些化合物主要含碳和氢，也有少量的氧、氮、硫等元素，还含有微量金属，如镍、钒等，也可能受氯、砷和铅的污染。原油经蒸、裂解、改质、加氢、溶剂处理等过程，组合制成石油制品燃料，如液化石油气、汽油、煤油、柴油、重油。工业用量最多的是重油。

汽油是石油制品中最轻质的燃料，沸点 30~200 ℃，密度为 720~760 kg/m³，主要用于火花点火发动机（汽车、航空发动机）的燃料。煤油是沸程 180~300 ℃ 的馏分，密度为 780~820 kg/m³，是喷气发动机的燃料，也可作为民用燃料。柴油是沸点 250~300 ℃ 的馏分，密度为 800~850 kg/m³，主要作为柴油发动机等内燃机的燃料。重油是原油加工的残留物，以重馏分为主，密度大，黏度大，含硫量高，热值低，燃烧性能差。

3. 气体燃料

气体燃料是防止大气污染最理想的燃料。气体燃料除天然气外，均是由其他液体燃料或固体燃料制成的。气体燃料容易燃烧，燃烧效率高，产生的污染物量很少。

（1）天然气：由油气地质构造地层采出，主要成分为甲烷（约 85%）、乙烷（约 10%）和丙烷（约 3%），还有少量 CO_2、N_2、O_2、H_2S 和 CO 等。天然气是工业、交通、民用燃料和化工原料。

（2）液化石油气（LPC）：是石油精炼过程的副产品，含 $C_1 \sim C_4$ 烃类，加压液化后储存和输送，减压汽化后燃烧。液化石油气可作为民用或汽车发动机燃料。

（3）裂化石油气：是石油类裂解制得的气体。在城市燃气构成中，替代煤气占有较高的比例。

（4）煤气：煤干馏所得的气体总称煤气，主要成分是甲烷及氢，发热量高。

（5）高炉煤气：与使用焦炭时的发生炉煤气类似，含较多 CO 和粉尘，主要作为钢铁厂热设备的热源及动力使用。

二、燃料的燃烧

燃烧是指可燃混合物的快速氧化过程，并伴随着能量的释放，同时使燃料的组成元素转化为相应的氧化物。多数化石燃料完全燃烧的产物是二氧化碳和水蒸气，不完全燃烧过程将产生黑烟、一氧化碳和其他部分氧化产物等大气污染物。若燃料中含有硫和氮，则会生成 SO_2 和 NO。燃烧的基本条件包括以下 4 个。

1. 温　度

燃料只有达到着火温度，才能与氧化合而燃烧。着火温度系在氧存在下可燃物质开始燃烧所必须达到的最低温度。各种燃料都具有自己特征的着火温度，按固体燃料、液体燃料、气体燃料的顺序上升。在燃烧过程中必须保持足够高的温度，如果温度较低，则燃烧速率较缓慢，最终导致灭火。另外，在燃烧过程中不同的温度下生成的燃烧产物也各异。因此，温度不仅对燃烧速率起着重要的作用，同时也影响着燃烧过程中生成的燃烧产物的成分和数量。

2. 空 气

氧气是燃烧过程中必不可少的要素，燃烧过程中的氧通常是通过空气供给的。如果空气供应不足，燃烧就不完全。相反空气量过大，也会降低炉温，增加锅炉的排烟热损失，并会使 NO 的发生量增加。

3. 时 间

燃料在燃烧室中的停留时间是影响燃烧完全程度的另一基本因素。燃料在高温区的停留时间应超过燃料燃烧所需要的时间。在所要求的燃烧反应速率下，停留时间将决定于燃烧室的大小和形状。反应速率随温度的升高而加快，所以在较高温度下燃烧所需要的时间较短。

4. 燃料和空气混合

在燃烧过程中虽然选择合适的空气过剩系数，但燃料是否能够充分燃烧还要视燃料和空气是否充分混合而决定。只有它们充分混合才能使燃料燃烧完全，且混合越快，燃烧越完全；若混合不充分，将导致不完全燃烧产物的产生。因此，燃料和空气混合的程度往往是决定燃烧完全、快慢以及产生黑烟、一氧化碳量的一个重要因素。为此，需要采取措施，使进入燃烧室的空气成为湍流运动。对于蒸气相的燃烧，湍流可以加速液体燃料的蒸发。对于固体燃料的燃烧，湍流有助于破坏燃烧产物在燃料颗粒表面形成的边界层，从而提高表面反应的氧利用率，并使燃烧过程加速。适当控制空气与燃料之比、温度、时间和湍流度，是在大气污染物排放量最低条件下实现有效燃烧所必需的。通常把温度、时间和湍流称为燃烧过程的"3T"。

三、燃烧过程中污染物的生成与控制

（一）燃烧过程中硫氧化物的生成与控制

1. 燃烧过程中硫氧化物的生成机制

燃料中含有的硫通常是以元素硫、硫化物硫、有机硫和硫酸盐硫的形式存在，前三类为可燃性硫，硫酸盐硫不参与燃烧反应，多数存在于灰烬中，成为不可燃性硫。主要化学反应为：

单体硫的燃烧：$S+O_2 \longrightarrow SO_2$

$$SO_2+1/2O_2 \longrightarrow SO_3$$

硫铁矿的燃烧：$4FeS_2 + 11O_2 \longrightarrow 2Fe_2O_3 + 8SO_2$

$$SO_2 + 1/2O_2 \longrightarrow SO_3$$

硫醚等有机物的燃烧：$(CH_3CH_2)_2S \longrightarrow H_2S + 2H_2 + 2C + C_2H_4$

$$H_2S + 3O_2 \longrightarrow 2SO_2 + 2H_2O$$

可燃性硫在燃烧时主要生成 SO_2，只有 1% ~ 5%氧化成 SO_3。因为只有可燃性硫才会形成 SO_2（和少量的 SO_3），因此硫氧化物控制主要指 SO_2 的控制。

2. 燃烧过程中硫氧化物的控制

目前，燃烧过程减排二氧化硫的主要途径有：燃料脱硫、燃用低硫燃料、清洁能源替代、燃烧中固硫等。

（1）燃料脱硫

煤炭脱硫：煤的燃前脱硫方法按基本原理可分为物理脱硫、化学脱硫和生物脱硫。

物理法脱硫是基于煤中的硫与煤基体的物理化学性质（如密度、导电性、悬浮性）不同来脱除煤炭中无机硫的方法。该工艺简单，投资少，但只能脱除煤中的无机硫，不能脱除有机硫，而且脱硫除率不高，尤其对低煤化程度的煤。当黄铁矿硫在煤中呈细分散状分布时，该法也不能脱除。当前常用的物理法脱硫工艺有：重力脱硫法、浮选法脱硫、磁电脱硫法。

化学法脱硫是通过氧化剂把硫氧化，或者把硫置换而达到脱硫目的。该法是在高温、高压、氧化剂作用下进行，可脱除无机硫和大部分有机硫；但能耗大、设备复杂，试剂对设备有一定的腐蚀作用，对煤的结构性能有一定的破坏，成本较高。

微生物脱硫是利用微生物能够选择性地氧化有机或无机硫的特点，以除去煤中的硫元素，从而达到脱硫目的。该法具有投资少、条件温和、能耗低、无污染，可将煤中硫转化为可溶性产品等优点，越来越受到人们的广泛关注，但目前还处于开发研究阶段。

重油脱硫：重油中硫含量很高。原油中 80% ~ 90%的硫经精馏后留在重油中。重油中的硫是有机硫，其化学结构尚不清楚。现在工业上一般采用加氢脱硫，大致可分为直接法和间接法。直接脱硫工艺是将常压精馏的残油引入装有催化剂的脱硫设备，在催化剂的作用下，碳硫键断裂，氢取而代之与硫生成 H_2S，使硫从残油中脱除。直接脱硫时，在加氢脱硫条件下，含在残油中的沥青高分子化合物和催化剂中钒、镍的有机金属化合物会分别析出碳和金属，导致催化剂中毒。间接脱硫工艺将常压残油先进行减压蒸馏，把沥青和金属含量少的轻油和含量多的残油分开，只对轻油进行加压和加氢脱硫，再把这种脱硫油与减压残油合并，得含硫为 2% ~ 2.6%的最终产品。间接脱硫的催化剂与直接脱硫法相同，但它可避免直接脱硫的催化剂中毒问题。

（2）煤炭转化

煤炭转化主要是气化和液化，即对煤进行脱碳或加氢改变其原来的碳氢比，把煤转化为清洁的二次燃料。

煤的气化是指以煤炭为原料，采用空气、氧气、二氧化碳和水蒸气为气化剂，在气化炉内进行煤的气化反应，可以生产出不同组分、不同热值的煤气。煤气中的硫主要以 H_2S 形式存在，大型煤气厂是先用湿法脱除大部分 H_2S，再用吸附和催化转化法脱除其余部分。小型煤气厂一般采用氧化铁脱除 H_2S。

煤的液化是把固体的煤炭通过化学加工过程，使其转化为液体产品（液态烃类燃料，如汽油、柴油等），可分为直接液化和间接液化两大类。直接液化是对煤进行高温、高压、加氢直接得到液化产品的技术；间接液化是先把煤气转化为合成气（$CO+H_2$），然后再在催化剂作用下合成液体燃料和其他化工产品的技术。

（3）燃烧中固硫

在燃烧过程中加白云石（$CaCO_3 \cdot MgCO_3$）或石灰石（$CaCO_3$），在燃烧室内 $CaCO_3$、$MgCO_3$ 受热分解生成 CaO、MgO，与烟气中的 SO_2 结合生成硫酸盐随灰分排掉。

石灰石脱硫反应为：

$$CaCO_3 \longrightarrow CaO + CO_2$$

$$CaO + SO_2 + 1/2O_2 \longrightarrow CaSO_4$$

若脱硫剂用白云石，除有上面两个反应外，还发生下列反应：

$$MgCO_3 \longrightarrow MeO + CO_2$$

$$MgO + SO_2 + 1/2O_2 \longrightarrow MeSO_4$$

影响脱硫效果的主要因素有：固硫剂添加量、固硫剂粒度和停留时间等。

固硫剂的添加方式有掺燃料、加入型煤和喷入炉膛等几种。① 掺入燃料：对层燃炉，将固硫剂掺入燃料是很简便的方法，但固硫率不高。② 型煤固硫：在小型锅炉和民用炉灶燃用的型煤中加入固硫剂，可以减少 SO_2 排放量 50% 以上，减少尘排放量 60%，节煤 10% ~ 15%。③ 向炉膛喷入固硫剂：大型动力燃煤锅炉常用煤粉炉。在煤粉中掺入一定数量的石灰石，在炉内燃烧过程中脱去燃料中的硫。所采用的燃烧炉有沸腾炉和循环流化床。

（二）燃烧过程中氮氧化物的生成与控制

1. 燃烧过程氮氧化物生成的影响因素

燃烧生成的 NO_x 可分为三类：一类为燃料中固定氮生成的 NO_x，称为燃料型 NO_x，第二类是由燃料在燃烧过程中送进炉膛内的空气中含有的氮形成，称为热力型 NO_x 或温度型 NO_x；由于含碳自由基的存在，还会生成第三类 NO_x，称为瞬时型 NO_x。

燃料型 NO_x 的生成：化石燃料的氮含量差别很大，石油平均含氮量为 0.65%（质量分数），而大多数煤的含氮量为 1% ~ 2%。含氮化合物在进入燃烧区之前，很可能产生某些热裂解，转化成一些低分子氮化物或一些自由基（NH_2、HCN、CN、NH_3 等）。现在广泛接受的反应过程为：大部分燃料氮首先在火焰中转化为 HCN，然后转化为 NH 或 NH_2；NH 和 NH_2 能够与氧反应生成 NO 和 H_2O；或它们与 NO 反应生成 N_2 和 H_2O。因此，火焰中燃料氮转化为 NO 的比例依赖于火焰区内 NO 与 O_2 的体积之比。一些研究表明，燃料中 20%～80%的氮转化为 NO$_x$。该机理是较低温度下常见的 NO$_x$ 生成机理。

热力型 NO$_x$ 的生成：现在广泛采用的热力型 NO$_x$ 生成模式起源于泽利多维奇（Zeldovich）模型，该模型认为 NO$_x$ 的生成与温度关系密切。当燃烧温度低于 1273 K，热力型 NO$_x$ 生成量极少；当温度高于 1373 K 时，是生成 NO$_x$ 的主要时机。温度对热力型 NO$_x$ 的生成具有决定作用。

瞬时型 NO 的生成：瞬时型 NO$_x$ 主要指燃料中碳氢化合物，在燃料温度较高区域燃烧时所产生的烃与燃烧空气中的 N$_2$ 分子发生反应，形成 CN、HCN，继而氧化成 NO$_x$。因此，瞬时型 NO$_x$ 主要产生于碳氢含量较高、氧浓度较低的富燃料区，多发生在内燃机的燃烧过程，而在燃煤锅炉中其生成量极少。

2. 燃烧过程氮氧化物的控制技术

影响燃烧过程中 NO$_x$ 生成的主要因素是燃烧温度、烟气在高温区的停留时间、烟气中各种组分的浓度以及混合程度。从实践的观点看，控制燃烧过程中 NO 形成的因素包括：① 空气-燃料比；② 燃烧空气的预热温度；③ 燃烧区的冷却程度；④ 燃烧器的形状设计。两段式燃烧和烟气再循环法等技术，就是在综合考虑了以上因素的基础上产生的。

二段燃烧法是分两次供给空气。第一次供给的空气低于理论空气量，为理论空气量的 85%～90%，使第一级燃烧区的温度降低，同时氧气量不足，NO$_x$ 的生成量很小。第二次供给的空气量为理论空气量的 10%～15%，过量的空气再与上段产生燃烧烟气混合，完成整个燃烧过程；这时虽然氧气已剩余，但由于温度低，动力学上限制 NO$_x$ 的生成。一段过剩空气系数越小，NO$_x$ 的控制效果越好；但是过剩空气系数的减小，会使不完全燃烧的产物增加。二段燃烧区主要完成未燃燃料和不完全燃烧产物的燃烧，如果过剩空气系数不恰当，炉膛尺寸不合适，则会使烟尘浓度和不完全燃烧的损失增加。

烟气再循环法是将一部分锅炉排烟与燃烧用空气混合送入炉内。循环气送到燃烧区，使炉内温度水平和氧气浓度降低，从而 NO$_x$ 生成量下降。烟气再循环对热力型 NO$_x$ 的降低有明显的效果。研究发现：再循环率从零增至 10%，NO$_x$ 可降低到 60% 以上；当再循环率在 10% 以上，再增大对 NO$_x$ 降低作用不大，而是渐渐趋近于某一数值。表明烟气再循环对热力型 NO$_x$ 具有抑制作用，而对燃料型 NO$_x$ 抑制效果不明显。

（三）燃烧过程中颗粒污染物的生成与控制

1. 炭黑的形成与控制

（1）气体燃料燃烧形成炭黑的控制

气体燃料在燃烧过程中所生成的主要成分为碳的粒子，而这些粒子通常都是积炭。气体燃料燃烧生成的炭黑最少，在燃烧过程中可以容易地控制炭黑的生成。气体燃料燃烧炭黑的形成与燃烧方式有关。

① 预混合燃烧：预混合燃烧火焰面的温度相当高，燃料与空气接触也非常充分，氧化速率远远大于脱氢或凝聚生成炭黑的速率，几乎不生成炭黑。

② 扩散燃烧：在扩散火焰中，氧化速率因空气的扩散而被限制，因此火焰温度不像预混合燃烧火焰那样高，有利于脱氢和凝聚反应，且中间生成物在火焰中停留时间长，故在扩散火焰中容易生成炭粒子和炭黑。

③ 燃烧室内燃烧：无论是预混合燃烧还是扩散燃烧，过剩空气量控制在 10%，气体燃料在燃烧室内几乎完全燃烧，不形成炭黑。如果在理论空气量或以下，气体燃料燃烧会形成炭黑。相反，空气量过多，燃烧室内温度下降，燃烧不完全，也会形成炭黑。

（2）液体燃料燃烧形成炭黑的控制

液体燃料的喷雾燃烧与气体燃料的扩散燃烧相似，在火焰中生成炭粒子。空气的扩散速度大，与脱氢和凝聚速率相比，氧化速率更大，故燃烧后炭黑的残留量较少。但是，重油喷雾燃烧时，油雾滴在被充分氧化前，与炽热壁面接触，会发生液相裂解，形成焦炭，称作石油焦；油滴蒸发后残留的焦粒，称作煤胞。煤胞比起气相反应生成的炭粒大得多，其大小与油滴直径相关。在火焰中有时会观察到火花现象，这是焦炭在高温气体中受热发出的辉光，原因是重质油油滴过大。锅炉燃油一般使用重油。各种锅炉的燃烧室几乎都是以水冷壁包围，空气过剩率为 10%～30%。特别是燃烧起始时燃烧室内温度较低，容易生成炭黑。因此，启动时使用 A 重油，可防止煤烟生成，燃烧室内的温度上升后，切换为 B 重油或 C 重油，可以防止煤烟生成。中小型锅炉燃烧室负荷比较大，燃烧室内火焰与水冷壁接触急冷，油滴附着在炉壁上，形成煤烟。其对策为：① 喷嘴雾化良好；② 注意燃烧空气量的控制；③ 火焰形状与燃烧室的关系设计时须充分注意。

（3）煤燃烧形成炭黑的控制

通常对火力发电厂的大型燃烧设备，采用煤粉燃烧时，管理良好的情况下可以控制炭黑几乎不形成，与之相比除尘是主要问题。炭黑的形成与燃烧方式和煤的性状有关。

① 燃烧方式：在手烧炉中投加冷煤时，在炉箅上原本赤热的煤上覆盖了一定厚度的煤层，造成空气不足，易形成炭黑。因此，添加煤时须注意不要完全覆盖炉箅，部分覆盖可保证煤充分燃烧所需的空气。移动床燃烧设备是连续给煤的，空气供给充分，不存在手烧炉的随给煤时间间隔发生空气比变化的情况。但是当煤粉与空气混合不充分时，在局部空气不足处会形成炭黑。

② 煤的性质：炭黑是由煤中挥发分的碳氢化合物不完全燃烧形成的。即使挥发分很多，如果同时通入足够量的空气，也可以不使炭黑形成。挥发分生成是由温度决定的，空气的通入方式影响煤层中的空隙状态。燃烧时煤膨胀，引起煤层内空隙变化。煤的膨胀程度与其黏结性大体成正比，黏结性大的煤燃烧时炭粒间的空隙会变窄，空气进入煤层的阻力增大。因此，煤在燃烧高温下膨胀，煤层中的空气与燃烧气流不均匀，在局部煤层中空气不充分，导致容易形成炭黑。

2. 燃煤粉尘的生成与控制

煤燃烧过程中形成的烟尘，主要是由煤不完全燃烧产生的。不完全燃烧有两种情况：一种是化学不完全燃烧，主要是燃烧时空气量不足、炉膛尺寸不当、空气与煤混合不均匀和燃烧反应时间不够等原因造成的；另一种是机械不完全燃烧，主要是炉膛温度低、通风不均匀造成的。燃烧产生的烟尘量主要决定于燃用的燃料、燃烧方式和燃烧过程的组织情况。

燃用煤颗粒越细，产生的飞灰就越多。煤的性质不同产生的烟尘量也不一样，如燃用煤含挥发物多，当燃烧时挥发物析出，使本身也微细化了。细的煤颗粒伴随气流飞起，烟尘量就增加。对黏结性强的煤，细的烟尘粒子不易从煤层里飞出，烟尘量就可能少些。

燃烧过程的组织对烟尘的产生影响也很大。如果燃用黏结性煤时，由于黏结部分通风不好，风就集中在未黏结的地方产生火口，会带出大量的飞灰，结果会使烟尘量急剧地增加。又如，在链条炉运行中在原煤中掺入一定的水分，细煤掺入的水分较多，这对减少烟尘是很有作用的一项措施。另外在炉膛内加装二次通风，蒸气喷射等也是减少烟尘的重要措施。

不同的燃烧方式产生的烟尘量是大不相同的。手烧炉排和链条炉排锅炉，飞灰占燃料中总灰分的 15% ~ 25%，烟尘浓度一般在 0.1 ~ 5.2 g/m³ 内略高些；振动炉排烟尘浓度略高于链条炉，燃烧率为 131 kg/(m³·h)，实测烟尘浓度为 7.0 g/m³；抛煤机的飞灰量为总灰分的 25% ~ 40%，烟尘浓度可达 9 ~ 13 g/m³；半沸腾燃烧锅炉烟气带出的飞灰为总灰分的 40% ~ 60%。

第三节　大气污染控制技术

一、颗粒污染物的控制

从废气中分离颗粒污染物的过程称为除尘，除尘装置则称为除尘器。根据除尘机理，除尘器分为四类：机械式除尘器、过滤式除尘器、电除尘器和湿式除尘器。

（一）机械式除尘器

机械式除尘器是利用质量力（如重力、惯性力、离心力等）的作用使含尘气流中的尘粒与气流分离并被捕集的装置，包括重力沉降室、惯性力沉降室和旋风除尘器等。机械除尘器的主要特点是结构简单、易于制造、造价低、便于维护及阻力小等，因而广泛用于工业生产中。但一般来说，这类除尘器对大粒径粉尘的去除具有较高的效率，而对于小粒径粉尘捕获率很低。因而这类除尘器通常用在去除大颗粒粉尘以及除尘效率要求不高的场合，有时也作为除尘效率要求较高场合的预除尘器。

重力沉降室是通过重力作用使污染物从气体中沉降分离的一种除尘装置。如图 4-6 所示，含尘气流由管道进入沉降室后，流速大大降低，大而重的尘粒在重力作用下沉降到除尘器底部的灰斗中。重力沉降室的主要优点是结构简单、价格低廉、耗能少，适用于净化密度大、粒径粗的粉尘。通常的粒径去除范围为 30 ~ 50 μm 的粉尘，效率达 60% ~ 80%，但对小于 5 μm 的粉尘，净化效率几乎等于零。重力沉降室的压力损失为 50 ~ 150 Pa。

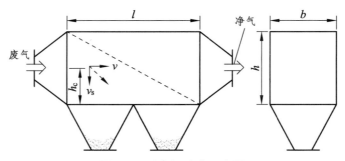

图 4-6   重力沉降室示意图

  惯性除尘器是利用尘粒在运动中惯性力大于气体惯性力的作用，将尘粒从含尘气体中分离出来的设备，如图 4-7 所示。这种除尘器结构简单，阻力较小，但除尘效率较低，一般用于一级除尘。惯性降尘器用于净化密度和粒径较大（捕集 10~20 μm 以上的粗尘粒）的金属或矿物性粉尘，具有较高的除尘效率。对黏结性和纤维性粉尘，因其易堵塞，故不宜采用。惯性除尘器的捕集效率比重力沉降室高，但仍为低效除尘设备，也主要用于高浓度、大颗粒粉尘的预净化。图 4-8、图 4-9 所示为不同种类的惯性除尘器。

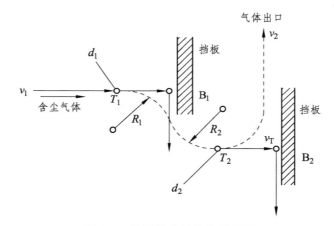

图 4-7   惯性除尘器的分离机理

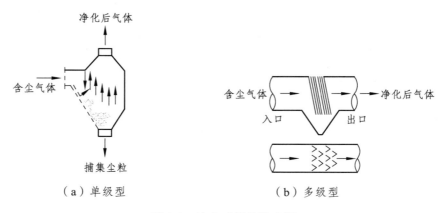

（a）单级型   （b）多级型

图 4-8   冲击式惯性除尘器

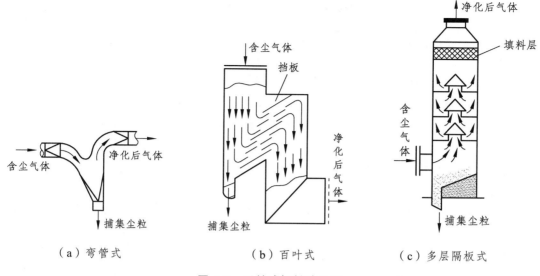

图 4-9　反转式惯性除尘器

　　旋风（离心力）除尘器是利用旋转的含尘气体所产生的离心力，将粉尘从气流中分离出来的一种干式气-固分离装置，如图 4-10 所示。旋风除尘器是工业中应用比较广泛的除尘设备之一，多用作小型燃煤锅炉消烟除尘和多级除尘、预除尘的设备。其除尘原理与反转式惯性力除尘装置类似，但惯性力除尘器中的含尘气流只是受设备的形状或挡板的影响，简单地改变了流线方向，只作半圈或一圈旋转；而旋风除尘器中的气流旋转不止一圈，旋转流速也较大，因此旋转气流中的粒子受到的离心力比重力大得多。对于小直径、高阻力的旋风除尘器，离心力比重力大几千倍；对大直径、低阻力旋风除尘器，离心力比重力大 5 倍以上，所以用旋风除尘器从含尘气体中除去的粒子比用沉降室或惯性力除尘器除去的粒子要小得多。

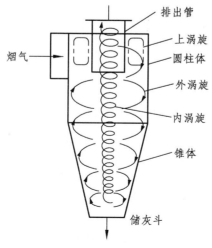

图 4-10　旋风除尘器示意图

旋风除尘器的优点：① 设备结构简单、造价低，对大于 10 μm 的粉尘有较高的分离效率；② 没有传动机构及运动部件，维护、修理方便；③ 可用于高温含尘烟气的净化，用一般碳钢制造的除尘器可工作在 350 ℃，内壁衬以耐火材料的除尘器可工作在 500 ℃；④ 可承受内、外压力；⑤ 可干法清灰，可用以回收有价值的粉尘；⑥ 除尘器敷设耐磨、耐腐蚀内衬后，可用以净化含高腐蚀性粉尘的烟气。

旋风除尘器压力损失一般比重力沉降室和惯性力除尘器高，高效旋风除尘器的压力损失可达 1250 ~ 1500 Pa。此外，这类除尘器不能捕集小于 5 pm 的粉尘粒子。

（二）过滤式除尘器

过滤式除尘器是使含尘气流通过多孔过滤材料将粉尘分离捕集的装置，分为表面式过滤和内部过滤。采用滤纸或纤维做滤料的空气过滤器，主要用于通风和空气调节工程的进气净化；采用滤布做滤料的袋式除尘器，主要用于工业废气的除尘；采用硅砂作为滤料的颗粒层除尘器可用于高温烟气除尘。这里主要介绍常用的袋式除尘器。

袋式除尘器是一种高效干式除尘器，主要依靠在纤维滤料做成的滤袋表面上形成的粉尘层来净化气体，如图 4-11 所示。它结构简单、除尘效率高、适应性强，可以捕集不同性质的粉尘，特别是对微细粉尘有较高的效率，一般可达 99% 以上。由于所采用的滤袋形式、组合方式以及清灰方式等不同，袋式除尘器种类很多。其处理风量可以从每小时几百立方米到百万立方米。

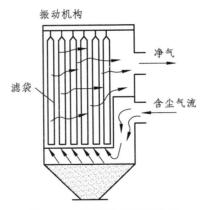

图 4-11　袋式除尘器示意图

袋式除尘器用于净化粒径大于 0.1 μm 的含尘气体，具有效率高，性能稳定可靠，操作简便，所收干尘便于回收利用等特点，因而得到广泛应用。但由于所用滤布受到温度、腐蚀性等限制，只适用于净化腐蚀性小，温度低于 300 ℃的含尘气体。烟气温度也不能低于露点温度，否则会在滤布上结露，使滤袋堵塞。袋式除尘器不适用于黏结性强，吸湿性强的含尘气体净化。近年来随着滤料，滤袋形状，滤布耐温、耐腐蚀和清灰技术等方面的不断发展，以及自动控制和检测装置的使用，袋式除尘器得到了迅速发展，已成为各类高效除尘设备中最具竞争力的一种除尘设备。

1. 袋式除尘器的分类

典型的袋式除尘器由尘气室、净气室、尘气入口、滤袋、清灰装置、卸灰装置等六部分组成。袋式除尘器的类型很多，根据其特点可进行不同的分类。

按滤袋形状分类，可分为圆袋式除尘器和扁袋式除尘器两类。圆筒形滤袋结构简单，便于清灰，其直径通常为 120～300 mm，最大不超过 600 mm，袋长为 2～12 m。圆袋受力较好，支撑骨架及连接较简单，清灰容易，滤袋间不易被粉尘堵塞，维护方便，因而应用非常广泛。扁袋式滤袋形状呈扁平形，一般宽度 0.5～1.5 m，长度 1～2 m，厚度以及滤袋的间隙为 25～50 mm。扁袋内部都有骨架（或弹簧）支撑。扁袋的布置紧凑，在同样体积的除尘器内，布置的过滤面积一般要比圆袋多 20%～40%，因而在节约占地面积方面有明显的优点。但扁袋的结构较复杂，制作要求高，滤袋之间易被粉尘堵塞，清灰、检修、换袋较复杂，影响了应用。

按过滤方向分类，可分为内滤式除尘器和外滤式除尘器两类。内滤式袋式除尘器，含尘气流由滤袋内侧流向外侧，粉尘沉积在滤袋内表面上。其优点是滤袋外部为清洁气体，便于检修和换袋，当被过滤气体无毒且温度不高时，可以在不停机情况下进入袋室内检修，且一般不需支撑骨架。内滤式多用于圆袋，一般机械振动、反吹风等清灰方式也多采用内滤形式。外滤式袋式除尘器，含尘气流由滤袋外侧流向内侧，粉尘沉积在滤袋外表面上。其滤袋内要设支撑骨架，以防过滤时将滤袋吸瘪，因此滤袋磨损较大。脉冲喷吹，回转反吹等清灰方式多采用外滤形式，扁袋式除尘器大部分也采用外滤形式。

按进气口位置分类，可分为下进风袋式除尘器和上进风袋式除尘器两类。下进风袋式除尘器，含尘气体由除尘器下部进入，气流自下而上，大颗粒直接落入灰斗，减少了滤袋磨损，延长了清灰间隔时间。这种除尘器的进气口一般设在灰斗上部，结构较简单，造价低，应用广，但由于气流方向与粉尘下落方向相反，容易使部分下落的微细粉尘还未落到灰斗就又重新返回到滤袋表面，影响了清灰效果，并使设备阻力增加，且滤袋越长，这种影响越明显。上进风袋式除尘器，含尘气体的入口设在除尘器上部，气流经过滤后从下部排出，粉尘沉降与气流方向一致，有利于粉尘沉降，除尘效率有所提高。粉尘能较均匀地分布于滤袋表面，过滤性能较好，设备阻力可降低 15%～30%，但滤袋室需设置上下两块花板，结构较复杂，且不易调节滤袋的张力。同时，灰斗中有停滞的空气，有水汽凝结的可能。

按清灰方式的不同，袋式除尘器可分为：机械振动、逆气流清灰、脉冲喷吹、气环反吹等。

（1）机械振动是利用机械装置振打或摇动悬吊滤袋的框架，使滤袋产生振动而清落积灰，包括机械振打和高频振荡等形式。机械振动清灰方式的设备构造简单，运转可靠，但清灰作用较弱，只能允许较低的过滤风速，且对滤袋往往有损伤，增加了维修和换袋的工作量和成本，目前正逐渐被其他清灰方式所取代。

（2）逆气流清灰是利用与过滤气流相反的气流，使滤袋变形而使粉尘层脱落。其清灰作用一方面是由于反向的清灰气流直接冲击尘块，另一方面是由于气流方向的改变，滤袋产生胀缩振动而使尘块脱落。这种清灰方式有反吹风清灰和反吸风清灰两种形式，反吹风是用正压将气流吹入滤袋，反吸风则是以负压将气流吸出滤袋。采用高压气流反吹清灰可以得到较好的清灰效果，可以在过滤工作状态下进行清灰，为此需另设中压或高压风机。

（3）脉冲喷吹清灰是将压缩空气在极短暂的时间内（不超过 0.2 s）高速喷入滤袋，同时诱导数倍于喷射气量的空气，形成空气波，使滤袋由袋口至底部产生急剧的膨胀和冲击振动，造成很强的清落积尘的作用。根据脉冲喷吹气流与被净化气流的方向不同，有逆喷与顺喷两种方式。逆喷式为两股气流方向相反，净化后的气流由袋口排出，顺喷式为两股气流方向一致，净化后的气流由滤袋底部排出。脉冲喷吹清灰方式的清灰强度大，效果好，且其强度和频率都可调节，可以在过滤工作状态下进行清灰，允许的过滤风速也较高。因此在处理相同的风量时，滤袋面积比机械振动的要少；其缺点是脉冲控制系统较为复杂，维护管理水平要求较高。

（4）气环反吹清灰是指在滤袋的外侧，设置一个空心带狭缝的圆环，圆环贴近滤袋的表面做上下往复运动，并与高压风机管道相接，由圆环上正对滤布表面的狭缝喷出高速气流，射在滤袋上，清除沉积于滤袋内环侧的粉尘层。此时，滤袋的其余部分仍处于全负荷运行中。这种方式的清灰能力较强，可采用较高的过滤风速，且可使除尘器保持连续运行，但其清灰装置较复杂，费用高，并容易损伤滤袋。

按除尘器内的压力可分为负压式除尘器和正压式除尘器两类。正压式除尘器的风机设置在除尘器之前，使除尘器在正压状态下工作。由于含尘气体先经过风机后才进入除尘器，对风机的磨损较严重，因此不适用于高浓度、粗颗粒、高硬度、强腐蚀性和附着性强的粉尘。正压式除尘器净化后的气体可以直接排至大气中，除尘器不需采用密封结构，构造简单，管道布置紧凑，造价比负压式低 20% ~ 30%。但在处理高湿或有毒气体时较为不利，同时不易保持除尘器周围环境的清洁。负压（吸入）式除尘器的风机置于除尘器之后，使除尘器在负压状态下工作，这是采用较多的方式，此时除尘器必须采取密封结构。由于含尘气体经净化后再进入风机，因此对风机的磨损很小。在用于处理高湿度，有毒性的气体时，除尘器本身也易采取保温措施，但这种除尘器造价较高。

2. 袋式除尘器的滤料

滤料是袋式除尘器用来制作滤袋的材料，是袋式除尘器的主要部件，其造价一般占设备费用的 10% ~ 15%。滤料需定期更换，从而增加了设备的运行费用。

（1）滤料的性能

袋式除尘器的性能在很大程度上取决于滤料的性能，如除尘效率、压力损失、清灰周期、环境适应性等都与滤料性能有关，因此正确选用滤料对于充分发挥除尘器的效能有着重要意义。

性能良好的滤料应具备耐温、耐磨、耐腐蚀、效率高、阻力低、使用寿命长等优点，一般应满足下列要求。

① 容尘量要大，清灰后仍能保留"粉尘初层"，以保持较高的过滤效率。

②滤布网孔直径适中，透气性能好，过滤阻力小。

③滤布机械强度高，抗拉、抗皱褶，耐磨、耐高温、耐腐蚀。

④吸湿性小，易清灰。

⑤制作工艺简单、成本低，使用寿命长。

滤料特性除与纤维本身的性质有关外，还与滤料表面结构有很大关系。如料薄、表面光滑的滤料容尘量小，清灰方便，但过滤效率低，适用于含尘浓度低、黏性大的粉尘，采用的过滤速度不宜过高。料厚、表面起毛（绒）的滤料（如羊毛毡）容尘量大，粉尘能深入滤料内部，清灰后可以保留一定的容尘，过滤效率高，可以采用较高的过滤速度，但必须及时清灰。

（2）滤料的种类

袋式除尘器采用的滤料种类较多，按滤料材质，可分为天然纤维、无机纤维和合成纤维等三类；按滤料结构，可分为滤布和毛毡两类；按滤布的编织方式，可分为平纹编织、斜纹编织和缎纹编织三种。

①天然纤维滤料

这主要是指由棉、毛、棉毛混纺和柞蚕丝做成的织物。由于天然纤维的表面呈鳞片状或波纹状、透气率很高、阻力小、容尘量大、易于清灰、价格较低，适合于净化没有腐蚀性、温度在 70～90 ℃以下的含尘气体；但天然纤维致命的弱点是使用温度不能超过100 ℃，因此不能适应现代工业对袋式除尘器的高标准和高要求。

②无机纤维滤料

无机纤维的特点是能耐高温。目前，除了广泛使用的玻璃纤维滤料外，金属纤维、碳素纤维、矿渣纤维及陶瓷纤维滤料正在研究之中。无机纤维的缺点是造价高，使其广泛应用受到一定的限制。

玻璃纤维有无碱、中碱和高碱三种，其应用已有几十年的历史。其特点是耐高温（使用温度为 230～280 ℃），吸湿性及延伸率小，抗拉强度大，耐酸性和过滤性能好，阻力低，造价低。用硅酮树脂、石墨和聚四氟乙烯处理过的玻璃纤维，其耐温性能、耐磨性能、抗弯性能和抗腐蚀性能得到很大改善，可在 250 ℃长期使用。玻璃纤维较脆，抗弯性差、不耐磨，不适合在含 HF 气体下使用，因而在应用上有一定的局限性，如不宜采用机械振打清灰。目前，玻璃纤维仍然是一种主要的耐高温滤料，多用于冶炼、炉窑等产生的高温烟气净化。

金属纤维滤料主要是由不锈钢纤维制成，也有用金属纤维与一般纤维混纺制成的。金属纤维最大的优点是能耐高温，使用温度可达 500～600 ℃甚至以上，非常适宜在高过滤风速下处理高粉尘负荷的高温烟气。其过滤效率高、阻力小、易于清灰，而且耐磨性及耐腐蚀性好，其柔软性与锦纶相似。此外，还具有防静电、抗放射辐射等特性，寿命也较高，但因其造价极高，故应用极少。

③合成纤维滤料

随着石油化学工业的发展，出现了合成纤维，具有许多天然纤维无可比拟的优点，因此很快被用来制作滤料，并逐渐取代天然纤维滤料。合成纤维的强度高，耐磨蚀性好，耐温性及耐磨性优于天然纤维。目前使用较多的合成纤维滤料有聚酰胺（尼龙、锦纶）、芳香族聚酰胺（诺梅克斯）、聚酯（涤纶）、聚丙烯、聚丙烯腈（腈纶）、聚氯乙烯（氯纶）、聚四氟乙烯（特氟纶）等。这些滤料的性能各异，使用范围也各有不同。

滤料的特性除了与纤维本身的性质有关，还与滤料的表面结构有很大关系。纤维滤布按照织造工艺不同，可分为交织布、无纺布和针刺毡（呢）等。交织布是目前使用最普遍的一种滤布，由经纬线交织而成。交织布按经纬线交织方式不同一般可分为平纹布、斜纹布和缎纹布三种。

a. 平纹：平纹布是最简单的织造形式，是由经纬纱一上一下交错编织而成。由于纱网交织点很近，纱线互相压紧，织成的滤布致密，受力时不易产生变形和伸长。平纹滤布净化效率高，但透气性差，阻力大，清灰难，易堵塞。

b. 斜纹：斜纹布是由两根以上经纬线交织而成。织布中的纱线具有较大的迁移性，弹性大，机械强度略低于平纹织布，受力后比较容易错位。斜纹滤布表面不光滑，耐磨性好，净化效率和清灰效果都好，且滤布不易堵塞，处理风量高，是织布滤料中最常采用的一种。

c. 缎纹：缎纹布是由一根纬线与五根以上经线交织而成，其透气性和弹性都较好，织纹平坦。由于纱线具有迁移性，易于清灰，粉尘层的剥落性好，很少堵塞，但缎纹滤料的强度和净化效率比前两者都低。

交织布起绒处理后，布面纤维形成绒状的滤布称为绒布。经起绒后的绒布其透气性和净化效率都比没起绒前的素布好。针刺毡是 20 世纪 70 年代研制的一种滤料，这种针刺毡是把梳理好的纤维絮棉铺在基布上，然后在针刺机上利用带倒刺的三棱针反复针刺，使纤维絮棉和基布牢固地结合在一起，制成素布，最后经热压成型和烧毛或树脂处理等一系列后整理工序，得到针刺毡成品。针刺毡和交织布相比，在整个布面上纤维分布更均匀，具有三维结构，孔隙率大，透气性能好，过滤效率高，表面光滑平整，易于清灰。我国于 20 世纪 70 年代也已研制成功并投入工业生产，现已有系列产品，可供设计选用，目前已在工业除尘上得到广泛应用。

（三）静电除尘器

电除尘是在高压电场的作用下，通过电晕放电使含尘气流中的尘粒带电，利用电场力使粉尘从气流中分离出来并沉积在电极上的过程。电除尘器在冶金、建材、火力发电以及化工等行业中得到广泛的应用。

电除尘器的优点：① 除尘性能好（可捕集微细粉尘及雾状液滴）；② 除尘效率高（粉尘粒径大于 $1\ \mu m$ 时，除尘效率可达 99%）；③ 气体处理量大（单台设备每小时可处理 $10^5 \sim 10^6\ m^3$ 的烟气）；④ 适用范围广（可在 $350 \sim 400\ ℃$ 的高温下工作）；⑤ 能耗低，运行费用少。

电除尘器的缺点：① 设备造价偏高；② 除尘效率受粉尘物理性质影响很大，不适宜净化高比电阻及低比电阻的粉尘，不适宜直接净化高浓度含尘气体；③ 对制造、安装和运行要求比较严格；④ 占地面积较大。

1．电除尘器的工作原理

图 4-12 为电除尘器的除尘过程示意图，包括电晕放电，粉尘荷电，粉尘沉降，集成板表面清灰。

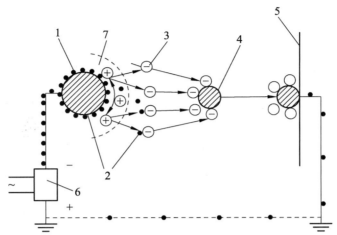

1—电晕极；2—电子；3—离子；4—尘粒；5—集尘极；6—供电装置；7—电晕区。

图 4-12　电除尘器中除尘过程示意图

（1）电晕放电

将高压直流电施加到一对电极上，其中一极是管状或板状的，另一极是细导线或具有曲率半径很小的尖端。在细导线表面或尖端附近的强电场空间内，气体中的微量自由电子将被加速到很高的速度，并足以通过碰撞使气体分子释放出外层电子，而产生新的自由电子和正离子。这些自由电子接着又被加速到很高的速度，又进一步引起气体分子的碰撞电离。这种过程在极短的瞬间又重复无数次，于是在放电极表面附近产生大量的自由电子和正离子。这就是所谓的电子雪崩过程。

若电晕极是负极，即所谓负电晕，则由电子雪崩过程产生的电子向接地极迁移，正离子向电晕极迁移。如果电负性气体存在，则由电晕产生的电子为其俘获，而形成负离子，也在电场作用下向接地极迁移。就是这些负离子使进电场的粉尘荷电，因此形成负离子对维持稳定的负电晕是很重要的。对负电晕来说，电负性气体的存在是维持电晕放电的重要条件。在空气或多数工业废气中，存在着数量足够多的电负性气体，如 O_2、Cl_2、CCl_4、HF、SO_2 等气体都是电负性气体。

（2）粉尘荷电

在电晕极与集尘极之间，施加直流高电压使电晕极附近发生电晕放电，气体电离，生成大量的自由电子和正离子。在电晕极附近的电晕区内正离子立即被电晕极吸引过去而失去电荷。自由电子和随即形成的负离子则因受电场力的作用向集尘极移动，并充满到两极间的绝大部分空间。含尘气流通过电场空间时，自由电子、负离子与粉尘碰撞并附着其上，便实现了粉尘的荷电。

（3）粉尘沉降

荷电粉尘在电场中受库仑力的作用向集尘极移动，经过一定时间后到达集尘极表面，放出所带电荷而沉积其上。

（4）清灰

集尘极表面上的粉尘沉积到一定厚度后，用机械振打等方法将其清除掉，使之落入下部灰斗中。放电极也会附着少量粉尘，隔一定时间也需进行清灰。

2. 电除尘器的结构形式和主要部件

电除尘器的结构形式很多，可以根据不同的特点，分成不同的类型。根据集尘极的形式可以分为管式和板式两种；根据气流的流动方式，可以分为立式和卧式两种；根据粉尘在电除尘器内的荷电方式及分离区域布置的不同，可以分为单区和双区电除尘器。

电除尘器的结构由除尘器本体、供电装置和附属设备组成。除尘器的主体包括电晕极、集尘极、清灰装置、气流分布装置和灰斗等。

电晕电极是产生电晕放电的电极，应具有良好的放电性能（起晕电压低、击穿电压高电晕电流大等），较高的机械强度和耐腐蚀性能。电晕电极有多种形式，最简单的是圆形导线，圆形导线的直径越小，起晕电压越低、耐电强度越高，但机械强度也较低，振打时容易损坏。工业电除尘器中一般使用直径为 2 ~ 3 mm 的镍铬线作为电晕电极，上部自由悬吊，下端用重锤拉紧。也可以将圆导线做成螺放弹簧形，适当拉伸并固定在框架上，形成框架式结构。

集尘极板的结构形式直接影响除尘效率。对集尘极板的基本要求是振打时二次扬尘少；单位集尘面积金属用量少；极板较高时，不易产生变形；气流通过极板空间时阻力小等。集尘极板的形式有平板形、Z 形、C 形、波浪形、曲折形等。集尘极板和电晕极板的制作和安装质量对电除尘器的性能有很大影响。安装前极板、极线必须调直，安装时要严格控制极距，安装偏差要在 ±5% 以内。极板的挠曲和极距的不均匀会导致工作电压降低和除尘效率下降。选择极板的宽度要与电晕线的间距相适应。

气流分布的均匀程度与除尘器进口的管道形式及气流分布装置有密切关系。在电除尘器安装位置不受限制时，气流应设计成水平进口，即气流由水平方向通过扩散形变径管进入除尘器，然后经 1 ~ 2 块平行的气流分布板后进入除尘器的电场。在除尘器出口渐缩管前也常常设一块分布板。被净化后的气体从电场出来后，经此分布板和与出口管相连接的渐缩管，然后离开除尘器。气流分布板一般为多孔薄板，孔形分为圆孔或方孔，也可以采用百叶窗式孔板。电除尘器正式运行前，必须进行测试调整，检查气流分布是否均匀。

除尘器外壳必须保证严密，减少漏风。漏风将使进入除尘器的风量增加，风机负荷加大，电场内风速过高，除尘效率下降。特别是处理高温湿烟气时，冷空气漏入会使烟气温度降至露点以下，导致除尘器内构件粘灰和腐蚀。电除尘器的漏风率应控制在 3% 以下。

（四）湿式除尘器

湿式除尘器是通过含尘气体与液体的密切接触，使颗粒污染物从气体中分离捕集的装置，能同时达到除尘和脱除部分气态污染物的效果，还能用于气体的降温和加湿。湿式除尘器具有结构简单、造价低和化效率高等优点，适宜于非纤维性和非水硬性的各种粉尘，尤其是净化高温、易燃和易爆气体。选用湿式除尘器时要特别注意管道和设备的腐蚀、污水和污泥的处理、烟气抬升高度减小及冬季排气产生冷凝水雾等问题。

1. 湿式除尘机理

湿式除尘机理主要包括惯性碰撞、拦截作用、布朗扩散、热泳和静电作用。惯性碰撞主要取决于尘粒的质量，拦截作用主要取决于粒径的大小。而布朗扩散和静电作用在一般情况下则是较为次要的，只有很小的尘粒的沉降才受到布朗运动引起的扩散作用的影响。

湿式除尘器的除尘效率，一般是上述各种机制综合作用的结果。受尘粒和液滴的尺寸以及气流与液滴之间的相对运动速度所影响。对于给定的除尘系统，要提高效率，就必须提高液气相对运动速度和减小液滴尺寸，目前工程中常用的各种湿式除尘器基本上是围绕这两个因素发展起来的。但液滴直径也不是越小越好，直径过小的液滴易随气流一起运动，减小了液气相对运动速度。

2. 湿式除尘器类型

根据湿式除尘器机制，可将其大致分为七类：① 喷雾塔洗涤器；② 旋风洗涤器；③ 自激喷雾洗涤器；④ 泡沫洗涤器；⑤ 填料塔洗涤器；⑥ 文丘里洗涤器；⑦ 机械诱导喷雾洗涤器。图 4-13 为喷雾塔洗涤器示意图，图 4-14 为中心喷雾塔旋风洗涤器示意图，图 4-15 为文丘里洗涤器示意图。

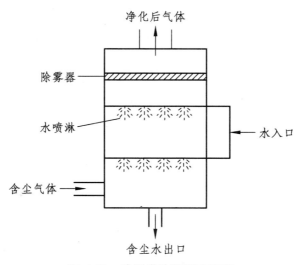

图 4-13　喷雾塔洗涤器示意图

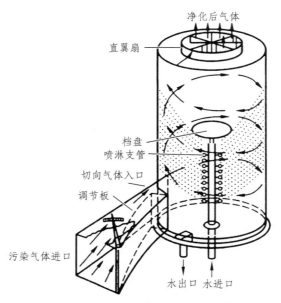

图 4-14　中心喷雾塔旋风洗涤器示意图

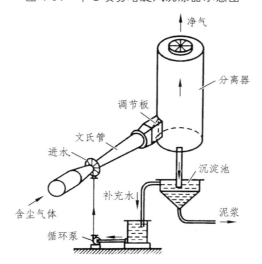

图 4-15　文丘里洗涤器示意图

二、气态污染物的控制

对于二氧化硫、氮氧化物、碳氢化合物、氟化物等气态污染物的控制，主要途径是净化工艺尾气。目前常用的方法有吸收法、吸附法、催化法、燃烧法、冷凝法等。

1. 吸收法

吸收法是根据气体混合物中各组分在液体溶剂中物理溶解度或化学反应活性不同，而将混合物分离的一种方法。吸收净化法具有效率高，设备简单，一次投资费用相对较低等优点，因此广泛地应用于气态污染物的控制中。该法的主要缺点是吸收后的液体还需要进行处理，设备易受腐蚀。

利用气体混合物在所选择的溶剂中溶解度的差异而使其分离的吸收过程称为物理吸收，伴有显著化学反应的吸收过程称为化学吸收。化学吸收可以是被溶解的气体溶质与吸收剂或溶于吸收剂的其他物质进行化学反应，也可以是两种或多种同时溶于吸收剂的气体溶质发生化学反应。针对实际工程问题常具有废气量大、污染物浓度低、气体成分复杂和排放标准要求高等特点，采用通常的物理吸收难以适应和满足上述特点与要求，因此大多采用化学吸收法。化学吸收法能使吸收过程的推动力增大，阻力减少，吸收效率提高，能满足处理低浓度气态污染物的要求。

2. 吸附法

气体吸附是利用多孔性固体吸附剂处理气体混合物，使其中所含的一种或数种气体组分吸附于固体表面上，达到气体分离目的的一种气态污染物净化技术。通常将被吸附到固体表面的物质称吸附质，用来进行吸附的物质称为吸附剂。吸附技术因其选择性高、分离效果好、净化效率高、设备简单、操作方便、易实现自动控制，能分离其他过程难以分离的混合物，可有效地分离浓度很低的有害物质，已被广泛地应用于化工、环保等领域。

3. 催化法

催化法是利用催化剂在化学反应中的催化作用，将废气中有害的污染物转化成无害的物质，或转化成更易处理或回收利用的物质的方法。该法与其他净化法的区别在于，化学反应发生在气流与催化剂接触过程中，反应物和产物不需要与主气流分离，因而避免了其他方法可能产生的二次污染，使操作过程大为简化。催化法的另一个特点是对不同浓度的污染物均具有较高的去除率。因此，催化净化法已成为废气治理技术中一项重要的、有效的技术，在脱硫、脱硝、汽车尾气净化和有机废气净化等方面得到广泛的应用。但是，该法对废气的组成有较高要求，废气中不能有过多不参加反应的颗粒物质或使催化剂性能降低、寿命缩短的物质。

4. 生物法

废气的生物处理是利用微生物的生命过程把废气中的气态污染物分解转化成低害甚至无害的物质。自然界中存在各种各样的微生物，因而几乎所有无机的和有机的污染物都能被转化。生物处理不需要再生和其他高级处理过程，与其他净化法相比，具有设备简单、能耗低、安全可靠、无二次污染等优点，尤其在处理低浓度（＜3 mg/L）、生物降解性能好的气态污染物时更显其经济性。

5. 燃烧法

燃烧法是利用某些废气中污染物可燃烧氧化的特性，将其燃烧变成无害物或易于进一步处理和回收的物质的方法。燃烧净化时发生的化学作用主要是燃烧氧化作用和高温下的热分解，因此这种方法只适用于净化那些可燃的或在高温情况下可以分解的物质，如石油工业碳氢化合物废气及其他有害气体、溶剂工业废气、城市废弃焚烧处理产生的有机废气，以及几乎所有恶臭物质（硫醇、H_2S 等）。燃烧法的工艺简单、操作方便、净化效率高，可回收热能，但处理可燃组分含量较低的废气时，需预热耗能。

6. 冷凝法

冷凝法是利用物质在不同温度下具有不同饱和蒸气压这一性质，采用降低系统温度或提高系统压力，使污染物凝结并从废气中分离出来。在冷凝过程中，被冷凝物质仅发生物理变化而化学性质不变，故可直接回收利用。冷凝法在理论上可以达到很高的净化程度，但对有害物质要求控制到 10^{-6} 量级（体积分数），操作费用太高。因此，它常常作为净化高浓度有机废气的预处理工序，从降低污染物含量和减少废气体积两方面减少后续工艺的负荷，并回收有价值物质。

7. 膜分离法

膜分离法是使含气态污染物的废气在一定的压力梯度下透过特定的薄膜，利用不同气体透过薄膜的速度不同，将气态污染物分离除去的方法。膜分离法过程简单、控制方便、操作弹性大、能耗低，并能在常温下操作，因此国内外对该法分离废气中 SO_2、NO、苯、二甲苯等进行了广泛研究。另外，膜分离法已用于石油化工、合成氨尾气中氢气的回收、天然气的净化、空气中氧的富集，以及 CO_2 的去除与回收等。尽管目前膜的生产技术水平及现有分离膜的性能还未使膜分离法广泛应用，但该法将是一种很有前途的方法。

8. 电子束辐照法

电子束照射法是采用电子加速器产生的电子束辐照烟气，利用产生的自由基等活性基团氧化烟气中的二氧化硫和氮氧化物等污染物，然后同投加的脱除剂氨反应，生成硫酸铵和硝酸铵，最终实现污染物脱除。该法在同一工艺过程中同时脱除二氧化硫和氮氧化物，是当今其他烟气脱硫技术所无法比拟的。同时该技术还具有脱硫效率高、不产生二次污染物、无温室效应气体二氧化碳产生、副产物硫酸铵和硝酸铵可用作肥料、负荷跟踪能力强等特点，可实现污染物资源的综合利用和硫氮资源的自然生态循环，是种不可多得的综合利用型绿色烟气净化技术。

第四节　大气污染综合防治

一、大气污染防治法规

《中华人民共和国大气污染防治法》是我国进行大气污染防治的重要法律，于 1987年 9 月 5 日第六届全国人民代表大会常务委员会第二十二次会议通过，2000 年 4 月 29

日第一次修订,2015年8月29日第二次修订,包含了大气污染防治标准和限期达标规划、大气污染防治的监督管理、大气污染防治措施（燃煤和其他能源污染防治、工业污染防治、机动车船等污染防治、扬尘污染防治、农业和其他污染防治）、重点区域大气污染联合防治、重污染天气应对等内容。

二、大气污染防治标准

环境空气质量标准是以保护生态环境和人群健康的基本要求为目标而对各种污染物在环境空气中的允许浓度所做的限制规定。它是进行环境空气质量管理、大气环境质量评价,以及制定大气污染防治规划和大气污染物排放标准的依据。环境空气质量控制标准按其用途可分为环境空气质量标准、大气污染物排放标准、大气污染控制技术标准及大气污染警报标准等。按其使用范围可分为国家标准、地方标准和行业标准。此外,我国还实行了大中城市空气污染指数报告制度。

大气污染物排放标准是以实现环境空气质量标准为目标,对从污染源排入大气的污染物浓度（或数量）所做的限制规定。它是控制大气污染物的排放量和进行净化装置设计的依据。

大气污染控制技术标准是根据污染物排放标准引申出来的辅助标准,如燃料、原料使用标准,净化装置选用标准,排气筒高度标准及卫生防护距离标准等。它们都是为保证达到污染物排放标准而从某一方面做出的具体技术规定,目的是使生产、设计和管理人员容易掌握和执行。

大气污染警报标准是为保护环境空气质量不致恶化或根据大气污染发展趋势,预防发生污染事故而规定的污染物含量的极限值。达到这一极限值时就发出警报,以便采取必要的措施。警报标准的制定,主要建立在对人体健康的影响和生物承受限度的综合研究基础之上。

（一）环境空气质量标准（GB 3095—2012）

我国环境空气质量标准首次发布于1982年,1996年第一次修订,2000年第二次修订,2012年第三次修订。标准规定了环境空气功能区分类、标准分级、污染物项目、平均时间及浓度限值、监测方法、数据统计的有效性规定及实施与监督等内容。

环境空气质量标准规定了环境空气污染物6项基本项目的浓度限值,包括二氧化硫（SO_2）、二氧化氮（NO_2）、一氧化碳（CO）、臭氧（O_3）、可吸入颗粒物（PM_{10}）、细颗粒物（$PM_{2.5}$）,见表4-7;以及4项其他项目的浓度限值,包括总悬浮颗粒物（TSP）、氮氧化物（NO_x）、铅（Pb）、苯并[a]芘（BaP）,见表4-8。

环境空气功能区分为两类:一类区为自然保护区、风景名胜区和其他需要特殊保护的地区;二类区为居住区、商业交通居民混合区、文化区、一般工业区和农村地区。一类区适用于一级浓度限值,二类区适用于二级浓度限值。

表 4-7　环境空气污染物基本项目浓度限值

序号	污染物项目	平均时间	浓度限值		单位
			一级	二级	
1	二氧化硫（SO_2）	年平均	20	60	$\mu g/m^3$
		24 小时平均	50	150	
		1 小时平均	150	500	
2	二氧化氮（NO_2）	年平均	40	40	
		24 小时平均	80	80	
		1 小时平均	200	200	
3	一氧化碳（CO）	24 小时平均	4	4	mg/m^3
		1 小时平均	10	10	
4	臭氧（O_3）	日最大 8 小时平均	100	160	$\mu g/m^3$
		1 小时平均	160	200	
5	颗粒物（粒径小于等于 10 μm）	年平均	40	70	$\mu g/m^3$
		24 小时平均	50	150	
6	颗粒物（粒径小于等于 2.5 μm）	年平均	15	35	
		24 小时平均	35	75	

表 4-8　环境空气污染物其他项目浓度限值

序号	污染物项目	平均时间	浓度限值		单位
			一级	二级	
1	总悬浮颗粒物（TSP）	年平均	80	200	$\mu g/m^3$
		24 平均	120	300	
2	氮氧化物（NO_x）	年平均	50	50	
		24 平均	100	100	
		1 小时平均	250	250	
3	铅（Pb）	年平均	0.5	0.5	
		季平均	1	1	
4	苯并[a]芘（BaP）	年平均	0.001	0.001	
		24 小时平均	0.0025	0.0025	

（二）大气污染物排放标准

大气污染物排放标准分为综合排放标准和行业标准两类。大气污染物综合排放标准（GB 16297—1997）于 1997 年 1 月 1 日实施。我国现有的大气污染物排放标准体系中，遵循综合性排放标准与行业标准不交叉执行且行业标准优先执行的原则。

大气污染物综合排放标准（GB 16297—1997）规定了 33 种大气污染物的排放限值，同时规定了标准执行中的各种要求：① 设置三类指标：通过排气筒排放废气的最高允许浓度，按排气筒高度规定的最高允许排放速率，规定无组织排放的监控点和相应的监控浓度限值。② 排放速率标准分级：规定的最高允许排放速率，现有污染源分为一、二、三级，新污染源分为二、三级。按污染源所在的环境空气质量功能区类别执行相应级别的排放速率标准，位于一类区的污染源执行一级标准（一类区禁止新扩建污染源，一类区内现有污染源改建时，执行现有污染源一级标准），位于二类区的污染源执行二级标准，位于三类区的污染源执行三级标准。2012 年以后，三类区并入二类区，不再执行三级标准，统一执行二级标准。③ 对位于国务院划定的酸雨控制区和二氧化硫控制区的污染源及二氧化硫排放，除执行该标准外，还应该执行总量控制标准。

制定大气污染物排放标准应遵循的原则是，以环境空气质量标准为依据，综合考虑控制技术的可行性和经济合理性以及地区的差异性，并尽量做到简明易行。排放标准的制定方法，大体上有两种：按最佳适用技术确定的方法和按污染物在大气中的扩散规律推算的方法。最佳适用技术是指现阶段控制效果最好、经济合理的实用控制技术，根据污染现状、最佳控制技术的效果和对现在控制较好的污染源进行损益分析来确定排放标准。这样确定的排放标准便于实施，便于管理，但有时不一定能满足环境空气质量标准，有时又可能显得过严。这类排放标准的形式，可以是浓度标准、林格曼黑度标准和单位产品允许排放量标准等。按污染物在大气中扩散规律推算排放标准的方法，是以环境空气质量标准为依据，应用污染物在大气中的扩散模式推算出不同烟囱高度时的污染物允许排放浓度和排放速率，或者根据污染物排放量推算出最低烟囱高度。这样确定的排放标准，由于模式的准确性可能受到各地的地理环境、气象条件和污染源密集程度等的影响，对不同地区可能偏严或偏宽。

（三）空气质量指数（AQI）

为贯彻《中华人民共和国环境保护法》和《中华人民共和国大气污染防治法》等法律，规范环境空气质量指数日报和实时报工作，制定了《空气质量指数 AQI 技术规定》。近年来大中城市都开始了空气质量指数（AQI）日报工作。目前计入空气质量指数的项目定为：可吸入颗粒物（PM_{10}）、细颗粒物（$PM_{2.5}$）、二氧化硫（SO_2）、二氧化氮（NO_2）、一氧化碳（CO）和臭氧（O_3）。空气质量分指数及对应的污染物浓度限值见表 4-9，空气质量指数分级相关信息见表 4-10。

表 4-9　空气质量分指数及对应的污染物浓度限值

空气质量分指数 (IAQI)	污染物项目浓度限值									
	二氧化硫 (SO$_2$) 24 小时平均 /μg·m^{-3}	二氧化硫 (SO$_2$) 1 小时平均 /μg·m^{-3}	二氧化氮 (NO$_2$) 24 小时平均 /μg·m^{-3}	二氧化氮 (NO$_2$) 1 小时平均 /μg·m^{-3}①	颗粒物 (粒径≤10 μm) 24 小时平均 /μg·m^{-3}	一氧化碳 (CO) 24 小时平均 /mg·m^{-3}	一氧化碳 (CO) 1 小时平均 /mg·m^{-3}①	臭氧 (O$_3$) 1 小时平均 /μg·m^{-3}	臭氧 (O$_3$) 8 小时滑动平均 /μg·m^{-3}	颗粒物 (粒径≤2.5 μm) 24 小时平均 /μg·m^{-3}
0	0	0	0	0	0	0	0	0	0	0
50	50	150	40	100	50	2	5	160	100	35
100	150	500	80	200	150	4	10	200	160	75
150	475	650	180	700	250	14	35	300	215	115
200	800	800	280	1200	350	24	60	400	265	150
300	1600	②	565	2340	420	36	90	800	800	250
400	2100	②	750	3090	500	48	120	1000	③	350
500	2620	②	940	3840	600	60	150	1200	③	500

说明：① 二氧化硫 (SO$_2$)、二氧化氮 (NO$_2$) 和一氧化碳 (CO) 的 1 小时平均浓度限值仅用于实时报，在日报中需使用相应污染物的 24 小时平均浓度限值。

② 二氧化硫 (SO$_2$) 1 小时平均浓度值高于 800 μg·m^{-3} 的，不再进行其空气质量分指数计算，二氧化硫 (SO$_2$) 空气质量分指数按 24 小时平均浓度计算的分指数报告。

③ 臭氧 (O$_3$) 8 小时平均浓度值高于 800 μg·m^{-3} 的，不再进行其空气质量分指数计算，臭氧 (O$_3$) 空气质量分指数按 1 小时平均浓度计算的分指数报告。

表 4-10 空气质量指数分级相关信息

空气质量指数	空气质量指数级别	空气质量指数类别及表示颜色		对健康影响情况	建议采取的措施
0~50	一级	优	绿色	空气质量令人满意,基本无空气污染	各类人群可正常活动
51~100	二级	良	黄色	空气质量可接受,但某些污染物可能对极少数异常敏感人群健康有较弱影响	极少数异常敏感人群应减少户外活动
101~150	三级	轻度污染	橙色	易感人群症状有轻度加剧,健康人群出现刺激症状	儿童、老年人及心脏病、呼吸系统疾病患者应减少长时间、高强度的户外锻炼
151~200	四级	中度污染	红色	进一步加剧易感人群症状,可能对健康人群心脏、呼吸系统有影响	儿童、老年人及心脏病、呼吸系统疾病患者避免长时间、高强度的户外锻炼;一般人群适量减少户外运动
201~300	五级	重度污染	紫色	心脏病和肺病患者症状显著加剧,运动耐受力降低,健康人群普遍出现症状	儿童、老年人和心脏病、肺病患者应停留在室内,停止户外运动;一般人群减少户外运动
>300	六级	严重污染	褐红色	健康人群运动耐受力降低,有明显强烈症状,提前出现某些疾病	儿童、老年人和病人应当留在室内,避免体力消耗;一般人群应避免户外活动

三、大气污染综合防治措施

为改善民生问题,国务院于 2013 年 9 月发布《大气污染防治行动计划》(简称"大气十条")。"大气十条"是继环保部等三部委于 2012 年底联合发布《重点区域大气污染防治"十二五"规划》之后,我国出台的第二个大气污染防治规划,其主要内容如下:

一是减少污染物排放。全面整治燃煤小锅炉,加快重点行业脱硫脱硝除尘改造。整治城市扬尘。提升燃油品质,限期淘汰黄标车。

二是严控高耗能、高污染行业新增产能,提前一年完成钢铁、水泥、电解铝、平板玻璃等重点行业"十二五"落后产能淘汰任务。

三是大力推行清洁生产,重点行业主要大气污染物排放强度到 2017 年底下降 30%以上。大力发展公共交通。

四是加快调整能源结构,加大天然气、煤制甲烷等清洁能源供应。

五是强化节能环保指标约束,对未通过能评、环评的项目,不得批准开工建设,不得提供土地,不得提供贷款支持,不得供电供水。

六是推行激励与约束并举的节能减排新机制，加大排污费征收力度。加大对大气污染防治的信贷支持。加强国际合作，大力培育环保、新能源产业。

七是用法律、标准"倒逼"产业转型升级。制定、修订重点行业排放标准，建议修订大气污染防治法等法律。强制公开重污染行业企业环境信息。公布重点城市空气质量排名。加大违法行为处罚力度。

八是建立环渤海包括京津冀、长三角、珠三角等区域联防联控机制，加强人口密集地区和重点大城市 $PM_{2.5}$ 治理，构建对各省（区、市）的大气环境整治目标责任考核体系。

九是将重污染天气纳入地方政府突发事件应急管理，根据污染等级及时采取重污染企业限产限排、机动车限行等措施。

十是树立全社会"同呼吸、共奋斗"的行为准则，地方政府对当地空气质量负总责，落实企业治污主体责任，国务院有关部门协调联动，倡导节约、绿色消费方式和生活习惯，动员全民参与环境保护和监督。

思考题

1. 简述大气层的结构，分析对流层及平流层的特点。
2. 请说明大气污染的形成原因及大气污染物的危害。
3. 从一次污染物和二次污染物的角度，分析氮氧化物、硫氧化物排放对环境可能造成的影响。
4. 简述雾霾的成因和危害。
5. 燃料完全燃烧的条件是什么？燃烧过程中如何有效控制氮氧化物和硫氧化物？
6. 根据除尘原理的不同，颗粒污染物的控制有哪几种方法？分别有什么特点？
7. 气态污染物的控制中吸收法与吸附法有什么区别？分别有何优缺点？
8. 大气污染防治标准分为几类？质量标准和排放标准有何区别？
9. 一个地区的大气污染程度主要取决于哪几个方面？
10. 结合实践，简述大气污染综合防治措施。

参考文献

[1] 中华人民共和国环境保护部. 环境空气质量标准：GB3095—2012[S]. 北京：中国环境科学出版社，2012.

[2] 国家环境保护局. 大气污染综合排放标准：GB16297—1996[S]. 1996.

[3] 国家环境保护总局科技标准司. 大气环境标准手册[M]. 北京：中国标准出版社，1996.

[4] 魏复盛，CHAPMAN R S. 空气污染对呼吸健康的影响[M]. 北京：中国环境科学出版社，2001.

[5] 郝吉明，马广大. 大气污染控制工程[M]. 2版. 北京：高科教育出版社，2002.

[6] 蒋文举，宁平. 大气污染控制工程[M]. 2 版. 成都：四川大学出版社，2005.

[7] 吴忠标. 大气污染控制工程[M]. 北京：科学出版社，2002.

[8] 李广超. 大气污染控制技术[M]. 北京：化学工业出版社，2008.

[9] 赵玉峰，赵冬平，赵忠. 现代生活中的污染与防治[M]. 北京：化学工业出版社，2004.

[10] 王绍筎，陈海堰，刘颖. 环境保护与现代生活[M]. 北京：化学工业出版社，2009.

第五章

固体废物处理与处置

学习要求

1. 了解固体废物的污染现状和危害，掌握固体废物的定义、分类和性质。
2. 掌握固体废物污染防治原则，理解固废物的处理与处置。
3. 了解不同种类固体废物的收集与运输，掌握固体废物的常用预处理方法。
4. 掌握固体废物的四种（焚烧、堆肥化、厌氧消化和卫生填埋）处理与处置技术。

引 言

随着工业化进程的加快、人们消费水平的提高以及消费结构的多元化，固体废物产生量迅速增长，已成为一大社会公害。固体废物来源广泛，种类繁多，成分复杂，不仅是许多污染成分的终极状态，还是重要的环境污染源。它除了直接污染外，还经常以水、大气和土壤为媒介污染环境。固体废物不能像水或大气那样能通过稀释、扩散得以消除，其危害需要在数年甚至数十年后才能出现，但等到发现时可能已经造成难以挽救的灾难性后果。除此外，固体废物还兼有废物和资源的双重性，被称为"放错地方的资源"。所以掌握固体废物的特性，完善固体废物的管理体制，建立固体废物的科学处理与处置方法，对实现废物的资源化利用和控制固体废物污染环境，促进经济与环境的可持续发展具有重要意义。

第一节　固体废物概述

一、固体废物的定义与性质

在人类生存空间中，固体废物随处可见。人们所共知的有生活垃圾、废纸、废旧塑料、废旧玻璃、陶瓷器皿等固态物质，但许多国家把污泥、人畜粪便等半固态物质和废酸、废碱、废油、废有机溶剂等液态物质也列入固体废物，可见人们对固体废物的理解并不完全一致。从环境保护角度考虑，我国于 1995 年颁布并于 2020 年第二次修订的《中华人民共和国固体废物污染环境防治法》（以下简称《固废法》）给出了法律定义：固体废物，是指在生产、生活和其他活动中产生的丧失原有利用价值或者虽未丧失利用价值但被抛弃或者放弃的固态、半固态和置于容器中的气态的物品、物质以及法律、行政法规规定纳入固体废物管理的物品、物质。经无害化加工处理，并且符合强制性国家产品质量标准，不会危害公众健康和生态安全，或者根据固体废物鉴别标准和鉴别程序认定为不属于固体废物的除外。

与废水、废气相比，固体废物具有几个固有特性：① 来源广泛、种类繁多，其成分具有多样性和复杂性。② 固体废物既是污染的源头，又是许多污染成分的终极状态，具有污染源头与富集终态的双重性。③ 固体废物的"废"随着时间和空间的变迁具有相对性。在此生产过程或方面暂时无使用价值的，在其他生产过程或方面可能成为有用资源。在经济技术落后国家或地区抛弃的废物，在经济技术发达国家或地区可能是宝贵的资源。因此，固体废物兼有废物和资源的相对性，又称为"放错地方的资源"。④ 固体废物不具流动性或流动性很差，不能像水或大气那样通过稀释、扩散得以消除。其危害需要在数年甚至数十年后才能出现，但等到发现时可能已经造成难以挽救的灾难性后果。

二、固体废物的来源与分类

人们在索取和利用自然资源时受到实际需要和技术条件的限制，总要将其中的一部分作为废物丢弃。另外，任何一种产品都有一定的使用寿命，超过一定期限，就会成为废物。因此，固体废物主要来源于工农业生产过程和产品进入市场后的流通过程或使用消费过程，如图 5-1 所示。

固体废物种类繁多，性质各异，为了便于处理、处置和管理，需要对其加以分类。固体废物按其化学成分可分为有机固体废物和无机固体废物；按其危害性可分为一般固体废物和危险固体废物；按其形态可分为固态、半固态、液态、置于容器中的气态废物。

我国 2020 年修订的《固废法》按固体废物来源，将其分为工业固体废物、城市生活垃圾、建筑垃圾、农业固体废物和危险废物五类。

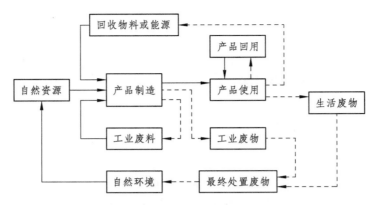

图 5-1   社会中物料运动的示意图

工业固体废物简称工业废物，是指在工业生产活动中产生的固体废物，包括工业生产过程中排入环境的各种废渣、粉尘及其他废物。生活垃圾是指在日常生活中或者为日常生活提供服务的活动中产生的固体废物以及法律、行政法规规定视为生活垃圾的固体废物，主要包括居民生活垃圾、商业及机关垃圾和市政维护管理垃圾。建筑垃圾是指建设单位、施工单位新建、改建、扩建和拆除各类建筑物、构筑物、管网等，以及居民装饰装修房屋过程中产生的弃土、弃料和其他固体废物。农业固体废物是指在农业生产活动中产生的固体废物。危险废物是指列入国家危险废物名录或是根据国家规定的危险废物鉴别标准和鉴别方法认定具有危险特性的废物。

固体废物的危险特性通常包括腐蚀性、急性毒性、浸出毒性、易燃性和反应性等。根据这些性质，各国均制定了相应的鉴别标准和危险废物名录。我国制定并颁布了《国家危险废物名录》（2021 年版）和《危险废物鉴别标准通则》（GB 5085.7—2019）。

三、固体废物的污染途径及危害

1. 固体废物的污染途径

固体废物主要通过污染水、气、土壤间接危害人类健康。根据固体废物的物质成分特点，可将其污染途径分为化学型污染和病原体型污染两类。例如，工业固体废物的化学成分，特别是重金属和有机污染物会造成化学型污染；人畜粪便和生活垃圾则是各种病原微生物的滋生地和繁殖场，会造成病原体型污染。图 5-2 展示了固体废物致人疾病的途径。

2. 固体废物的污染危害

固体废物的污染危害主要包括以下五个方面：① 侵占土地：固体废物的堆放或土地处置，会占用大量土地。② 污染土壤：固体废物在堆置过程中浸出的有害组分会污染土壤。如果直接利用肉联厂、生物制品厂的废渣作为肥料施入农田，其中的病菌、寄生虫等也会使土壤污染。③ 污染水体：任意堆放的固体废物，其中的有害物质会随天然降水或地表径流进入河流、湖泊，造成水体污染。④ 污染大气：固体废物在堆放、处理和处置过程中产生的恶臭、有害气体、粉尘等会污染大气。⑤ 危害人体健康：国内外已报道的米糠油事件、水俣病事件、美国拉夫运河事件等均属于重大危险废物污染事件，这些事件都造成众多人群非正常死亡、残疾、患病。

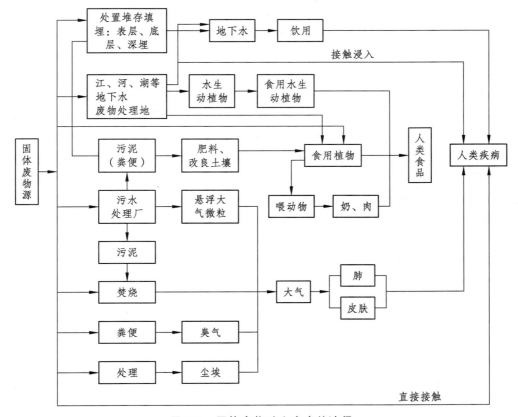

图 5-2　固体废物致人疾病的途径

四、固体废物污染防治原则及对策

（一）固体废物的污染防治原则

固体废物的有效管理是控制固体废物污染的有效途径。根据《固废法》，我国固体废物的管理需遵循"三化"原则和全过程管理原则。

1. "三化"原则

"三化"原则是指对固体废物的污染防治采取减量化、资源化、无害化的指导思想和基本战略。其中减量化指通过适宜的技术和手段，减少固体废物的产生，并对产生的固体废物进行处理和利用，达到固体废物的数量和容积减少或减小的目的；资源化是指采取一定的工艺和技术措施，经济合理地从固体废物中回收有用的物质和能源；无害化是指将固体废物通过工程处理，达到不损害人体健康，不污染周围环境的目的。

三者的关系：减量化是前提，无害化是核心，资源化是归宿。

2. 全过程管理原则

固体废物的全过程管理是指固体废物的产生、收集、运输、储存、处理到最终处置的整个过程及各个环节都实行控制管理和开展污染防治。以前，人们往往只注意末端管理，而忽视源头及全过程的控制管理。现在已越来越认识到了"从摇篮到坟墓"的全过程控制的清洁生产概念，形成了统一对策：避免产生、综合利用和妥善处置的原则。

（二）固体废物污染防治对策

固体废物污染控制需从两方面着手，一是防治固体废物污染，二是综合利用废物资源。其主要控制策略：① 从污染源头开始，改革或采用清洁生产工艺，少排废物。② 发展物质循环利用工艺，将第一种产品的废物作为第二种产品的原料。③ 强化对危险废物污染的控制，实行从产生到最终无害化处置全过程的严格管理，即从摇篮到坟墓的全过程管理模式。④ 把固体废物纳入资源管理范围，制定固体废物资源化方针和鼓励利用固体废物的政策。⑤ 制定固体废物的管理法规。⑥ 提高全民认识，做好科学研究和教育。

五、固体废物的处理与处置技术

1. 固体废物的处理

固体废物的处理是指通过物理、化学、生物等方法把固体废物转化为适于运输、储存、利用或处置的过程。它包括物理处理、化学处理、生物处理、热处理和固化处理。

（1）物理处理：通过浓缩或相变化改变固废的结构，使之成为便于运输、储存、利用或处置的形态。具体方法有：压实、破碎、分选等。

（2）化学处理：利用化学反应破坏固废中的有害成分从而使其达到无害化。具体方法有：氧化、还原、中和、化学沉淀和化学溶出等。

（3）生物处理：利用微生物分解固体废物中可降解的有机物从而使其达到无害化或综合利用。具体方法有：好氧堆肥、厌氧消化和微生物浸出等。

（4）热处理：通过高温破坏和改变固废组成和结构，同时达到减容、无害化或综合利用的目的。具体方法有：热解、焚化、焙烧等。

（5）固化处理：采用固化基材将废物固定或包裹起来以降低其对环境的危害，从而能较安全地运输和处置，可分为水泥固化、沥青固化、玻璃固化、自胶式固化等。其主要对象是危险废物。

2. 固体废物的处置

固体废物处置也称为固体废物最终处理（置）或安全处置，是指将固体废物最终置于符合环境保护规定要求的场所或设施以保证有害物质现在和将来不对人类和环境造成不可接受的危害。它主要解决固废的归属问题，是固废污染控制的末端环节。

固体废物处置分为海洋处置和陆地处置两大类。其中海洋处置包括深海投弃和海上焚烧，目前它已被国际公约禁止；陆地包括土地填埋（卫生填埋/安全填埋）、土地耕作和深井灌注及深地层处置等。

固体废物的收集与运输

一、城市生活垃圾的收集和运输

城市垃圾收运是城市垃圾处理系统中的第一环节，其耗资最大，操作过程也最复杂。据统计，垃圾收运费要占整个处理系统费用的 60%~80%。城市垃圾的收运通常包括三个阶段：第一阶段为搬运和储存（简称运贮），是指垃圾产生者或环卫系统工人从垃圾产生源将垃圾运至储存容器或集装点的运输过程。第二阶段为收集与清除（简称清运），通常指垃圾的近距离运输。一般用清运车辆沿一定路线收集清除容器或其他储存设施中的垃圾，并运至垃圾转运站的操作，有时也可就近直接送至垃圾处理厂或处置场。第三阶段为转运，特指垃圾的远途运输，是指利用中转站将从各分散收集点清运的垃圾转装到大容量运输工具上，并将其远距离运输至垃圾处理处置场。

（一）城市生活垃圾的收集

1. 收集类型

按存放形式，可以把固体废物的收集分为混合收集和分类收集。

混合收集是统一收集未经任何处理的原生废物的方式。它简单易行，收集费用低，但在收集过程中，各种废物相互混杂、黏结，降低了废物中有用物质的纯度和再利用价值，同时增加了处理的难度，提高了处理费用。

分类收集是根据废物的种类和组成分别进行收集的方式，适合于种类单一、稳定、性质明确的废物的收集，如矿业废物、某些农业废物等。分类收集的优点：提高了回收物质的纯度和数量，有利于简化处理工艺，降低垃圾处理成本；减少了需要处理的垃圾量，有利于生活垃圾的资源化和减量化。固体废物的分类收集应遵循以下原则：工业废物与城市生活垃圾分开；危险废物与一般废物分开；可回收利用物质与不可回收利用物质分开；可燃性物质与不可燃物质分开。

另外，按收集时间，可以把固体废物的收集分为定期收集和随时收集。定期收集是指按固定的时间周期对特定废物进行收集的方式，适用于危险废物和大型垃圾的收集。对于产生量无规律的固体废物，如采用非连续生产工艺或季节性生产的工厂产生的废物，通常采用随时收集的方式。

2. 国内外生活垃圾分类收集现状

世界上一些发达国家（如日本、德国、法国、瑞典等）早在几十甚至上百年前就开始推行垃圾分类，其中有些做法已经相当成熟并取得了较好的效果。例如日本，垃圾分类细到极致。以东京为例，垃圾分类从 20 世纪 70 年代开始，最早只分为可燃垃圾和金属、玻璃、塑料等再生资源。后来分类越来越细，一个烟盒必须分成塑料膜、锡纸和硬纸盒；塑料水瓶分成瓶盖、瓶体、包装膜。德国早在 1904 年就开始实施城市垃圾分类收集，至今已有 100 多年历史了。法国作为欧洲最早提出垃圾分类制度和设立公共垃圾桶的国家，早在 1884 年就提出了三级式垃圾分类体系。目前，法国 80% 的生活垃圾得到可循环处理，63% 的废弃包装在处理后被制成了初级材料，17% 的垃圾被转化为石油和热力等能源，垃圾资源化利用已逐步成为法国重要的能源来源之一。瑞典用一代人的时间普及垃圾分类。

在中国，"垃圾分类"的概念早在 20 世纪 50 年代就出现了。1957 年 7 月 12 日，《北京日报》刊载《垃圾要分类收集》。1992 年，我国首次制定了城市生活垃圾的管理措施和家庭垃圾分类的概念，之后相继颁布了《城市生活固体废物管理办法》《中华人民共和国固体废物污染防治法》等文件。2000 年，中华人民共和国住房和城乡建设部颁布《关于生活垃圾分类收集试点城市的通知》，我国垃圾分类工作正式启动，以北京、上海等 8 个城市作为首批垃圾分类试点城市。2016 年 12 月，习近平总书记提出"普遍推行垃圾分类制度"，发出了推进我国垃圾分类的总动员。2017 年，国家发改委、住建部联合发布《生活垃圾分类制度实施方案》，规定 46 个城市在 2020 年底生活垃圾回收利用率应达到 35%以上。为了实现这一目标，上海市颁布《上海市生活垃圾管理条例》，于 2019 年 7 月 1日开始实施强制性生活垃圾分类。2019 年 11 月，住建部发布了《生活垃圾分类标志》标准。相比于 2008 版标准，新标准的适用范围进一步扩大，生活垃圾类别调整为可回收物、有害垃圾、厨余垃圾和其他垃圾 4 个大类和 11 个小类。新《固废法》第六条规定：国家推行生活垃圾分类制度。生活垃圾分类坚持政府推动、全民参与、城乡统筹、因地制宜、简便易行的原则。

垃圾分类工作任务艰巨，不可能一蹴而就。各个城市应根据城市环境卫生专业规划要求，结合本地区垃圾的特性和处理方式制定分类标准和规则。

（二）城市生活垃圾的清运

生活垃圾的清运操作方法可分为拖曳（移动）容器系统和固定容器系统两种。

拖曳容器操作方法是指将某集装点装满的垃圾连容器一起运往中转站或处理处置场，卸空后再将空容器送回原处或下一个集装点，其中前者称为传统法，后者称为改进法。其收集过程见图 5-3。

垃圾收集成本的高低，主要取决于收集时间长短。收集操作过程分为四个基本时间：装载（集装）时间、运输时间、卸车时间和非生产性时间（其他用时）。对传统法，每次行程集装时间包括容器点之间行驶时间，满容器装车时间及卸空容器放回原处时间三部分。对改进法，每次行程集装时间包括满容器装车时间及卸空容器放回原处时间两部分。运输时间指收集车从集装点行驶至终点再加上离开终点驶回原处或下一个集装点的时间，不包括在终点的时间。卸车时间专指废物收集车在终点（转运站或处置场）逗留时间，包括卸车及等待卸车时间。非生产性时间指在非收集操作全过程中非生产性活动所花费的时间（也称非工作因子）。其变化范围为 0.1~0.40，常取 0.15。

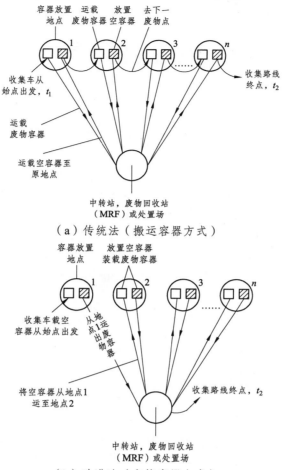

（a）传统法（搬运容器方式）

（b）改进法（交换容器方式）

图 5-3　拖曳容器系统

　　固定容器收集操作法是指用垃圾车到各容器集装点装载垃圾，容器倒空后固定在原地不动，车装满后运往转运站或处理处置场。固定容器收集法的一次行程中，装车时间是关键因素，分机械操作和人工操作。固定容器收集过程见图 5-4。

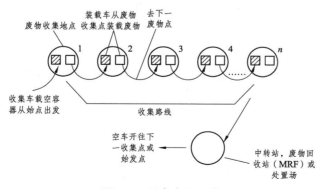

图 5-4　固定容器系统

（三）城市生活垃圾的运输

城市生活垃圾的运输可以是直接外运，也可以是通过收集站或中转站后外运。其运输方式主要有车辆运输、船舶运输、管道运输等。

车辆运输是历史最长、应用最广泛的运输方式，它又分为收运车辆运输、短途（收集点至转运站）收运车运输、长途（中转站至处置场）运输车运输。

船舶运输一般采取集装箱的运输方式，运输成本较低，但应注意废物泄漏对河流的污染。

管道运输是一种以气体（通常为空气）或液体（通常为水）作为载体，通过封闭管道输送垃圾的方式。管道运输的优点：① 管道一般埋在地下，废物流与外界完全隔离，不受地理、气象等外界条件限制；② 运输管道专用，易实现自动化；③ 连续运输，有利于大容量一定距离的输送，效率高；④ 低污染的运输方式。不足：① 设备投资较大，运行费用相对较高，运行经验不足，可靠性仍有待进一步验证；② 灵活性小，一旦建成，不易改变其路线和长度；③ 所需动力和对管道的磨损较大，长距离输送时容易发生堵塞。

二、工业固体废物的收集与运输

一直以来，我国工业固体废物处理的原则是"谁污染，谁治理"。《固废法》第三十六条规定：产生工业固体废物的单位应当建立健全工业固体废物产生、收集、储存、运输、利用、处置全过程的污染环境防治责任制度，建立工业固体废物管理台账，如实记录产生工业固体废物的种类、数量、流向、储存、利用、处置等信息，实现工业固体废物可追溯、可查询，并采取防治工业固体废物污染环境的措施。此法明确规定了由企业事业单位负责处理和处置其所产生的工业固体废物，有效地解决了工业固体废物的最终归属问题，是控制工业固体废物污染环境的法律基础和关键。

工业固体废物的收集容器种类较多，但主要使用废物桶和集装箱。一般产生废物较多的工厂在厂内都建有自己的堆场，收集、运输工作由工厂负责；零星、分散的固体废物（工业下脚废料及居民废弃的日常生活用品）则由商业部所属废旧物资系统负责收集。此外，有关部门还组织和鼓励城市居民、农村基层收购站以收购的方式收集废旧物资。对大型工厂，回收公司到厂内回收，中型工厂则定人定期回收，小型工厂划片包干巡回回收。

随着我国有关环境保护法律法规的出台和完善以及国家政策的引导和支持，大批致力于回收处置工业废弃物的新兴公司应运而生，它们对工业固体废物的收集、运输及处理利用、实现资源循环起着非常重要的作用。

三、危险废物的收集与运输

危险废物由于具有毒性、易燃性、反应性和腐蚀性等特性，对人类或其他生物构成危害或存在潜在危害，因此在其收集、储存和运输各环节必须进行不同于一般废物的特殊管理。《固废法》第八十一条规定：收集、储存危险废物，应当按照危险废物特性分类进行。禁止混合收集、储存、运输、处置性质不相容而未经安全性处置的危险废物。

1. 危险废物的收集和储存

放置在场内的桶或袋装危险废物可直接运往场外的收集中心或回收站，也可以通过专用运输车按规定路线运往指定的地点储存或做进一步处理处置。其运行方案如图 5-5 所示。

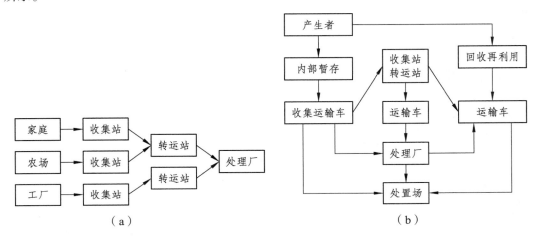

图 5-5　危险废物收集方案

典型的收集站由砌筑的防火墙及铺设有混凝土地面的若干库房式构筑物所组成。储存废物的库房室内应保证空气流通，以防具有毒性和爆炸性的气体积聚产生危险。收进的废物应翔实记录类型和数量，并应按不同性质分别妥善存放。

转运站的位置宜选择在交通路网的附近，由设有隔离带或埋在地下的液态危险废物贮罐、油分离系统及盛装废物的桶或罐的库房群所组成。站内工作人员应负责办理废物的交接手续，按时将所收存的危险废物如数装进运往处理场的运输车内，并责成运输者负责途中的安全。

2. 危险废物的运输

公路运输是危险废物的主要运输方式，是造成环境污染的主要环节，必须符合以下要求。

（1）危险废物的运输车辆需经过主管单位检查，并持有相关单位签发的许可证，负责运输的司机应通过专门的培训，持有证明文件。

（2）承载危险废物的车辆必须有明确的标志或适当的危险符号，以引起关注。

（3）载有危险废物的车辆在公路上行驶时，需持有运输许可证，其上应注明废物来源、性质和运往地点，必要时需有专门单位人员负责押运工作。

（4）组织危险废物的运输单位，事先需做出周密的运输计划和行驶路线，其中包括有效的废物泄漏的应急措施。

第三节　固体废物的预处理

固体废物纷繁复杂，其形状、大小、结构和性质各异。为了使其转变为更适合于运输、储存、资源化利用以及某一特定的处理处置方式的状态，往往需要预先进行一些前期准备加工工序，即预处理。

固体废物的预处理一般可分为两种情况：其一是分选作业之前的预处理，主要包括筛分、分级、破碎和磨碎等，以使废物单体分离或分成适当的级别，更利于下一步工序的进行；其二是运输前或最终处理、处置前的预处理，主要包括破碎、压缩和各种固化方法等，其目的是使废物减容以利于运输、储存、焚烧或填埋等。

一、固体废物的压实

压实又称压缩，即通过外力加压于松散的固体物质上，缩小其体积，增大其容重，以便于装卸、运输、储存和填埋的一种操作方法。其原理是利用机械的方法减少垃圾的空隙率，将空气挤压出来，增加固体废物的聚集程度。其目的有二：一是增大容重和减小体积，便于装卸和运输，确保运输安全与卫生，降低运输成本；二是制取高密度惰性块料，便于储存。压实适用于压缩性能大而恢复性能小的固体废物，不适用于某些较密实的固体和弹性废物。

压实机械通常由一个容器单元和一个压实单元组成。容器单元接受固体废物物料，并把它们供入压实单元，压实单元的挤压头在液压或气压作用下挤压固体废物，且针对不同类别的固体废物（金属废物、塑料废物）有不同的压实器。

常采用的垃圾压实器有三向联合式压实器和水平式压实器。城市垃圾收集车或中转站通常采用固定式挤压操作，可以水平或垂直进行，常用的是带水平压头的卧式压实器（图 5-6）。其工作过程如下：先将垃圾加入装料室，启动具有压面的水平压头，使垃圾致密化和定型化，然后将坯块推出。推出过程中，坯块表面的杂乱废物受破碎杆作用而被破碎，不致妨碍坯块移出。

图 5-6　水平卧式压实器

二、固体废物的破碎

破碎是通过外力的作用，克服固体废物质点间的内聚力而使大块固体废物分裂成小的过程。将废物进一步细化，使小块固体废物颗粒分裂成细粉状的过程称为磨碎。

破碎几乎是所有固体废物处理方法必不可少的预处理工序，主要有以下优点：① 废物容积减少，便于储存与运输；② 为分选提供要求的入选粒度，使原来的联生矿物或联结在一起的异种材料等单体分离，从而更有利于提取其中的有用物质与材料；③ 实现稳定安全高效的燃烧，尽可能地回收其中的潜在热值，而且有助于提高燃烧效率；④ 对于填埋处理而言，破碎后的废物置于填埋场并施行压缩，其有效密度要比未破碎物高 25%～60%，既减少了填埋场工作人员用土覆盖的频率，加快实现垃圾干燥覆土还原，与好氧条件相结合，还可有效去除蚊蝇、臭味等问题，减少昆虫、鼠类传播疾病的可能；⑤ 防止不可预料的大块、锋利的固体废物破坏运行中的处理机械，如分选机、炉膛等；⑥ 便于固体废物的资源化加工，如制砖、制水泥等，都有一定的粒度要求。

1. 破碎方法

固体废物的破碎方法可分为干式破碎、湿式破碎和半湿式破碎三类。

（1）干式破碎按照破碎固体废物消耗能量的形式可分为机械能破碎和非机械能破碎两类。机械能破碎是对固体废物施力而将其破碎，包括压碎、劈碎、折断、磨碎和冲击破碎等方法。非机械能破碎是利用电能、热能等对固体废物进行破碎的新方法，包括低温破碎、热力破碎、减压破碎和超声波破碎等方法。

（2）湿式破碎是通过特制的破碎机将投入机内的含纸垃圾和大量水流一起剧烈搅拌，破碎成浆液，从而回收垃圾中的纸纤维的过程。它是为了回收城市垃圾中的大量纸类物质而发展起来的一门技术。

（3）半湿式破碎是利用城市垃圾中各种不同物质的强度和脆性的差异，在一定湿度下破碎成不同粒度的碎块，然后通过网眼大小不同的筛网加以分离回收的过程。该过程兼具选择性破碎和筛分两种功能。

鉴于固体废物组成的复杂性，选择破碎方法时，必须根据固体废物的机械强度特别是硬度而定。对于脆硬性废物，宜采用劈碎、冲击、挤压破碎方法。对于柔硬性废物，如汽车轮胎、包覆电线、家用电器等在常温下难以破碎的固体废物，宜采用剪切、冲击破碎方法，或利用其低温变脆的性质进行低温破碎。

2. 破碎流程

根据固体废物的性质、颗粒的大小、要求达到的破碎比和选用的破碎机类型，每段破碎流程可以有不同的组合方式，其基本的工艺流程如图 5-7 所示。

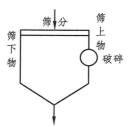

（a）单纯破碎工艺　　　　　　　　（b）带预先筛分破碎工艺

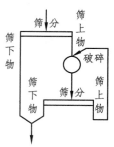

（c）带检查筛分破碎工艺　　　　　　（d）带预先筛分和检查筛分破碎工艺

图 5-7　破碎的基本工艺流程图

3. 破碎设备

选择固体废物破碎设备时，必须充分考虑固体废物所特有的复杂破碎过程，并综合考虑以下因素：所需破碎能力，固体废物性质（如破碎特性、硬度、密度、形状、含水率等）和颗粒的大小，对破碎产品粒径大小、粒度组成、形状的要求，供料方式，安装操作等。

常用破碎机有以下类型：颚式破碎机、圆锥破碎机、锤式破碎钒、冲击式破碎机、剪切式破碎机、辊式破碎机、粉磨机等。

三、固体废物的分选

固体废物的分选简称废物分选，是废物处理的一种方法（单元操作），其目的是将废物中可回收利用的或不利于后续处理、处置工艺要求的物料分离出来。通过分选可以达到以下几方面的目的。

（1）从废物中回收一些有价值的物质，如从废塑料制品中回收金属。

（2）去除不可堆肥的物质，提高堆肥效率和堆肥的肥效。

（3）去除不可燃烧和有用的物质，提高燃料热值，保证燃烧顺利进行。

（4）在固体废物进入填埋场之前，将有用的或可能对填埋场造成危害的物质如废旧电池等分离出来，不但能延长了填埋场的使用期限，还能提高其安全性。

废物分选分为人工分选和机械分选。人工分选是以往从传送带上进行垃圾分选常采用的方法，但这种方法效率低，不能适应大规模的垃圾资源化再生利用系统。废物机械分选是根据物料的物理性质或化学性质（包括粒度、密度、磁性、电性、表面湿润度、摩擦性与弹性以及光电性等）的不同而进行分选的，包括筛分、重力分选、磁选、电选、浮选、摩擦与弹性分选、光电分选等。机械分选虽然速度快，但仅靠机械设备进行垃圾分选往往达不到非常理想的效果，所以目前常采用机械分选与人工分选相结合的方式。表 5-1 对各种分选方法进行了比较。

表 5-1　分选方法比较

分选技术	分选的物料	预处理要求	应用评述
固体废物产源地手工拣选	废纸、钢铁类、非铁金属、木材等	不需要	适用于商业、工业与家庭垃圾收集站拣选皱纹纸、高质纸、金属、木材等，经济效益取决于市场价格

续表

分选技术	分选的物料	预处理要求	应用评述
固体废物转运站、处理中心分选：手工拣选、风力分选	废报纸、皱纹纸等可燃性物料	不需要	比在产源地分选更加经济，取决于劳动力费用。除适于轻组分中的可燃性物料分选，也可用于重组分中的金属、玻璃等资源的分选
筛分	玻璃类	可不预处理，或先分选破碎与风力分选	在分选碎玻璃时，一般要先经破碎处理与风选，主要适用于从重组分中分选玻璃
浮选	玻璃类	破碎，浆化	该法必须注意水污染控制，费用较高
光选	玻璃类	破碎，风选	从不透明的废物中分选碎玻璃，也可用于从彩色玻璃中分选硬质玻璃
磁选	铁金属	破碎，风选	大规模应用于工业固体废物与城市垃圾的分选
静电分选、重介质分选	玻璃类、铝及其他非铁金属	破碎、风选、筛选	必须通过实验后才能选用。通过调整介质的密度，分离多种不同金属，每种物质需用一组介质分离单元

第四节　固体废物焚烧技术

一、焚烧技术概述

（一）焚烧的定义及优缺点

焚烧是一种高温热处理技术，是以定量的过剩空气与被处理的有机废物在焚烧炉内进行氧化燃烧反应，使废物中的有害物质在高温下氧化、热解而被破坏，是一种可同时实现废物减量化、资源化、无害化的处理技术。

焚烧法不但可以处理固体废物，还可以处理液体废物和气体废物；不但可以处理生活垃圾和一般工业废物，而且可以用于处理危险废物。在焚烧处理生活垃圾时，也常常将垃圾焚烧处理前暂时储存过程中产生的渗滤液和臭气引入焚烧炉焚烧处理。

焚烧法适宜处理有机成分多、热值高的废物。当处理可燃有机组分很少的废物时，需补加大量的燃料，这样增加了运行费用。如果有条件辅以适当的废热回收装置，则可弥补上述缺点，降低废物焚烧成本，从而使焚烧法获得较好的经济效益。

焚烧工艺具有以下优点：① 设施占地少，可持续性强。与相同规模、寿命的卫生填埋设施相比，生活垃圾焚烧处理可减少占地 80%～92%，且焚烧厂在运行 20～30 年后可原址重建。② 减量化效果明显，资源化利用率高。固体废物经焚烧处理后，产生 10%～

15%的炉渣和 3%～5%的飞灰，需要填埋处置。焚烧过程产生的余热可用于供热和发电，实现能量回收。③ 对周边环境影响小，选址灵活。在运行稳定达标的前提下，许多国家将焚烧厂建在市中心，不会影响周边居民生活。④ 二次污染控制更优。采用负压设计的厂房可有效控制臭味外逸，污染主要集中在烟气排放，采用完善的烟气净化系统完全可以实现达标排放，渗滤液通常处理达标后排放，飞灰经稳定化处理后填埋。⑤ 消毒彻底，使废物中的有害成分完全分解，并能彻底杀灭病原菌，尤其是对于可燃性致癌物、病毒性污染物、剧毒有机物等，几乎是唯一有效的处理方法。

焚烧工艺的缺点：投资和运行费用高；操作运行复杂，对设备和运行条件、工作人员技术水平要求严格；可能造成二次污染，在焚烧过程中会产生 SO_x、NO_x、HCl、二噁英等大气污染物，引起"邻避"效应。

（二）影响焚烧的因素

焚烧温度、搅拌混合程度、气体停留时间及过剩空气率合称为焚烧四大控制参数，简称为"3T + E"。

1. 焚烧温度（Temperature）

废物的焚烧温度是指废物中有害组分在高温下氧化、分解直至破坏所须达到的温度。通常焚烧温度越高，废物燃烧所需要的停留时间越短，焚烧效率越高；但过高的焚烧温度会增加燃料消耗量，也会增加废物中金属的挥发量及氧化氮数量，引起二次污染。大多数有机物的焚烧温度在 800~1000 ℃，通常在 800~900 ℃。

2. 停留时间（Time）

废物中有害组分在焚烧炉内于焚烧条件下发生氧化、燃烧.使有害物质变成无害物质所需的时间称之为焚烧停留时间。焚烧停留时间的长短直接影响焚烧的完善程度，也是决定炉体容积尺寸的重要依据。

3. 混合强度（Turbulence）

混合强度是指废物与燃烧气体、助燃空气等充分接触、混合的程度，又称为湍流程度。通常混合强度越好，空气利用率越高，传质传热过程越快，燃烧效果越好。扰动方式是影响混合强度的关键因素。焚烧炉所采用的扰动方式有空气流扰动、机械炉排扰动、流态化扰动及旋转扰动等，其中以流态化扰动方式效果最好。

4. 过剩空气（Excess Air）

废物焚烧所需空气量是由废物燃烧所需的理论空气量和为了供氧充分而加入的过剩空气量两部分所组成的。空气量供应是否足够，将直接影响焚烧的完善程度。过剩空气率过低会使燃烧不完全，甚至冒黑烟，有害物质焚烧不彻底；但过高时则会使燃烧温度降低，影响燃烧效率，造成燃烧系统的排气量和热损失增加。通常过剩空气量应控制在理论空气量的 1.7~2.5 倍。

二、固体废物焚烧的相关法规

2000 年，国家环境保护总局、科技部和建设部联合颁布了《城市生活垃圾处理及污染防治技术政策》（建成〔2000〕120 号）。2001 年，国家环境保护总局、国家经济贸易委员会、科学技术部联合发布了《危险废物污染防治技术政策》（环发〔2001〕199 号）。

2006 年，环保总局、国家发改委印发《关于加强生物质发电项目环境影响评价管理工作的通知》（环发〔2006〕82 号），规定在大中城市建成区和城市规划区以及城镇或大的集中居民区主导风向的上风向不得新建生活垃圾焚烧发电项目，新改扩建项目环境防护距离不得小于 300 m。

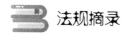 **法规摘录**

《城市生活垃圾处理及污染防治技术政策》建城〔2000〕120 号

六、焚烧处理

6.1 焚烧适用于进炉垃圾平均低热值高于 5000 kJ/kg、卫生填埋场地缺乏和经济发达的地区。

6.2 垃圾焚烧目前宜采用以炉排炉为基础的成熟技术，审慎采用其他炉型的焚烧炉。禁止使用不能达到控制标准的焚烧炉。

6.3 垃圾应在焚烧炉内充分燃烧，烟气在后燃室应在不低于 850 ℃ 的条件下停留不少于 2 s。

6.4 垃圾焚烧产生的热能应尽量回收利用，以减少热污染。

6.5 垃圾焚烧应严格按照《生活垃圾焚烧污染控制标准》等有关标准要求，对烟气、污水、炉渣、飞灰、臭气和噪声等进行控制和处理，防止对环境的污染。

6.6 应采用先进和可靠的技术及设备，严格控制垃圾焚烧的烟气排放。烟气处理宜采用半干法加布袋除尘工艺。

6.7 应对垃圾贮坑内的渗沥水和生产过程的废水进行预处理和单独处理，达到排放标准后排放。

6.8 垃圾焚烧产生的炉渣经鉴别不属于危险废物的，可回收利用或直接填埋。属于危险废物的炉渣和飞灰必须作为危险废物处置。

2014 年，环保部与国家质量监督检验检疫总局共同发布了《生活垃圾焚烧污染控制标准》（GB 18485—2014，代替 GB 18485—2001），规定了生活垃圾焚烧厂的选址要求、技术要求、入炉废物要求、运行要求、排放控制要求、监测要求、实施与监督等内容。2019 年 12 月 20 日，生态环境部又发布了《生活垃圾焚烧污染控制标准》（GB 18485—2014）修改单。

法规摘录

《危险废物污染防治技术政策》(环发〔2001〕199 号)

7. 焚烧处置

7.1 危险废物焚烧可实现危险废物的减量化和无害化,并可回收利用其余热。焚烧处置适用于不宜回收利用其有用组分、具有一定热值的危险废物。易爆废物不宜进行焚烧处置。焚烧设施的建设、运营和污染控制管理应遵循《危险废物焚烧污染控制标准》及其他有关规定。

7.2 危险废物焚烧处置应满足以下要求:

7.2.1 危险废物焚烧处置前必须进行前处理或特殊处理,达到进炉的要求,危险废物在炉内燃烧均匀、完全;

7.2.2 焚烧炉温度应达到 1100 ℃以上,烟气停留时间应在 2.0 s 以上,燃烧效率大于 99.9%,焚毁去除率大于 99.99%,焚烧残渣的热灼减率小于 5%(医院临床废物和含多氯联苯废物除外);

7.2.3 焚烧设施必须有前处理系统、尾气净化系统、报警系统和应急处理装置。

7.2.4 危险废物焚烧产生的残渣、烟气处理过程中产生的飞灰,须按危险废物进行安全填埋处置。

7.3 危险废物的焚烧宜采用以旋转窑炉为基础的焚烧技术,可根据危险废物种类和特征选用其他不同炉型,鼓励改造并采用生产水泥的旋转窑炉附烧或专烧危险废物。

7.4 鼓励危险废物焚烧余热利用。对规模较大的危险废物焚烧设施,可实施热电联产。

7.5 医院临床废物、含多氯联苯废物等一些传染性的、或毒性大、或含持久性有机污染成分的特殊危险废物宜在专门焚烧设施中焚烧。

2020 年,生态环境部与国家市场监督管理总局联合发布了《危险废物焚烧污染控制标准》(GB 18484—2020,代替 GB 18484—2001)。本标准规定了危险废物焚烧设施的选址、运行、监测和废物储存、配伍及焚烧处置过程的生态环境保护要求,以及实施与监督等内容。

三、焚烧系统

图 5-8 为城市垃圾焚烧厂处理工艺流程。

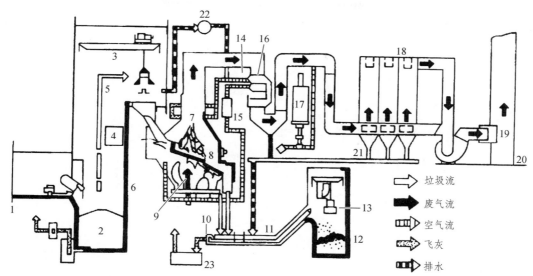

1—倾卸平台；2—垃圾贮坑；3—抓斗；4—操作室；5—进料口；6—炉床；7—燃烧炉床；
8—后燃烧炉床；9—燃烧机；10—灰渣；11—出灰输送带；12—灰渣贮坑；13—出灰抓斗；
14—废气冷却室；15—暖房用热交接器；16—空气预热器；17—酸性气体去除设备；
18—滤袋集尘器；19—诱引风扇；20—烟囱；21—飞灰输送带；22—抽风机；23—废水处理设备。

图 5-8　城市垃圾焚烧厂处理工艺流程

一座大型垃圾焚烧厂通常包括下述八个系统：① 储存及进料系统；② 焚烧系统；③ 废热回收系统；④ 发电系统；⑤ 饲水处理系统；⑥ 废气处理系统；⑦ 废水处理系统；⑧ 灰渣收集及处理系统。下面着重介绍核心设备——焚烧炉。

全世界各种型号的垃圾焚烧炉达到 200 多种，但应用广泛、具有代表性的焚烧炉主要有三类，即机械炉排焚烧炉、回转窑式焚烧炉和流化床焚烧炉。

1. 机械炉排焚烧炉

将废物置于炉排上进行焚烧的炉子称为炉排型焚烧炉。其形式多样，应用占全世界垃圾焚烧市场总量的 80%以上。该类炉型的最大优势在于技术成熟，运行稳定、可靠，适应性广；绝大部分固体垃圾不需任何预处理可直接进炉燃烧，尤其适用于大规模垃圾集中处理，可使垃圾焚烧发电（或供热）。但炉排需用高级耐热冶金钢作材料，投资及维修费较高，而且机械炉排型焚烧炉不适合含水率特别高的污泥，对于大件生活垃圾也不适宜直接用炉排型焚烧。

炉排型焚烧炉可分为固定炉排和机械炉排焚烧炉。

机械炉排焚烧炉也称活动炉排焚烧炉，其典型结构如图 5-9。焚烧炉燃烧室内放置有一系列机械炉排，通常按其功能分为干燥段、主燃段和后燃段。废物由进料装置送入焚烧炉后，在机械式炉排的往复运动下，逐步被导入燃烧室内炉排上。废物在由炉排下方送入的助燃空气及炉排运动的机械力共同推动及翻滚下，在向前运动的过程中水分不断蒸发。通常废物在被送落到水平燃烧炉排时被完全燃尽成灰渣，从后燃烧段炉排上落下的灰渣进入灰斗。

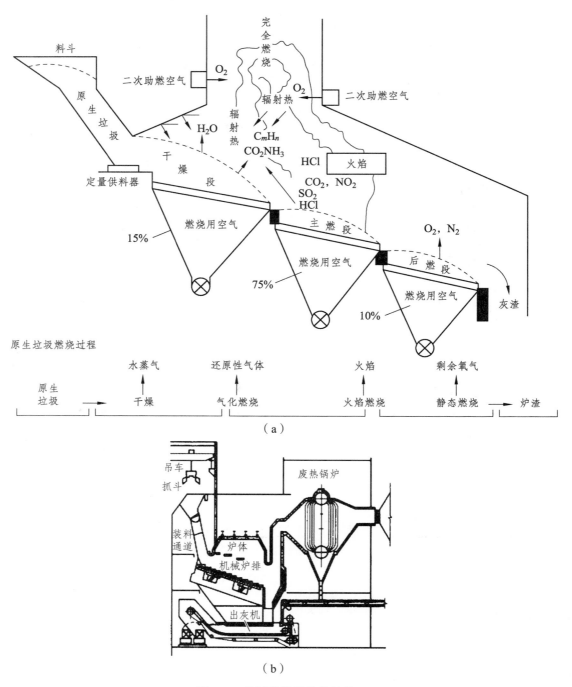

（a）

（b）

图 5-9　机械炉排焚烧炉结构

　　机械炉排焚烧炉按炉排构造不同可分为链条式（图 5-10）、阶梯往复式（图 5-11）、多段滚动式焚烧炉等。链条式炉排结构简单，对固体废物没有搅拌和翻动，容易出现局部固体废物烧透、局部固体废物又未燃尽的现象。目前，链条炉排在国外焚烧厂很少采用，我国一些中小型垃圾焚烧炉仍在使用这种炉排。此外，链条炉排不适宜焚烧含有大量粒状废物及废塑料等废物。阶梯往复式炉排焚烧炉对处理废物的适应性较强，可用于含水率较高的垃圾和以表面燃烧、分解燃烧形态为主的固体废物的燃烧，但不适宜细微粒状和塑料等低熔点废物。

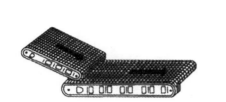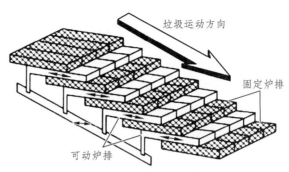

图 5-10　链条式炉排结构　　　　　图 5-11　阶梯往复式炉排结构

2. 回转窑式焚烧炉

回转窑式焚烧炉是一个略微倾斜且内衬耐火砖的钢制空心圆筒，窑体通常很长，一边进行缓慢的旋转，一边使从上部供给的废物向下部转移，从前部或后部等供给空气使之燃烧（图 5-12）。通常，在回转窑后设置二次燃烧室，使前段热解未完全烧掉的有毒有害气体得以在较高温度的氧化状态下完全燃烧。国家环境保护总局于 2001 年 12 月 20 日印发的关于《危险废物污染防治技术政策》的通知指出"危险废物的焚烧宜采用以回转窑炉为基础的焚烧技术，可根据危险废物种类和特征，选用其他不同炉型，鼓励改造并采用生产水泥的旋转窑炉附烧或专烧危险废物。"

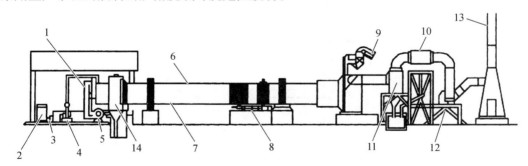

1—燃烧喷嘴；2—重油储槽；3—油泵；4—三次空气风机；5—一次及二次空气风机；
6—回转窑焚烧炉；7—取样口；8—驱动装置；9—投料传送带；10—除尘器；
11—旋风分离器；12—排风机；13—烟囱；14—二次燃烧室。

图 5-12　旋转窑焚烧炉的构造示意图

旋转窑焚烧炉是一种适应性很强的多用途焚烧炉。除了重金属、水或无机化合物含量高的不可燃物外，各种不同物态（固体、液体、污泥等）及形状（颗粒、粉状、块状及桶状）的可燃性废物皆可送入旋转窑中焚烧。此外，各类废物通常不需要预热，可在熔融状态下焚烧废物；机械零件比较少，故障少；可以长时间连续运转，且连续出灰不影响焚烧进行。回转窑焚烧炉的缺点：回转窑的热效率不及多段炉，辅助燃料消耗较多，排出气体的温度低；烟道气的悬浮微粒较高；通常须供应较高的过剩空气量；有恶臭，需要脱臭装置或导入高温后燃室焚烧；窑身较长，占地面积大。

　　3. 流化床焚烧炉

　　流化床焚烧炉是借着砂介质的均匀传热与蓄热效果，使固体废物和炉内的高温流动砂（650~800℃）接触混合，以达到完全燃烧的目的。一般固体废物粉碎到 20 cm 以下再投入炉内，助燃空气多由底部送入，向上的气流流速控制着颗粒流体化的程度，未燃尽成分和轻质固体废物一起飞到上部燃烧室继续燃烧。不可燃物和流动砂沉到炉底，一起被排出，70%左右垃圾的灰分以飞灰形式流向烟气处理设备。气流流速过大时会造成介质被上升气流带入空气污染控制系统，可外装一旋风集尘器将大颗粒的介质捕集再返送回炉膛内。空气污染控制系统通常采用静电除尘器或袋式除尘器进行悬浮微粒的去除。如图 5-13 所示为流化床的结构。

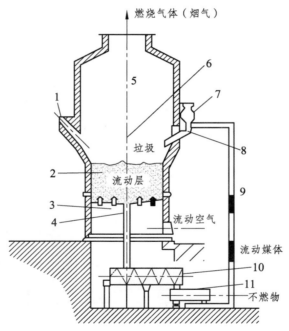

1—助燃器；2—流动媒体；3—散气板；4—不燃物排出管；5—二次燃烧室；6—流化床炉内；
7—供料器；8—二次助燃空气喷射口；9—流动媒体（砂）循环装置；
10—不燃物排出装置；11—振动分选。

图 5-13　流化床焚烧炉的结构

　　流化床焚烧炉的优点：可以使垃圾完全燃烧，并对有害物质进行最彻底的破坏，焚烧炉渣的热灼减率低（约 1%）；流化床炉体较小，结构简单，单位炉床面积的处理能力大；建造费用低，故障少。此外，在进料口加一些石灰粉或其他碱性物质，酸性气体可在流化床内直接去除。流化床焚烧炉的缺点：预处理费用高；布气板易堵塞或漏料；流化介质易随飞灰逸出，飞灰量大。

四、垃圾焚烧污染物及其控制技术

城市生活垃圾成分复杂，在垃圾焚烧过程中会产生酸性气体、重金属、颗粒物和二噁英等污染物，因此加强对焚烧烟气的处理，严格控制焚烧污染物的排放浓度，对保护和改善环境，保障人体健康具有重要意义。

（一）垃圾焚烧污染物

1. 烟　尘

焚烧过程中产生的烟尘主要包括惰性金属盐类、金属的氧化物、磷酸盐及硅酸盐或不完全燃烧物质等，其产生量与垃圾性质和燃烧方法有关。

2. 酸性气体的成分及形成

焚烧产生的酸性气体，主要包括 HCl、SO_x、HF 和 NO_x 等。其中 HCl、SO_x 和 HF 是直接由废物中的 Cl、S、F 等元素经过焚烧反应而生成的，如含 Cl 的 PVC 塑料会形成 HCl，含 S 的煤焦油会产生 SO_2，而含 F 的塑料会形成 HF。NO_x 主要来源于垃圾中含氮化合物的分解转换和空气中氮气的高温化。

3. 有机污染物的成分及形成

焚烧产生的有机污染物包括醛酮类、卤代烃类、芳香族类物质等。其中二噁英是毒性很强的一类多氯代三环芳烃类化合物的统称，由 2 个或 1 个氧原子连接 2 个被氯取代的苯环构成。它分为多氯二苯并二噁英（PCDDS）、多氯二苯并呋喃（PCDFs）两大类，其中研究最多、毒性最强的化合物是 2,3,7,8-TCDD，它的毒性（LD_{50}）是氰化钾的 1000 倍或氰化氢的 390 倍。

垃圾焚烧中二噁英的形成途径：① 垃圾中自身含有的二噁英类物质；② 垃圾在燃烧过程中形成的含氯前驱体，如氯苯、氯酚、聚氯酚类物质（PCBs）通过重排、脱氯或其他分子反应等过程会生成二噁英；③ 小分子碳氢化合物通过聚合和环化形成多环烃化合物（PAH），这些化合物和氯反应形成二噁英。这些二噁英在高温燃烧条件下大部分会被分解；④ 在较低温度下（300～500 ℃），二噁英前驱体在飞灰催化作用下，已经分解的二噁英将会重新生成；焚烧炉尾部净化温度在 200～300 ℃下，HCl 和单质氯在飞灰催化作用下与碳氢化合物反应生成二噁英。

4. 重金属

固体废物中所含重金属物质，高温焚烧后部分残留于灰渣中，部分通过升华、氧化、氯化等进入燃烧烟气。重金属污染物包括铅、汞、铬、镉、砷等的元素态、氧化物及氯化物等，大多数以微粒颗粒态存在。焚烧烟气中收集下来的飞灰为危险废物。

5. CO

CO 是燃烧不完全过程中的主要代表性产物，也被看作是可能存在有机微量污染物（如二噁英等）的标志。

（二）焚烧污染物的控制

1. 酸性气体的控制

酸性气体的控制技术分为湿式、干式和半干式洗气法三种。

湿式洗气法是指焚烧烟气经静电除尘器或布袋除尘器去除颗粒物后，降到饱和温度，再与向下流动的碱性溶液不断地在填料空隙及表面接触及反应，使尾气中的污染气体有效地被吸收。常用的碱性药剂有 NaOH 溶液（15%~20%）或 Ca(OH)$_2$ 溶液（10%~30%）。湿式洗气法的优点：酸性气体的去除效率高，对 HCl 去除率为 98%，SO$_x$ 去除率为 90% 以上，并附带有去除高挥发性重金属物质（如汞）的潜力。缺点：造价较高，用电量及用水量亦较高，废水需妥善处理，为避免尾气排放后产生白烟现象需另加装废气再热器。

干式洗气法是用压缩空气法将碱性固体粉末（石灰或碳酸氢钠）直接喷入烟管或烟管上某段反应器内，使碱性消石灰粉与酸性废气充分接触和反应，从而达到中和废气中的酸性气体并加以去除的目的。其优点：设备简单，维修容易，造价便宜，消石灰输送管线不易阻塞。缺点：由于固体与气体的接触时间有限且传质效果不佳，须超量加药，药剂的消耗量大，整体的去除效率也较其他两种方法低，产生的反应物及未反应物量较多，需要最终处置。

半干式洗气塔是利用高效雾化器将消石灰泥浆从塔底向上或从塔顶向下喷入干燥塔中，尾气与喷入的泥浆成同向流或逆向流的方式充分接触并产生中和作用。本法结合了干式法与湿式法的优点，构造简单、投资低，压差小、能源消耗少，去除效率较干式法高，液体使用量远较湿式法低，免除了湿式法产生过多废水的问题；操作温度高于气体饱和温度，尾气不产生雾状水蒸气团。但是喷嘴易堵塞，塔内壁容易为固体化学物质附着及堆积，设计和操作中要很好控制加水量。

2. NO$_x$ 的去除

NO$_x$ 的去除工艺分选择性催化还原法（SCR）和选择性非催化还原法（SNCR）。

SCR 是以氨水（NH$_3$·H$_2$O）或尿素[CO(NH$_2$)$_2$]作为还原剂，通过催化反应床使 NO$_x$ 还原成 N$_2$。Cu、Cr、Ni、Co 等许多金属均可作为上述反应的催化剂。选择性催化还原法处理效果较好，NO$_x$ 的去除率可达 90% 以上，但建设和运行费用高。

SNCR 是在高温（800~1000 ℃）、无催化剂条件下，以尿素或氨水等作为还原剂，将 NO$_x$ 还原成 N$_2$。该方法对 NO$_x$ 的去除率为 30%~50%，但该法简便易行，成本低廉。

3. 重金属的去除

单独使用静电除尘器对重金属物质去除效果较差。活性炭吸附结合袋式除尘器除尘的组合技术可以起到很好的重金属去除作用，1995 年美国环保局把它作为重金属控制的首选技术列入新建焚烧炉烟气排放标准之中。为降低重金属汞的排放浓度，可在布袋除尘器前喷入活性炭，或于尾气处理流程尾端使用活性炭滤床加强对汞金属的吸附作用，或在布袋除尘器前喷入能与汞金属反应生成不溶物的化学药剂，如喷入 Na$_2$S 药剂，使其与汞作用生成 HgS 颗粒而被除尘系统去除。

4. 二噁英的控制

二噁英的控制可从以下几方面着手：① 控制来源：控制氯和重金属含量高的物质；② 减少炉内形成：控制温度和停留时间；③ 避免炉外低温再合成：烟气急冷至 200 ℃；④ 除尘去除：在布袋除尘器前喷入活性炭。

5. 颗粒物捕集

除尘设备包括重力沉降室、旋风除尘器、惯性除尘器、喷淋塔、文丘里除尘器、静电除尘器及布袋除尘器等。前三种通常作为除尘的前处理设备，后三类为固体废物焚烧系统中最主要的除尘设备。

文式除尘器体积小，投资及安装费用远较布袋除尘器或静电吸尘器低，但能耗较高且需要处理大量废水，多用于危险废物焚烧烟气处理。静电除尘器除尘效率较高，早期焚烧厂多采用此技术除尘。随着环保标准的日益严格，静电除尘器由于不能满足脱除重金属、二噁英等污染物的需要，现在已基本不再采用。我国标准 GB 18485—2014 中明确规定，生活垃圾焚烧炉除尘装置必须采用袋式除尘器。

6. 飞灰处理处置

飞灰是烟气净化系统捕集物和烟道及烟囱底部的沉降物，产量一般为焚烧量的 2% ~ 5%。其特性跟生活垃圾性质、焚烧工艺、烟气净化工艺等密切相关。焚烧飞灰中含有可溶盐、重金属、痕量有机物及二噁英等物质，对环境和人体健康存在极大危害，其妥善处理处置已成为全球关注的热点问题。常见的处理方法有热处理、熔融处理、水泥固化、烧结处理、化学药剂固化、安全填埋等。

第五节　固体废物的生物处理技术

一、堆肥化处理技术

1. 堆肥化的原理

堆肥化是在人工控制下，在一定温度、湿度、pH、碳氮比和通风条件下，利用微生物的发酵作用，使有机物发生生物化学降解，转化为肥料的过程。堆肥化的产物称为堆肥，包括活的和死的微生物细胞体、未降解的原料、原料经生物降解后转化形成类似土壤腐殖质的产物，但有时也把堆肥化简单地称作堆肥。可以利用堆肥所含的类腐殖质作为有机肥料或土壤调节剂，实现有机废弃物的资源化转化。

2. 堆肥化的主要工艺

根据堆肥过程中是否需要供氧、物料在堆肥过程中的运动状态、堆制方式的不同，堆肥处理可以分为不同的工艺类型。根据物料在堆肥过程中是否需要供氧，堆肥工艺分为好氧堆肥和厌氧堆肥；根据物料在堆肥过程中的运动状态，堆肥工艺可分为静态堆肥和动态堆肥；根据堆肥工艺的堆制方式，堆肥工艺可分为场地堆积式堆肥和密闭装置式堆肥。

　　好氧堆肥的工艺流程如图 5-14 所示，包括预处理、主发酵（一次发酵）、后发酵（二次发酵）、后处理、二次污染控制、储存等。

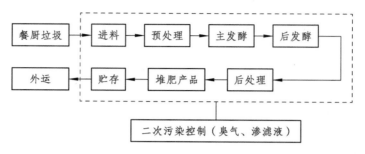

图 5-14　好氧堆肥工艺示意图

　　（1）预处理。由于我国的餐厨垃圾具有高含水率、高油分和高盐分等特点，因此在好氧堆肥前一般要进行分选、脱水、破碎、筛分、除盐等工艺。

　　（2）主发酵（一次发酵）、次发酵（二次发酵）。主发酵对应堆肥升温、高温和降温阶段，一般持续 4 ~ 12 d。初期，中温好氧的细菌和真菌，将可分解的可溶性物质包括淀粉和糖类分解，产生二氧化碳和水，同时产生热量使温度上升至 30 ~ 40 ℃，该阶段一般持续 1 ~ 3 d。随着温度的升高，最适宜温度 45 ~ 55 ℃的嗜热菌取代嗜温菌，将堆肥中的可溶性有机物继续分解转化，一些复杂的有机物也被分解，该阶段一般持续 3 ~ 8 d。

　　次发酵对应常温腐熟阶段，一般持续 20 ~ 30 d。这一阶段微生物活动减弱，产热量减少，温度逐渐下降，嗜温菌或者中温性微生物成为优势菌种。主发酵工艺阶段尚未分解的木质素等有机物进一步分解，腐殖质和氨基酸等比较稳定的有机物继续累积，得到成熟的堆肥制品。

　　（3）后处理。后处理主要去除在前处理工序中没有完全去掉的塑料、玻璃、金属、陶瓷、石块等。

　　（4）二次污染控制。垃圾堆肥化过程中的二次污染控制，包括臭气、渗滤液、噪声等，其中臭气控制最难也最受关注。臭气主要来源于物料本身及堆肥中的好氧、厌氧过程释放的恶臭物质。臭气控制应做好气流组织、尾气收集和处理。常用的臭气处理工艺，包括生物滤床、湿式洗涤器、吸附、除臭剂、焚烧等。

二、厌氧消化技术

1. 厌氧消化的原理

　　厌氧消化是碳水化合物、蛋白质和脂肪等各类生物质基质在缺氧或无氧环境下，通过多种厌氧微生物（包括厌氧有机物分解菌、不产甲烷厌氧微生物、产甲烷菌等）的新陈代谢，将物料分解转化为甲烷、二氧化碳及发酵残余物的过程。产出的甲烷经沼气净化系统净化除杂后，可以进行热电联产利用；发酵残余物通过稳定化后，可作为高品质的有机肥料或饲料。固体废物中的厌氧消化过程可划分为三个连续的阶段（图 5-15），即水解阶段、产氢产乙酸阶段和产甲烷阶段，每个阶段都由一定种类的微生物完成有机物的代谢过程。

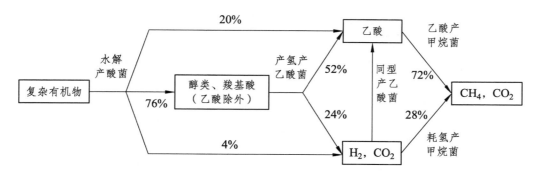

图 5-15　厌氧消化三段理论

在我国餐厨垃圾规范化管理的背景下，多个试点城市的餐厨垃圾处理技术均为厌氧消化技术，厌氧消化已成为餐厨垃圾处理行业主流技术。存在的主要问题和制约因素有：餐厨垃圾分类收集效果不好、杂质率高，对前端分选系统要求高，同时也造成投资偏高。厌氧消化处理城市生活垃圾在国内刚刚起步，系统内关键设备大部分依赖进口设备，尤其是当要提高厌氧反应效率而设计两相消化、高温消化、源分选有机垃圾消化时，经济投入更大；原料中无机成分多、厌氧发酵效果不理想。

2. 厌氧消化的主要工艺

根据发酵含固率、发酵温度、级数（单级对多级）等参数的不同，厌氧消化工艺可以分成不同的工艺类型。根据含固率（TS）的不同，分为湿式厌氧消化工艺和干式厌氧消化工艺。湿式工艺的含固率（TS）通常低于 15%，干式工艺的含固率（TS）通常在20%~40%，介于二者之间的称为半干式工艺。根据发酵温度的不同，分为中温厌氧消化工艺和高温厌氧消化工艺。根据反应器内进行的厌氧发酵阶段的不同，分为单级（单项）厌氧消化工艺和多级（多项）厌氧消化工艺。根据进料方式的不同，分为序批式厌氧消化工艺和连续式厌氧消化工艺。根据进料方式的不同，分为序批式厌氧消化工艺和连续式厌氧消化工艺。

生活垃圾厌氧发酵工艺（图 5-16）一般包括以下几部分流程：分选预处理、厌氧发酵、后处理（沼气利用、残渣堆肥等）。

（1）分选预处理。分选预处理是分离出城市垃圾中的可生物降解组分，避免杂质进入后续生物转化单元，同时回收金属等废品，进行接种、调质和预加热等。

（2）厌氧发酵。在这一阶段可生物降解组分被转化成沼气。

（3）后处理。沼气和经固液分离形成的沼液与沼渣须进一步处理后利用。沼气的后处理，包括沼气的储存、净化和利用。沼液和沼渣含有丰富的氮、磷、钾等营养元素，在条件许可时，应优先考虑土地利用。

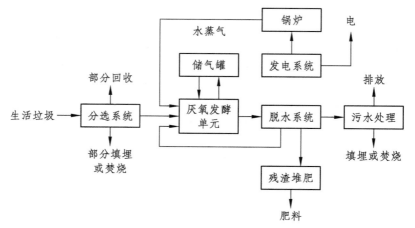

图 5-16　生活垃圾厌氧发酵工艺流程

第六节　固体废物的填埋处置

一、填埋处置概述

填埋处置作为固体废物的最终处置方式，主要是利用屏障隔离方式，通过自然条件（生土或者深层的岩石层）及人工方式（设置隔离层），将固体废物与自然环境有效隔离，避免固体废物中的有毒有害物质对周围环境造成危害。它具有成本低、工艺简单和适于处理各种类型的固体废物等优点。土地填埋主要包括卫生填埋、安全填埋和一般工业固体废物填埋（Ⅰ、Ⅱ类）。

（一）固体废物填埋法的分类

1. 按填埋对象和填埋场的主要功能分类

固体废物填埋处置可分为惰性填埋、卫生填埋和安全填埋。

（1）惰性填埋是将已稳定的或腐熟化的固体废物置于填埋场、表面覆以土壤。

（2）卫生填埋是采用防渗、摊铺、压实、覆盖对城市生活垃圾进行处理和对填埋气体、垃圾渗滤液、蝇虫等进行治理的方法，其主要处置对象是城市生活垃圾和一般工业固体废物。垃圾填埋场主要发挥其储存功能、阻断功能、处理功能和土地利用功能。

（3）安全填埋是将危险废物填埋于抗压及双层复合防渗系统所构筑的空间内，并设有污染物渗漏检测系统及地下水监测装置，其主要处置对象是危险废物。

2. 按生物降解原理分类

固体废物填埋处置可分为厌氧填埋、准好氧填埋和好氧填埋。

（1）厌氧填埋是垃圾中可降解物质在无外界空气或氧气供应状况下进行的降解过程，由于不需要强制鼓风供氧，简化了填埋场结构和管道设备系统，降低了电耗，使投资和运营费大为减少，管理变得简单，同时不受气候条件、垃圾成分和填埋高度限制，适应性广。

（2）准好氧填埋利用渗滤液收集系统末端与外界大气相通，利用自然通风，让空气通过渗滤液收集系统和导气系统向填埋层中流通，使得垃圾堆体处于准好氧状态。

（3）好氧填埋是在垃圾堆体内布设通风管网，用鼓风机向垃圾堆体内送入空气。垃圾堆体内有充足的空气，使好氧分解加速，垃圾稳定化速度加快，堆体迅速沉降，反应过程中产生较高温度（60 ℃），使垃圾中大肠杆菌等得以消灭。好氧填埋结构较复杂，施工要求高，单位造价较高。

3. 按工程建设和运行的环保措施分类

环保措施包括场底防渗系统、渗滤液收集处理系统、填埋措施、蝇虫防治，据此可将垃圾填埋处置分为以下三类：堆放填埋、简易填埋和卫生填埋。

（1）堆放填埋。垃圾堆放场是利用自然形成或人工挖掘而成的坑穴、河道等可能利用的场地把垃圾集中堆放起来的场所。

（2）简易填埋。简易填埋场是指在建设初期未按卫生填埋场的标准进行设计及建设，仅仅局部或部分配备了环保设施（但是不齐全）的垃圾处理场所。

（3）卫生填埋。卫生填埋场是指严格按照卫生填埋场建设标准、卫生填埋技术规范、卫生填埋场运行维护技术规程要求，进行填埋设施建造、垃圾填埋作业和污染控制的垃圾处理场所。其主要特征是既有完善的环保设施和措施，又能满足环保标准要求。

4. 按填埋区域自然地形条件分类

垃圾填埋处置可分为平原型填埋场、山谷型填埋场。

（二）固体废物卫生填埋场选址

卫生填埋场场址选择的成功与否，直接影响到卫生填埋场的建设及建成后的经营管理，关系到卫生填埋场的建设是否真正能够实现垃圾处理减量化、资源化和无害化。

关于卫生填埋场的选址，现行国家标准《生活垃圾卫生填埋技术规范》（CJJ 17—2013）、《城市生活垃圾卫生填埋处理工程项目建设标准》（建标〔2009〕124 号）、《生活垃圾填埋场污染控制标准》（GB 16889—2008）均对填埋场选址应满足的要求做了具体的规定。

1. 填埋场选址的原则

（1）生活垃圾填埋场的选址应符合区域性环境规划、环境卫生设施建设规划和当地的城市规划。

（2）生活垃圾填埋场场址不应选在城市工农业发展规划区、农业保护区、自然保护区、风景名胜区、文物（考古）保护区、生活饮用水水源保护区、供水远景保护区、矿产资源储备区、军事要地、国家保密地区和其他需要特别保护的区域内。

（3）生活垃圾填埋场选址的标高应位于重现期不小于 50 年一遇的洪水位之上，并建设在长远规划中的水库等人工蓄水设施的淹没区和保护区之外。拟建有可靠防洪设施的山谷型填埋场，并经过环境影响评价证明洪水对生活垃圾填埋场的环境风险在可接受范围内，上条规定的选址标准可以适当降低。

（4）生活垃圾填埋场场址的选择应避开下列区域：破坏性地震及活动构造区，活动中的坍塌、滑坡和隆起地带，活动中的断裂带，石灰岩溶洞发育带，废弃矿区的活动坍塌区，海啸及涌浪影响区，湿地尚未稳定的冲积扇及冲沟地区，泥炭以及其他可能危及填埋场安全的区域。

（5）垃圾填埋场场址的位置及与周围人群的距离应依据环境影响评价结论确定，并经地方环境保护行政主管部门批准。

2. 填埋场选址的方法

（1）填埋场选址应先进行基础资料的收集。

（2）填埋场选址，应综合考虑地理位置、地形、地貌、水文地质、工程地质等条件对周围环境、工程建设投资、运行成本和运输费用的影响，应充分利用天然地形以增大填埋容量，使用年限应达到相关要求，库容应保证填埋场使用年限在 10 年以上，特殊情况下不应低于 8 年；交通方便，运距合理；征地费用较低，施工较方便；人口密度较低、土地利用价值较低；位于夏季主导风下风向，距人畜居栖点 500m 以外；远离水源，尽量设在地下水流向的下游地区。经过多方案比选后确定。

（3）埋场选址应由建设、规划、环保、环卫、设计、国土管理、水利、卫生防疫、地质勘查等有关部门参加。

二、填埋场的污染控制

垃圾填埋场的基本组成部分包括：底部防渗系统、填埋单元（新单元和旧单元）、雨水排放系统、渗滤液收集系统、填埋气收集系统、封盖或罩盖。其中防渗系统和渗滤液收集系统阻隔填埋气体和垃圾渗滤液进入周围的土壤和水体，并阻止地下水和地表水进入填埋场，有效控制垃圾渗滤液产生量。填埋气收集系统有效导排垃圾分解过程中形成的填埋气体，严禁自然聚积、迁移等。这是填埋场环境污染控制的主要措施。

（一）填埋场防渗系统

防渗系统的主要功能包括以下三部分：将垃圾渗滤液封闭于填埋场之中，使其进入渗滤液收集系统，防止其渗透流出填埋场之外污染土地和地下水；控制填埋场气体的迁移，使填埋场气体得到有控释放和收集，防止其侧向或向下迁移到填埋场之外；控制地下水，防止其形成过高的上升压，防止地下水进入填埋场导致渗滤液的大量增加。

填埋场防渗系统包括渗滤液收排系统、防渗系统和保护层、过滤层等。为保证防渗系统的质量，在设防渗系统之前应进行场地处理。防渗材料的选择应根据场底的工程地质和水文地质等条件选择合适的。防渗方式有两种：垂直防渗和水平防渗。

1. 垂直防渗

所谓垂直防渗是指采用帷幕灌浆直达场地连续不透水层的防渗方法。它要求填埋场具有独立的地下水系且底部无裂缝，其实质就是在可能的渗透区段上，钻一排或数排注浆孔，用一定压力注入一定数量浆液，待浆液固化后，堵塞地下水径流通道，以达到防渗目的。结合具体地质水文条件，垂直防渗采用以下三种工程措施的组合。

（1）在地质条件较好的基岩上设置垃圾坝及帷幕灌浆竖直防渗系统，以形成储存垃圾的库区，防止库区内的渗滤液从垃圾坝坝基渗出，只能从设计的管涵中流入污水处理系统。

（2）在地下水汇集出口处建筑防渗帷幕灌浆的截污坝，以使填埋场底部渗滤液和其下部受污染的地下水阻积于帷幕前水池中，不向下游及附近地区渗漏。

（3）在上游建筑拦洪坝进行基底帷幕灌浆以截断地下水，使之不能进入填埋场底部。

2. 水平防渗

所谓水平防渗是指利用人工防渗材料，在填埋场的底部和周边通过建立一种水力屏障形成隔离层，达到防渗目的的防渗方法。这种防渗技术可较好地实现渗滤液和地表水、地下水的分流排放，减少渗滤液的产生量，降低渗滤液处理的投资和运行费用，并对沼气的有序、可控制收集和利用创造较好的条件。水平防渗技术的关键，首先是防渗层的结构，它决定了防渗的效果和建设投资费用；其次是防渗层施工品质的控制。

水平防渗层的构造形式，经历了最初的不加限制到早期的黏土单层设计，直至透气的柔性膜与黏土复合层的发展历程。用于填埋场防渗层的天然材料主要有黏土、亚黏土、膨润土，人工合成材料主要有聚氯乙烯（PVC）、高密度聚乙烯（HDPE）、条状低密度聚乙烯（LLDPE）、超低密度聚乙烯（VLDPE）、氯化聚乙烯（CPE）和氯磺化聚乙烯（CSPE）。高密度聚乙烯（HDPE）膜作为一种高分子合成材料，其防渗功能比最好的压实黏土高 10^7 倍（压实黏土的渗透系数级数为 10^{-7}，HDPE 膜的渗透系数级数为 10^{-14}），具有抗拉性好、抗腐蚀性强、抗老化性能高等优良的物理、化学性能，使用寿命 50 年以上。

水平防渗系统应根据填埋场工程地质与水文地质条件进行选择。

（1）天然衬里结构（天然黏土防渗层和人工改性黏土防渗层）。当天然基础层饱和系数小于 $1.0×10^{-7}$ cm/s，且场底及四壁衬里厚度不小于 2 m 时，可采用天然黏土类衬里结构。天然黏土基础层进行人工改性压实后达到天然黏土衬里结构的等效防渗性能要求，可采用改性压实黏土类衬里作为防渗结构。

（2）人工合成衬里结构。人工合成衬里的防渗系统通常应采用复合衬里防渗结构，位于地下水贫乏地区的防渗系统也可采用单层衬里防渗结构（图 5-17）。在特殊地质及环境要求较高的地区，应采用双层防渗结构（图 5-18）。复合衬里结构主要有以下两种类型：HDPE 土工膜+黏土结构、HDPE 土工膜+纳基膨润土防水垫（GCL）结构（图 5-19）。

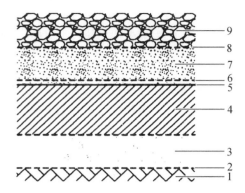

1—基础层；2—反滤层（可选择层）；3—地下水导流层（可选择层）；4—膜下保护层；
5—膜防渗层；6—膜上保护层；7—渗滤液导流层；8—反滤层；9—垃圾层。

图 5-17　库区底部单层衬里结构示意图

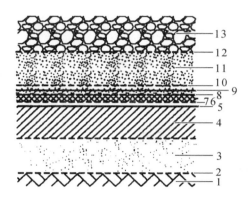

1—基础层；2—反滤层（可选择层）；3—地下水导流层（可选择层）；4—膜下保护层；
5—膜防渗层；6—膜上保护层；7—渗滤液检测层；8—膜下保护层；9—膜防渗层；
10—膜上保护层；11—渗滤液导流层；12—反滤层；13—垃圾层。

图 5-18　库区底部双层衬里结构示意图

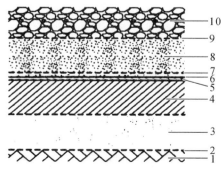

1—基础层；2—反滤层（可选择层）；3—地下水导流层（可选择层）；4—膜下保护层；5—GCL；
6—膜防渗层；7—膜上保护层；8—渗滤液导流层；8—反滤层；10—垃圾层。

图 5-19　库区底部复合衬里（HDPE 土工膜+GCL）结构示意图

（二）渗滤液收集系统

垃圾填埋、压实、覆盖后，垃圾在生物降解过程中会产生高浓度的有机液体，该液体和各种渗入填埋场的水（包括雨水等）混合后，总量超过垃圾的极限含水量，多余部分就以渗滤液形式从填埋场底部或横向渗透排出。为了防止渗滤液在场内积聚而影响作业、污染环境，必须对渗滤液进行合理的收集。

填埋库区渗滤液收集系统包括导流层、盲沟、竖向收集井、集液井（池）、泵房、调节池及渗滤液水位监测井。图 5-20 为渗滤液收集和导排系统常用剖面。

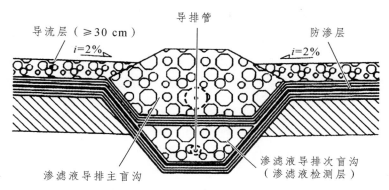

图 5-20　渗滤液收集和导排系统常用剖面图

（三）填埋气收集与处理系统

1. 填埋气的产生

厌氧型填埋场的稳定一般需经历好氧（Ⅰ）、过渡（Ⅱ）、产酸（Ⅲ）、产甲烷（Ⅳ）和稳定（Ⅴ）五个阶段（图 5-21）。在填埋的最初几个星期或几个月内，场内进行好氧的反应，主要产生 CO_2，另外还有空隙中的空气贡献的氧气和氮气。当填埋场变成厌氧时，气体终产物为 CO_2 和甲烷，同时存在的还有微量的氮气、硫化氢及乙烷、辛烷、庚烷等气态碳氢化合物。图 5-21 所示为填埋场气体成分随时间的变化规律。垃圾填埋场产生的气体往往需要几个月才能达到一个稳定的量。

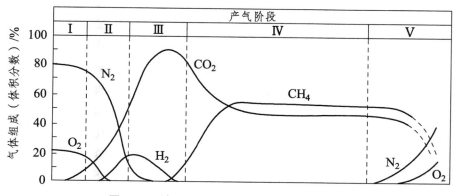

图 5-21　填埋场气体成分随时间的变化规律

2. 填埋气收集系统

填埋气收集系统分为主动收集系统和被动收集系统两种。前者是在填埋场内铺设导气井或水平盲沟，用管道将其连接至抽气设备，以将填埋气从填埋场内抽出；后者不用机械抽气设备，是在填埋场内靠填埋气体自身的压力沿着设计的管道流动而收集。主动收集系统气体导排效果好，抽出的气体便于利用，但运行成本高。被动收集系统无运行费用，但排气效率低，难利用，适用小型填埋场和填埋深度小的填埋场。

填埋气收集方式有竖井收集和水平收集。竖井收集主要包括随垃圾填埋逐渐建造的垂直收集井，以及以每个竖井为中心向四周均匀敷设的多根水平导气支管，可用于运行中或已封场的填埋场。水平收集以每个收集井为中心，向四周均匀敷设多根水平导气支管，主要用于正在运行中的填埋场。收集井顶部设置集气装置，并采用 HDPE 管与集气站相连后通过集气干管连着至输送总管，最终送至储存容器或用户。

3. 填埋气的利用

垃圾填埋气同时也是一种可再生能源，其热值接近天然气的 50%，可以用于发电、加热、制备燃气等。实现填埋气的回收利用不仅能实现保护环境、减排温室气体，同时通过发电、售气收入等方式能实现良好的经济效益。国内外常见的填埋气利用方式有如下几种：用于发电；用作锅炉燃料；用作民用燃气；生产压缩天然气。

思考题

1. 什么叫固体废物？与废水、废气相比，固体废物具有哪些特性？
2. 根据《中华人民共和国固体废物污染环境防治法》，固体废物分为哪几类？固体废
3. 物的处理与处置有何区别？
4. 简述固体废物的污染防治原则。
5. 城市垃圾的收运过程包括哪几个阶段？
6. 简述固体废物压实、破碎和分选的目的。
7. 试比较各种焚烧炉的优缺点。
8. 什么叫堆肥化？简述好氧堆肥的工艺流程。
9. 焚烧烟气有哪些污染物？简述其控制技术。
10. 简述卫生填埋场的防渗系统。

参考文献

[1] 唐艳，等. 固体废物处理与处置[M]. 北京：中央民族大学出版社，2018.

[2] 赵由才. 生活垃圾处理与资源化[M]. 北京：化学工业出版社，2016.

[3] 澎湃研究所. 垃圾分类的全球经验与上海实践[M]. 上海：同济大学出版社，2020.

[4] 宇鹏，等. 固体废物处理与处置[M]. 北京：北京大学出版社，2016.

第六章
土壤污染与防治

学习要求

1. 了解土壤的组成，掌握土壤的物理性质和化学性质。

2. 了解土壤背景值和土壤环境容量、土壤污染及其危害；掌握土壤污染的特点、土壤污染源、土壤污染物及土壤的自净作用。

3. 了解土壤污染的防治措施；掌握土壤污染修复技术。

引 言

"民以食为天，农以土为本"，土地是人类赖以生存的基础，土壤质量对人类生命健康和整个社会稳定发展具有战略性意义。近年来，随着城乡工业的快速发展，"三废"污染越来越严重，加上农药、化肥、除草剂、农膜等生产物质的大量使用，土壤生态系统遭到严重破坏，成为地球上污染物最大的"汇"。土壤污染不仅会影响农产品的产量和质量，而且可以通过食物链影响人体健康。目前，不少国家已将土壤污染问题与大气污染和水污染问题摆在同等重要的位置，污染土壤修复已成为环境科学与工程的学科前沿。

第一节 土壤概述

一、土壤的概念

1938年，瑞典学者马迪生（S. Martson）根据物质循环的观点提出土壤圈的概念，把土壤形成与变化联系起来。在地球发展史中，土壤圈是继原始的岩石圈、大气圈、水圈和生物圈之后，最后出现和形成的自然圈层。土壤圈处于上述圈层的交界面上，既是地球生态系统的组成部分，又是各圈层综合作用和协同进化的产物。独特的位置和作用使土壤圈成为地球系统中物质循环、能量转化和积聚最活跃、最富生命力的场所，是有机界与无机界联系的中心环节，同时也是连接地球系统各个圈层的纽带。土壤圈与其他各圈层之间存在十分密切的联系和制约关系，对它们的形成、转化有深刻的影响。在地球陆地上，土壤像"皮肤"一样覆盖在整个地球陆地表面，维持着地球上多种生命的生息繁衍，支撑着地球的生命活力，使地球成为人类赖以生存的星球。

不同学科对于土壤的认识具有明显差异。生态学家认为土壤是地球系统中生物多样性最丰富、能量交换和物质循环最活跃的层面。农业科学家强调土壤是植物生长的介质，含有植物生长所必需的营养元素、水分等适宜条件，认为土壤是地球陆地表面能生长绿色植物的疏松层。工程专家将土壤看作建筑物的基础和工程材料的来源；环境学家认为土壤是重要的环境要素，是具有吸附、分散、中和、降解环境污染物的缓冲带和过滤器。我国《土壤环境质量 农用地土壤污染风险管控标准（试行）》（GB 15618—2018）中，将土壤定义为位于陆地表层能够生长植物的疏松多孔物质层及其相关自然地理要素的综合体。

二、土壤的组成

土壤是由固相、液相和气相三相共同组成的多相开放体系。土壤固相包括土壤矿物质、土壤有机质和土壤生物。土壤液相是指土壤中的水分，可分为吸附水和自由水两种。土壤气相是指土壤孔隙所存在的气态物质，由于生物活动的影响，它与空气组成不同，一般湿度较高、CO_2含量较高、O_2含量较低。对一种适合植物生长和微生物繁殖的土壤而言，其三相容积比大约为固相矿物质（45%）和有机质（5%）共占一半，另一半是土壤孔隙，分别被液相和气相以各占20%～30%的比例所占据。土壤是一动态层，在这层内不断地进行着复杂的化学、物理及生物活动。

（一）土壤矿物质

土壤矿物质是岩石经过物理和化学风化作用形成的大小不同的颗粒，来源于成土母质，按成因可分为原生矿物和次生矿物。

1. 原生矿物

原生矿物是各种岩石经受不同程度的物理风化，仍遗留在土壤中的一类矿物，其原来的化学组成和结晶构造没有改变。土壤中最主要的原生矿物包括硅酸盐类、氧化物类、硫化物类和磷酸盐类矿物，常见的有石英、长石、云母、辉石、角闪石、赤铁矿、金红石、橄榄石、黄铁矿、磷灰石等。

2. 次生矿物

次生矿物是原生矿物经岩石风化和成土过程形成的新矿物，其化学组成和结晶构造都有所改变。根据其组成和性质可分为简单盐类、次生氧化物（次生氧化铁、铝）和次生铝硅酸盐类（黏土矿物），其中简单盐类是水溶性盐，易流失。次生硅酸盐类可分为伊利石、蒙脱石和高岭石三大类，它对土壤的物理化学性质如吸附性、膨胀收缩性、黏着性、吸水性等有重要影响。

（二）土壤有机质

土壤有机质是指以各种形态存在于土壤中的含碳有机化合物，主要来源于动物、植物和微生物残体，以及死亡残体经过分解转化形成的各种有机物质。尽管土壤有机质只占土壤固体总质量的百分之几，最高也不过 10%左右，但是它是反映土壤质量的关键指标，也是影响土壤肥力的重要因素。

土壤有机质可分为非腐殖物质和腐殖物质两大类。非腐殖物质为有特定物理化学性质、结构已知的有机化合物，其中一些是经微生物改变的植物有机化合物，而另一些则是微生物合成的有机化合物。这些化合物的含量较低，在有机质中一般不超过 30%，且多以聚合态和黏粒相结合而存在，并相互转化。腐殖物质是有机残体经微生物作用后，在土壤中形成的一类特殊的高分子化合物。它不同于动植物残体组织和微生物的代谢产物，是土壤有机质的主体，也是土壤有机质中最难降解的组分，一般占土壤有机质的60% ~ 80%。土壤有机质的化学组成主要有：碳水化合物（包括一些简单的糖类及淀粉、纤维素和半纤维素等多糖类）、含氮化合物（主要为蛋白质）、木质素等物质，此外还有一些脂溶性物质（如脂肪、蜡质及树脂）。

（三）土壤生物

土壤生物是土壤具有生命力的重要部分，主要包括高等植物根系、土壤动物和土壤微生物，可参与土壤颗粒重组、化学反应和死亡生物体的循环利用。

土壤中的微生物主要包括细菌、放线菌、真菌和藻类等，一般细菌可占土壤微生物总数的 70% ~ 90%，放线菌和真菌次之、藻类较少。土壤动物（包括原生动物、线虫、螨、蚯蚓、蚂蚁等）直接或间接地改变土壤结构。其直接影响来自掘穴、残体再分配以及含有未消化残体和矿质土壤粪便的沉积作用；间接作用是指土壤动物的行为改变了地表或地下水的运动、颗粒的形成以及水、风和重力运输的溶解物，影响了物质运输。另外，植物根系的活动也能明显影响土壤的物理化学性质，同时植物根系与其他生物之间也常常存在竞争或协同关系。土壤中生活的微生物及动物对进入土壤的有机污染物（如化学农药、石油类、多环芳烃）的降解及无机污染物（如重金属）的价态和形态转化起着主导作用，是土壤净化功能的主要贡献者。

（四）土壤溶液

土壤中的水分和溶解性物质组成土壤溶液。土壤溶液是一种稀薄的溶液，不仅溶有各种溶质，又有溶解的气体，而且还有胶体颗粒悬浮或分散其中。其中的溶质包括：可溶性盐类和营养物质及可溶性污染物质。这些物质有无机胶体（如铁铝氧化物）、无机盐类（如磷酸盐、重碳酸盐、硫酸盐、氯化物、硝酸盐、磷酸盐等）和有机化合物（腐殖酸、有机酸、碳水化合物、蛋白质等）。不同地域的气候、母质、地形、生物等条件会影响土壤溶液的组成。例如，在降水量较少的地区，土壤溶液呈中性至微碱性，主要离子K^+、Ca^{2+}、Na^+、Mg^{2+}、SO_4^{2-}和Cl^-的浓度均在 1 mmol/L 以上，离子强度大多在 10 mmol/L 以上。而在降水量丰富的地区，土壤呈酸性，K^+、Ca^{2+}、Na^+、Mg^{2+}、SO_4^{2-}和Cl^-的浓度一般小于 1 mmol/L，离子强度小于 10 mmol/L。由于土壤溶液参与水的循环，所以其组成是经常变动的。

（五）土壤中的空气

土壤空气主要存在于未被土壤水分占据的土壤孔隙之中，其中具有植物生长需要的营养物质，如氮气、氧气、二氧化碳和水汽等，是土壤肥力因素的重要成分，对作物养分形态的转化、养分和水分的吸收、热量状况等都有重要影响。土壤空气主要来源于大气，其次是土壤中的生物化学过程所产生的气体，其组成与大气的组成接近，但又存在显著的差异（表 6-1）。土壤空气的容量和组成会影响作物的产量，因此在农业实践中，需要通过耕作、排水或改善土壤结构等措施以促进土壤空气的更新，使植物生长发育有一个适宜的通气条件。

表 6-1　土壤空气与大气组成的差异　　　　　单位：%（体积分数）

气体	O_2	CO_2	N_2	其他气体
近地面的大气	20.94	0.03	78.05	Ar、Ne、He、Kr 等占 0.98
土壤空气	18.00~20.03	0.15~0.65	78.80~80.24	CH_4、H_2S、NH_3 等占 0.98

三、土壤的物理性质

土壤的物理性质包括土壤的质地、结构、孔隙及由此决定的土壤的密度、容重、黏结性、透气性、热特性等。下面着重介绍土壤质地和土壤剖面。

1. 土壤质地

土壤是由大大小小的土粒按照不同比例组合而成。不同粒级的土粒混合在一起表现出来的土壤粗细状况，称为土壤机械组成或土壤质地。

土壤质地分类是依据土壤中各粒级含量的比例作为标准。目前土壤质地的分类标准主要有国际制、苏联制和美国制 3 种划分方式，其中国际制和美国制采用三级分类法，即按砂粒、粉粒、黏粒三种粒级的比例划分砂土、壤土和黏土三类、十二级。苏联采用双级分类法，即用物理性黏粒和物理性砂粒的含量比例划分为砂土、壤土及黏土三类、九级。我国土壤科学工作者在总结相关经验基础上，提出了我国土壤质地分类标准（表6-2）。

表 6-2　中国土壤质地分类标准

质地组	质地名称	颗粒组成/%（粒径：mm）		
		砂粒（1～0.05）	粗粉粒（0.05～0.01）	细黏粒（<0.001）
砂土	极重砂土	>80		<30
	重砂土	70～80		
	中砂土	60～70		
	轻砂土	50～60		
壤土	砂粉土	≥20	≥40	
	粉土	<20		
	砂壤	≥20	<40	
	壤土	<20		
黏土	轻黏土			30～35
	中黏土			35～40
	重黏土			40～60
	极重黏土			>60

注：引自黄昌勇，土壤学，2010。

2. 土壤剖面

土壤剖面是一个具体土壤的垂直断面。一个完整的土壤剖面包括土壤形成过程中所产生的发生学层次以及母质层次。这些土层大致呈现水平状，是土壤成土过程中物质发生淋溶、沉积、迁移和转化形成的。不同的土层，其组成和形态特征及性质也不同，因此土壤剖面是土壤分类的基本依据。

典型的土壤剖面结构可分为五个主要层次。最上层为覆盖层，主要由地球表面的枯枝落叶构成。第二层为淋溶层，该层土壤富含腐殖质，是土壤中生物最活跃的一层，同时也是各种物质发生淋溶作用向下迁移最显著的一层。第三层为沉积层，主要是上一层淋溶出来的有机物、黏土颗粒和无机物在此积累而成的。第四层为母质层，由风化的成土母岩构成。第五层为母岩层，是未风化的基岩。严格来说，母质层和母岩层均不属于真正的土壤。土壤剖面如图 6-1 所示。

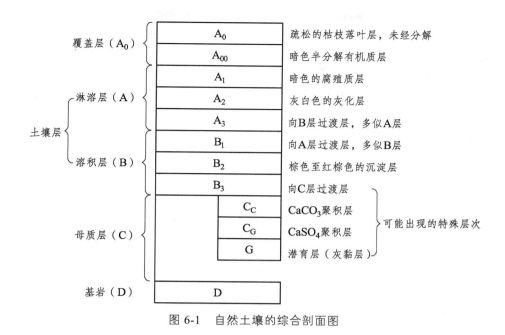

图 6-1 自然土壤的综合剖面图

四、土壤的化学性质

（一）土壤的胶体性质

土壤胶体是土壤形成过程中的产物，是土壤中颗粒最细小的固相组分。土壤胶体包括有机胶体、无机胶体和有机-无机复合胶体。有机胶体主要指土壤腐殖质，无机胶体主要指土壤中的黏土矿物，包括蒙脱石、伊利石、高岭石、绿泥石、水铝英石等以及铁、铝、锰水合氧化物。有机-无机复合胶体是由土壤中的矿物胶体和腐殖质胶体通过金属离子的桥键或交换阳离子周围的水分子氢键结合在一起形成的产物，如钙质蒙脱石-腐殖酸复合胶体。

土壤胶体的表面性质会影响土壤的物理化学性质，其中最主要的是其比表面积和带电性。土壤胶体具有巨大的比表面积和表面能，无机胶体以蒙脱石的比表面积最大，为 $700 \sim 850 \ m^2/g$，伊利石次之（$90 \sim 150 \ m^2/g$），高岭石最小（$5 \sim 40 \ m^2/g$）。Bower 等（1952）通过测定土壤在去除有机质前后比表面积的差值，得到土壤有机质的比表面积约为 $700 \ m^2/g$，与蒙脱石相当。通常，土壤胶体的比表面积越大，表面能也越大，其表面含有的吸附位点更多，对有机化合物和无机离子的吸附能力越强。土壤的电荷符号、电荷数量和电荷密度会影响土壤胶体吸附什么离子、对离子的吸附量和吸附的牢固程度。不同类型的土壤胶体，所带电荷的数量差别较大。无机胶体中高岭石所带负电荷为 $3 \sim 15 \ cmol/kg$，伊利石为 $20 \sim 40 \ cmol/kg$，蒙脱石为 $80 \sim 100 \ cmol/kg$。在矿质土壤中，黏土矿物是土壤胶体的主体，它提供的负电荷约占土壤胶体电荷比的 80%，其贡献远大于有机质。土壤胶体具有相互吸引、凝聚的趋势，表现出凝聚性。同时，胶体微粒又因具有相同电荷而相互排斥，呈现出分散性。在土壤溶液中，土壤胶体带负电荷，阳离子可以中和土壤胶体表面的负电荷，从而加强土壤的凝聚。一般来说，常见阳离子凝聚能力的大小顺序为：$Fe^{3+} > Al^{3+} > Ca^{2+} > Mg^{2+} > K^+ > NH_4^+ > Na^+$。此外，土壤的凝聚性还受土壤溶液的pH和电解质浓度的影响。

（二）土壤的吸附性

1. 阳离子交换吸附

土壤胶体表面吸附的阳离子，可以与土壤溶液中的阳离子发生交换反应，称为阳离子交换吸附，反应是可逆过程。离子的价态、离子半径及水化程度会影响阳离子的交换能力。一般来说，阳离子交换能力随离子价数和离子半径的增大而增大，随水化离子半径的增大而减小。土壤中常见阳离子的交换能力顺序为：$Fe^{3+} > Al^{3+} > H^+ > Ca^{2+} > Mg^{2+} > K^+ > NH_4^+ > Na^+$。通常把每千克干土中所含的全部交换性阳离子的物质的量称为阳离子交换量（CEC），单位 cmol/kg。土壤阳离子交换量是进行土壤分类的重要指标，反映了土壤的缓冲性能与供肥和保肥能力，它受土壤胶体的类型、土壤质地、pH和腐殖质含量的影响。不同类型土壤胶体的阳离子交换能力的大小顺序为：有机胶体>蛭石>蒙脱石>伊利石>高岭石>含水氧化物。土壤中黏粒含量越高，阳离子交换量越高；土壤pH升高，阳离子交换量增大。

土壤胶体上吸附的交换性阳离子中，H^+和Al^{3+}为致酸离子，K^+、Ca^{2+}、Na^+、Mg^{2+}和NH_4^+为盐基离子。土壤的盐基饱和程度是指土壤胶体上交换性盐基离子占阳离子交换量的比例。当土壤胶体吸附的阳离子全部是盐基离子时，土壤呈盐基饱和状态，称为盐基饱和土壤。当土壤胶体吸附的阳离子仅部分为盐基离子，其余为H^+和Al^{3+}时，这种土壤称为盐基不饱和土壤。盐基饱和土壤的pH偏高，一般呈中性或碱性，而盐基不饱和土壤的pH偏低，土壤呈酸性。盐基饱和度可以作为一项重要指标来判断土壤肥力。一般来说，很肥沃的土壤的盐基饱和度≥80%，中等肥力水平的土壤的盐基饱和度为50%～80%，不肥沃的土壤的盐基饱和度小于50%。

2. 阴离子交换吸附

带正电荷的土壤胶体吸附的阴离子与土壤溶液中的阴离子进行交换，称为阴离子交换吸附，这也是可逆过程。发生阴离子交换的同时，伴有化学固定作用，例如阴离子PO_4^{3-}可与溶液中的阳离子Fe^{3+}和Al^{3+}形成$FePO_4$和$AlPO_4$难溶性沉淀，而被强烈地吸附。Cl^-、NO_3^-、NO_2^-由于不能形成难溶盐，不易被土壤吸附。常见阴离子吸附能力的大小顺序为：$F^- > C_2O_4^{2-} > PO_4^{3-} > HCO_3^- > H_2BO_3^- > CH_3COO^- > SCN^- > SO_4^{2-}$。

（三）土壤的酸碱性

土壤的酸性主要来自CO_2溶于水形成碳酸、有机物分解产生有机酸以及某些无机酸和Al^{3+}的水解。土壤的碱性主要来自土壤Na_2CO_3、$NaHCO_3$、$CaCO_3$以及胶体上交换性Na^+，它们水解显碱性。一般土壤的酸碱度可分为9个等级，即极强酸性（pH<4.5），强酸性（pH 4.5~5.5），酸性（pH 5.5~6.0），弱酸性（pH 6.0~6.5），中性（pH 6.5~7.0），弱

碱性（pH 7.0~7.5），碱性（pH 7.5~8.5），强碱性（pH 8.5~9.5）和极强碱性（pH > 9.5）。

我国土壤 pH 多数为 4.5~8.5，地理分布上呈东南酸西北碱的地带性分布特点，即由南向北土壤的 pH 递增。长江以南的土壤多为酸性和强酸性，如华南和西南地区分布的红壤、砖红壤和黄壤的 pH 大多为 4.5 ~ 5.5，有少数甚至低至 3.6 ~ 3.8。华中和华东地区的红壤的 pH 为 5.5 ~ 6.5。长江以北的土壤多数为中性和碱性，如华北和西北地区的土壤大多含碳酸钙，pH 一般为 7.5 ~ 8.5，部分碱土的 pH 大于 8.5，少数强碱性土壤的 pH 可高达 10.5。

（四）土壤的氧化-还原性

土壤中的氧化剂（电子给予体）和还原剂（电子接受体）构成了氧化还原体系。土壤中主要的氧化剂有：土壤中的氧气、NO_3^-、Mn^{4+}、Fe^{3+}、SO_4^{2-} 等。土壤中主要的还原剂是有机质，尤其是新鲜易分解的有机质，在适宜的 pH、湿度和温度下这些有机质的还原能力很强。土壤的氧化还原体系分为无机体系和有机体系，其中无机体系有氧体系、铁体系、锰体系、氮体系、硫体系和氢体系，有机体系主要是有机碳体系，包括不同分解程度的有机化合物、微生物的细胞体及其代谢产物，如有机酸、酚、醛类和糖类等化合物。

土壤的氧化还原能力可以用氧化还原电位（E_h）来表示，即溶液中的氧化态物质和还原态物质的浓度变化所产生的电位。土壤的通气性、微生物活动、易分解有机质的含量、植物根系的代谢作用和土壤的 pH 都会影响土壤的氧化还原电位。一般旱地土壤的 E_h 为 +400 ~ +700 mV，水田土壤的 E_h 为 -200 ~ +300 mV。根据土壤的 E_h 可以确定土壤中有机物和无机物可能发生的氧化还原反应和环境行为。

（五）土壤的生物活性

土壤中的生物成分使土壤具有生物活性，这对于土壤中物质和能量的迁移转化起着重要的作用，影响着土壤环境的物理化学和生物化学过程、特征和结果。土壤的生物体系由微生物、动物和微动物组成，尤以微生物最为活跃。土壤微生物种类繁多，主要类群有细菌、放线菌、真菌和藻类，它们个体小、繁殖迅速、数量大、易发生变异。据测定，土壤表层每克土含微生物数目为：细菌 $10^8 \sim 10^9$ 个，放线菌 $10^7 \sim 10^8$ 个，真菌 $10^5 \sim 10^6$ 个，藻类 $10^4 \sim 10^5$ 个。土壤动物包括原生动物、蠕虫动物、节肢动物、腹足动物及一些哺乳动物，对土壤性质的影响和污染物迁移转化也起着重要作用。

土壤微生物是土壤肥力发展的决定性因素。自养型微生物可以从阳光或通过氧化无机物摄取能源，通过同化 CO_2 取得碳源，构成有机体，从而为土壤提供有机质。异养微生物则通过对有机体的腐生、寄生、共生和吞食等方式获取食物和能源，成为土壤有机质分解和合成的主宰者。土壤微生物能将不溶性盐类转化为可溶性盐类，把有机质矿化为能被吸收利用的化合物。固氮菌能固定空气中的氮素，为土壤提供氮；微生物分解和合成腐殖质可改善土壤的理化性质。此外，微生物的生物活性在土壤污染物迁移转化进程中起着重要作用，有利于土壤的自净过程，并能减轻污染物的危害。

第二节　土壤污染与自净

一、土壤背景值和土壤环境容量

土壤背景值又称土壤本底值，代表一定环境单元中的一个统计量的特征值。在地质学上，土壤背景值指各区域正常地质地理条件和地球化学条件下，元素在各类自然体中的正常含量。在环境科学上，土壤背景值指在未受或少受人类活动影响的情况下，土壤本身的化学元素的组成和含量，是判断土壤是否受到污染和污染程度的标准。

土壤背景值在污水灌溉、农田施肥和土壤污染评价方面是不可缺少的基础数据，还可以通过研究土壤背景值来确定土壤环境容量和制定环境标准。通过对土壤背景值的分析，可以找到动植物、人群和土壤之间某些化学元素的相互关系，从而揭示土壤背景值对人类健康的影响。土壤背景值作为一个"基准"数据，在环境科学、土壤学、农业、环境医学、食品卫生、环境质量评价、土壤资源评价与规划等方面都有重要的应用价值。

土壤环境容量又称土壤负载容量，是一定土壤环境单元在一定时限内遵循环境质量标准，既维持土壤生态系统的正常结构与功能，保证农产品的生物学产量与质量，又不使环境系统污染超过土壤环境所能容纳污染物的最大负荷量。不同土壤其环境容量是不同的，同一土壤对不同污染物的容量也是不同的，这涉及土壤的净化能力。土壤环境容量最大允许极限值减去背景值（或本底值），得到的是土壤环境的净容量。考虑土壤环境的自净作用与缓冲性能（土壤污染物输入输出过程及累积作用等），即土壤环境的净容量加上这部分土壤的净化量，称为土壤的全部环境容量或土壤的动容量。

二、土壤污染及其危害

土壤污染是指人类活动产生的污染物质通过各种途径进入土壤并积累到一定程度，引起土壤环境质量恶化的现象。其后果是导致土壤正常功能失调，土壤质量下降，从而影响土壤动物、植物、微生物的生长发育及农副产品的产量和质量的现象。

土壤与人类息息相关。如果土壤受到污染，会带来多方面的问题和后果。比如：

（1）导致农作物产量下降，品质变差，并威胁食物安全。土壤污染会影响作物生长，造成减产；农作物可能会吸收和富集某种污染物，影响农产品质量。

（2）危害人类和动物的健康。土壤污染会使污染物在农作物或水中积累，并通过食物链富集到动物体，最后进入人体，从而引发各种疾病，最终危害到人体健康。

（3）威胁土壤的结构和生态安全。土壤污染影响植物、土壤动物（如蚯蚓）和微生物（如根瘤菌）的生长和繁衍，危及正常的土壤生态过程和生态服务功能，不利于土壤养分转化和肥力保持，影响土壤的正常功能。

（4）影响我国的经济发展。污染场地未经治理直接用于住宅、商业、工业等建设用地，会给有关人群造成长期的危害，减损房地产价值。

 **阅读材料**

全国土壤污染状况调查公报

（2014 年 4 月 17 日）环境保护部 国土资源部

根据国务院决定，2005 年 4 月至 2013 年 12 月，我国开展了首次全国土壤污染状况调查。调查范围为中华人民共和国境内（未含香港特别行政区、澳门特别行政区和台湾地区）的陆地国土，调查点位覆盖全部耕地，部分林地、草地、未利用地和建设用地，实际调查面积约 630 万平方千米。调查采用统一的方法、标准，基本掌握了全国土壤环境质量的总体状况。现将主要数据成果公布如下。

一、总体情况

全国土壤环境状况总体不容乐观，部分地区土壤污染较重，耕地土壤环境质量堪忧，工矿业废弃地土壤环境问题突出。工矿业、农业等人为活动以及土壤环境背景值高是造成土壤污染或超标的主要原因。

全国土壤总的超标率为 16.1%，其中轻微、轻度、中度和重度污染点位比例分别为 11.2%、2.3%、1.5% 和 1.1%。污染类型以无机型为主，有机型次之，复合型污染比重较小，无机污染物超标点位数占全部超标点位的 82.8%。

从污染分布情况看，南方土壤污染重于北方；长江三角洲、珠江三角洲、东北老工业基地等部分区域土壤污染问题较为突出，西南、中南地区土壤重金属超标范围较大；镉、汞、砷、铅 4 种无机污染物含量分布呈现从西北到东南、从东北到西南方向逐渐升高的态势。

二、污染物超标情况

（一）无机污染物 镉、汞、砷、铜、铅、铬、锌、镍 8 种无机污染物点位超标率分别为 7.0%、1.6%、2.7%、2.1%、1.5%、1.1%、0.9%、4.8%（表 6-3）。

表 6-3 无机污染物超标情况

污染物类型	点位超标率/%	不同程度污染点位比例/%			
		轻微	轻度	中度	重度
镉	7.0	5.2	0.8	0.5	0.5
汞	1.6	1.2	0.2	0.1	0.1
砷	2.7	2.0	0.4	0.2	0.1
铜	2.1	1.6	0.3	0.15	0.05
铅	1.5	1.1	0.2	0.1	0.1
铬	1.1	0.9	0.15	0.04	0.01
锌	0.9	0.75	0.08	0.05	0.02
镍	4.8	3.9	0.5	0.3	0.1

（二）有机污染物 六六六、滴滴涕、多环芳烃 3 类有机污染物点位超标率分别为 0.5%、1.9%、1.4%（表 6-4）。

表 6-4　有机污染物超标情况

污染物类型	点位超标率/%	不同程度污染点位比例/%			
		轻微	轻度	中度	重度
六六六	0.5	0.3	0.1	0.06	0.04
滴滴涕	1.9	1.1	0.3	0.25	0.25
多环芳烃	1.4	0.8	0.2	0.2	0.2

三、不同土地利用类型土壤的环境质量状况

耕地：土壤点位超标率为 19.4%，其中轻微、轻度、中度和重度污染点位比例分别为 13.7%、2.8%、1.8%和 1.1%，主要污染物为镉、镍、铜、砷、汞、铅、滴滴涕和多环芳烃。

林地：土壤点位超标率为 10.0%，其中轻微、轻度、中度和重度污染点位比例分别为 5.9%、1.6%、1.2%和 1.3%，主要污染物为砷、镉、六六六和滴滴涕。

草地：土壤点位超标率为 10.4%，其中轻微、轻度、中度和重度污染点位比例分别为 7.6%、1.2%、0.9%和 0.7%，主要污染物为镍、镉和砷。

未利用地：土壤点位超标率为 11.4%，其中轻微、轻度、中度和重度污染点位比例分别为 8.4%、1.1%、0.9%和 1.0%，主要污染物为镍和镉。

四、典型地块及其周边土壤污染状况

（一）重污染企业用地　在调查的 690 家重污染企业用地及周边的 5846 个土壤点位中，超标点位占 36.3%，主要涉及黑色金属、有色金属、皮革制品、造纸、石油煤炭、化工医药、化纤橡塑、矿物制品、金属制品、电力等行业。

（二）工业废弃地　在调查的 81 块工业废弃地的 775 个土壤点位中，超标点位占 34.9%，主要污染物为锌、汞、铅、铬、砷和多环芳烃，主要涉及化工业、矿业、冶金业等行业。

（三）工业园区　在调查的 146 家工业园区的 2523 个土壤点位中，超标点位占 29.4%。其中，金属冶炼类工业园区及其周边土壤主要污染物为镉、铅、铜、砷和锌，化工类园区及周边土壤的主要污染物为多环芳烃。

（四）固体废物集中处理处置场地　在调查的 188 处固体废物处理处置场地的 1351 个土壤点位中，超标点位占 21.3%，以无机污染为主，垃圾焚烧和填埋场有机污染严重。

（五）采油区　在调查的 13 个采油区的 494 个土壤点位中，超标点位占 23.6%，主要污染物为石油烃和多环芳烃。

（六）采矿区　在调查的 70 个矿区的 1672 个土壤点位中，超标点位占 33.4%，主要污染物为镉、铅、砷和多环芳烃。有色金属矿区周边土壤镉、砷、铅等污染较为严重。

（七）污水灌溉区　　在调查的 55 个污水灌溉区中，有 39 个存在土壤污染。在 1378 个土壤点位中，超标点位占 26.4%，主要污染物为镉、砷和多环芳烃。

（八）干线公路两侧　　在调查的 267 条干线公路两侧的 1578 个土壤点位中，超标点位占 20.3%，主要污染物为铅、锌、砷和多环芳烃，一般集中在公路两侧 150 米范围内。

注释：

[1]本公报中点位超标率是指土壤超标点位的数量占调查点位总数量的比例。

[2]本次调查土壤污染程度分为 5 级：污染物含量未超过评价标准的，为无污染；在 1 倍至 2 倍（含）之间的，为轻微污染；2 倍至 3 倍（含）之间的，为轻度污染；3 倍至 5 倍（含）之间的，为中度污染；5 倍以上的，为重度污染。

三、土壤污染的特点

土壤污染具有以下几个特点。

（1）隐蔽性和滞后性。水体和大气的污染比较直观，严重时通过人的感官即能发现。土壤污染则往往要通过农作物包括粮食、蔬菜、水果或牧草以及摄食的人或动物的健康状况才能反映出来，从遭受污染到产生恶果有一个相当长的逐步积累过程。

（2）不可逆性和长期性。土壤一旦遭到污染极难自行恢复，特别是重金属元素对土壤的污染是一个不可逆过程，而许多有机化学物质的污染也需要一个比较长的降解时间。

（3）累积性和地域性。与大气和水体相比，土壤中的污染物更难迁移、扩散和稀释，因此容易在土壤中不断积累而超标，并且使土壤污染呈现很强的地域性特点。

（4）不均匀性。由于土壤性质差异较大，而且污染物在土壤中迁移较慢，土壤中的污染物分布不均匀，空间变异性较大。

（5）治理难而周期长。土壤一旦被污染，即使切断污染源也很难自我修复，必须采取各种有效的治理技术才能消除污染。从现有的治理方法来看，依然存在治理成本较高或周期较长的问题。

四、土壤污染源和土壤污染物

1. 土壤污染源

土壤是一个开放体系，它与其他环境要素间时刻在进行着物质和能量的交换，因而造成土壤污染的物质来源是极为广泛的，有天然污染源，也有人为污染源，后者是造成土壤污染的主要原因。按照进入土壤的污染物的来源，土壤污染源可分为工业污染源、农业污染源、生活污染源和其他污染源。

（1）工业污染源。工业生产过程中排出的"三废"，即废水、废气和废渣，含有污染物种类多、浓度高、毒性大等特点，是造成土壤污染的主要来源。直接由工业"三废"造成的土壤污染发生范围一般仅限于工业区周围几千米到几十千米内，工业"三废"引起的大面积土壤污染往往是间接的，如工业废渣被作为肥料施入农田，工业废水以污水灌溉的形式进入土壤。

（2）农业污染源。在农业生产中，频繁和过量使用的农药化肥、广泛作为大棚和地膜覆盖物的塑料薄膜都是主要的农业污染源。化肥是粮食增产的物质基础，但其中含有的重金属、有机物以及无机酸类等会引起土壤污染。农膜的作用显而易见，但它不易蒸发、挥发，也不易被土壤微生物分解，是一种长期滞留土壤的污染物。

（3）生活污染源。大量的生活污水通过城市排水系统进入土壤环境，大量的生活垃圾被运到城市周围堆放，导致城镇及其周边地区局部土壤受到污染。

（4）其他污染源。交通污染源排放的汽车尾气含有各种有毒有害物质，它们通过大气沉降会对土壤造成污染。另外，随着各种现代武器的使用，战争对战区土壤污染的程度也越来越严重。

2. 土壤污染物

通过各种途径进入土壤环境的污染物种类繁多。从污染物的属性考虑，一般可分为有机污染物、无机污染物、生物污染物、放射性污染物四大类。

（1）有机污染物。主要包括有机农药、多环芳烃、三氯乙醛、石油、苯并芘类、洗涤剂以及高浓度的可生化性有机物等。有机污染物进入土壤后可危及农作物生长和土壤生物生存。如稻田施用含有二苯醚的污泥造成稻苗大面积死亡，泥鳅、鳝鱼绝迹。农药残留物在土壤中积累，会污染土壤和食物链。废旧农膜不易蒸发、挥发，也不易被土壤微生物分解，是一种长期滞留土壤的污染物。

（2）无机污染物。主要有重金属、有害元素的氧化物、酸、碱、盐类等，其中以重金属污染最为严重。采矿、冶金和化工等工业排放的"三废"、汽车尾气以及农药和化肥的使用都是土壤重金属的重要来源。土壤一旦被重金属污染，就难以彻底消除，并且有许多重金属易被植物吸收，通过食物链，危及人类健康。

（3）生物污染物。是指一些有害的生物，如各类病原菌、寄生虫卵等。它们从外界环境进入土壤后，大量繁殖，从而破坏原有的土壤生态平衡，并对人畜健康造成不良影响。这类污染物主要来源于未经消毒处理的粪便、垃圾、城市生活污水、饲养场和屠宰场的废物等。其中传染病医院未经消毒处理的污水和污物危害最大。土壤生物污染不仅危害人畜健康，还能危害植物，造成农业减产。

（4）放射性污染物。是指通过各种途径如大气沉降、污灌、固物的埋藏处置、施肥及核工业等进入土壤的放射性性核素。它们使土壤的放射性性水平高于本底值。放射性衰变产生的 α、β、γ 射线能穿透动植物组织、损害细胞，造成外照射损伤或通过呼吸和吸收进入动植物体，造成内照射损伤。

五、土壤自净作用

进入土壤中的污染物，与土壤原有组分（包括土壤矿物质、有机质、土壤动物和微生物）或污染物之间发生一系列的物理、化学和生物反应，从而使污染物的浓度降低甚至消除污染物毒性，这一过程称为土壤自净作用。土壤自净作用主要包括以下三个方面。

1. 物理自净

土壤的物理自净是指利用土壤多相、疏松、多孔的特点，通过吸附、挥发和稀释等物理作用使土壤污染物趋于稳定，毒性或活性减小，甚至排出土壤的过程。土壤犹如一个天然的大过滤器，土壤中难溶性固体污染物可被土壤胶体吸附；可溶性污染物不仅能被土壤固相表面吸附（指物理吸附），还能通过土壤水稀释而迁移至地表水或地下水层。此外，某些污染物可挥发或转化成气态物质从土壤孔隙中迁移扩散进入大气。例如，六六六在旱田施用后，主要靠挥发散失；氯苯灵等除草剂在高温条件下易挥发失活。物理过程只是将污染物分散、稀释和转移，并没有将它们降解消除，所以物理自净不能降低污染物总量，还可能使其他环境介质受到污染。土壤物理净化的效果取决于土壤的温度、湿度、土壤质地、土壤结构以及污染物的性质。

2. 化学自净

土壤的化学净化是指污染物进入土壤后，发生离子交换吸附、凝聚与沉淀、氧化还原、配合螯合反应、酸碱中和反应、水解、分解化合反应，或者发生由太阳辐射能和紫外线等引起的光化学降解作用等，从而降低浓度的过程。土壤的化学自净能力不仅与土壤的物质组成和性质、污染物本身的组成和性质有密切关系，还与土壤环境条件有关。重金属在土壤中只能发生凝聚沉淀反应、氧化还原反应、配合螯合反应、同晶置换反应，而不能被降解。调节适宜的土壤 pH、氧化还原电位（E_h），增施有机胶体或其他化学抑制剂，如石灰、碳酸盐、磷酸盐等，可相应提高土壤环境的化学净化能力。

3. 生物自净

土壤的生物净化是指土壤中的生物与进入土壤的污染物作用，使之降解、转化和富积的过程，是土壤环境自净的重要途径之一。由于土壤中的微生物种类繁多，各种有机污染物在不同条件下的分解形式也多种多样，主要有氧化、还原、水解、脱烃、脱卤、芳香羟基化和异构化、环破裂等过程，最终转化为对生物无毒的残留物和二氧化碳。在土壤中，某些无机污染物也可以通过微生物的作用发生一系列的变化而降低活性和毒性。但是，微生物不能净化重金属，反而有可能使重金属在土壤中富集。污染物的生物降解作用与土壤中微生物的种群、数量、活性，以及土壤水分、土壤温度、土壤通气性、pH、氧化还原电位（E_h）、C/N 比等因素有关，还与污染物本身的化学性质有关。

土壤的不同自净过程是相互交错的，其强度共同构成了土壤环境容量的基础。尽管土壤环境具有多种自净功能，但其净化能力是有限的，而且自净速度比较缓慢，因此人类还要通过多种措施提高其净化能力。

第三节　土壤污染综合防治

对于土壤环境污染，应坚持"预防为主、防治结合"的基本方针，从控制和消除污染源出发，充分利用土壤环境所具有的强大净化能力，采取有效的土壤污染修复技术和管理手段，全面开展土壤环境污染综合防治，促进土壤资源的保护和可持续利用。

一、土壤污染防治相关法律法规

近年来，我国十分重视土壤污染防治问题，先后出台了一系列土壤保护与修复有关的政策、法规和标准。如《土壤污染防治行动计划》《中华人民共和国土地管理法》（2019年修订）、《中华人民共和国土壤污染防治法》《土壤污染防治基金管理办法》（财资环〔2020〕2号）、《农用地土壤环境管理办法》（部令第46号）、《污染地块土壤环境管理办法（试行）》（部令第42号）、《工矿用地土壤环境管理办法（试行）》（部令第3号）、《场地环境调查技术导则》（HJ 25.1—2014）、《场地环境监测技术导则》（HJ 25.2—2014）、《污染场地风险评估技术导则》（HJ 25.3—2014）、《污染场地土壤修复技术导则》（HJ 25.4—2014）、《工业企业场地环境调查评估与修复工作指南》（环保部公告2014年第78号）、《全国土壤污染状况详查土壤样品分析测试方法技术规定》（环办土壤函〔2017〕1625号）、《农用地土壤污染状况详查点位布设技术规定》（环办土壤函〔2017〕1021号）、《土壤环境质量　农用地土壤污染风险管控标准（试行）》（GB 15618—2018）、《土壤环境质量　建设用地土壤污染风险管控标准（试行）》（GB 36600—2018）等。此外，部分省市还根据本地区的情况制定了适合地区管理的技术指南和环境标准。

《土壤污染防治行动计划》（简称"土十条"），于2016年5月28日由国务院印发，自发布之日起实施。它以改善土壤环境质量为核心，以保障农产品质量和人居环境安全为出发点，通过10条35款共提出231项具体措施。"土十条"确定了我国当前和今后一个时期土壤污染防治工作的行动纲领。《中华人民共和国土壤污染防治法》由十三届全国人大常委会第五次会议于2018年8月31日通过，自2019年1月1日起施行。该法共七章、九十九条，是我国首部规范土壤污染防治的专门法律，是我国土壤环境管理工作的重要"里程碑"。它明确了我国土壤污染防治规划、普查、监测等方面的基本制度，以及预防和保护制度、土壤污染风险管控和修复责任制度、农用地分类管理制度、建设用地风险管控和修复名录制度等专项制度。

 阅读材料

"土十条"简介

2016年5月28日，国务院正式发布了《土壤污染防治行动计划》（简称"土十条"）。

工作目标：到 2020 年，全国土壤污染加重趋势得到初步遏制，土壤环境质量总体保持稳定，农用地和建设用地土壤环境安全得到基本保障，土壤环境风险得到基本管控。到 2030 年，全国土壤环境质量稳中向好，农用地和建设用地土壤环境安全得到有效保障，土壤环境风险得到全面管控。到本世纪中叶，土壤环境质量全面改善，生态系统实现良性循环。

主要指标：到 2020 年，受污染耕地安全利用率达到 90% 左右，污染地块安全利用率达到 90% 以上。到 2030 年，受污染耕地安全利用率达到 95% 以上，污染地块安全利用率达到 95% 以上。

十个（三十五条）方面的措施如下：

一、开展土壤污染调查，掌握土壤环境质量状况；

二、推进土壤污染防治立法，建立健全法规标准体系；

三、实施农用地分类管理，保障农业生产环境安全；

四、实施建设用地准入管理，防范人居环境风险；

五、强化未污染土壤保护，严控新增土壤污染；

六、加强污染源监管，做好土壤污染预防工作；

七、开展污染治理与修复，改善区域土壤环境质量；

八、加大科技研发力度，推动环境保护产业发展；

九、发挥政府主导作用，构建土壤环境治理体系；

十、加强目标考核，严格责任追究。

二、土壤污染的预防措施

1. 控制和消除土壤污染源

采取措施控制进入土壤的污染物的数量和速度。工业"三废"中含有大量有毒有害物质，若其排放量超过土壤环境自净能力的容许量，就产生土壤环境污染。控制和消除"三废"排放就要全面推广清洁生产工艺和闭路循环，减少和消除污染物质的排放，并对必须排放的"三废"进行净化处理使其符合国家制定的排放标准。

2. 加强土壤污灌区的监测和管理

工业废水和生活污水成分复杂，含有很多有毒有害物质。直接利用污水进行农田灌溉，会造成严重的土壤环境污染，因此要对污水的成分和污染物含量进行动态监测，根据土壤的环境容量制定区域性农田灌溉水质标准，以免引起土壤环境污染。对于污水灌溉和污泥施肥的地区则要经常检测污水和污泥及土壤中污染物质成分、含量和动态变化情况，严格控制污水污灌和污泥施肥用量，避免盲目地污灌和滥用污泥，以免引起污灌的污染。

3. 增强土壤环境容量和提高土壤净化能力

有机胶体和黏土矿物对土壤中重金属和农药有一定的吸附力，因此增加土壤有机质改良砂性土壤可促进土壤对有毒物质的吸附作用，是增加土壤容量，提高土壤自净能力的有效措施。另外，通过分离和培育新的微生物品种，改善微生物的土壤环境条件，增加微生物的降解作用，也能提高土壤的净化功能。

4. 合理施用化肥和农药等农用化学品

化肥和农药的使用是现代农业必不可少的技术手段。但由于其特殊的化学性质，技术上使用不合理或者是过分使用，均会对农作物人畜和土壤环境造成不可估量的危害。因此，要根据不同的土壤结构需要合理施肥，加大研发绿色和高效农药，禁止和限制使用剧毒和高残留农药。同时，要根据病虫害的抗药能力控制农药的使用范围、用量、次数和间隔期，将农药使用控制在农畜产品所能接受的范围内。

5. 改变耕作方式

改变耕作方式，使土壤环境条件发生变化，可消除某些污染物的危害。例如，DDT和六六六在旱田的降解速度很慢，积累明显。改水田后，DDT 的降解速度加快。利用这一性质实行水旱轮作，是减轻或消除农药污染的有效措施。控制土壤氧化还原条件也是减轻重金属污染危害的重要措施。据研究，在水稻抽穗到成熟期，无机成分大量向穗部转，淹水可明显抑制水稻对镉的吸收，落干则促进水稻对镉的吸收。另外，重金属元素均能与土壤中的硫化氢发生反应生成硫化氢沉淀，加强水浆管理，可有效减少重金属的危害。但砷相反，随着土壤 E_h 的降低而毒性增加。

6. 采用有效的土壤污染修复技术

对于已经遭受污染的土壤，应根据污染物种类、污染程度和被污染土壤的理化特性，采取有效的污染修复技术。例如，对于重金属污染较轻的土壤可施加石灰、碱性磷酸盐等抑制剂，改变污染物在土壤中的迁移和转化方向，使其转化为难溶物质而减少作物吸收。对于重金属污染严重的土壤可采用排土法和客土法，彻底挖去污染土层，以根除污染物。但如果是地区性污染，客土法不宜采用；可采用深耕法，将上下土层翻动混合，使表层土壤污染物含量降低，但在严重污染地区不宜采用。

第四节　污染土壤的修复技术

一、概念与分类

土壤修复是指利用物理、化学、生物和生态学等的方法和原理，采用人工调控措施，以降低土壤中污染物的浓度、固定土壤污染物或将土壤污染物转化成为低毒或无毒物质，进而实现污染物的无害化和稳定化。污染土壤的修复途径包括：① 降低污染物在土壤中的浓度；② 通过固化或钝化作用改变污染物的形态从而降低在环境中的迁移性；③ 从土壤中去除。对污染土壤实施修复，可阻断污染物进入食物链，防止对人体健康造成危害，对促进土地资源的保护和可持续发展具有重要意义。

　　根据修复土壤的位置，污染土壤的修复技术可分为原位修复技术和异位修复技术。原位修复技术是指对未挖掘的土壤进行治理的过程。其优点是比较经济有效，就地对污染物进行降解和减毒，不需要建设昂贵的地面环境工程基础设施和远程运输，操作维护较简单；缺点是控制处理过程中产生的"三废"比较困难。异位修复技术是指对挖掘后的土壤进行修复的过程，它分为原地处理和异地处理两种。原地处理指在原地对挖掘出的土壤进行处理的过程，异地处理指将挖掘出的土壤运至另一地点进行处理的过程。其优点是对处理过程的条件控制较好、与污染物接触较好，容易控制处理过程中产生的"三废"的排放；缺点是在处理之前需要挖土和运输，会影响处理过的土壤的再使用且费用通常较高。

　　根据修复技术的原理，污染土壤的修复技术分为物理修复、化学修复、生物修复及联合修复技术。

二、物理修复技术

　　物理修复技术是指通过各种物理过程将污染物特别是有机污染物从土壤中去除或分离的技术，主要包括改土法、热解吸技术和土壤气提技术等。该方法的治理效果较为彻底稳定，但工程量大，投资大，易引起土壤肥力的减弱，适用于小面积污染土壤的修复。

　　1. 改土法

　　改土法是用新鲜未受污染的土壤替换或部分替换原污染土壤以稀释原污染土壤污染物浓度，增加土壤环境容量的方法。改土法可分为翻土法、换土法和客土法。翻土法是深翻土壤，使集聚在表层的污染物分散到土壤深层，达到稀释的目的。换土法是把污染的土壤取走，换入新的干净土壤。该方法适用于小面积严重污染土壤的治理，兑换出的土壤必须进行治理，一般适宜于事故后的简单处理。客土法是向污染土壤内加入大量的洁净土壤，使土壤污染物浓度降低或减少污染物与植物根系接触的方法。例如，对水稻等浅根作物和铅等移动性较差的污染物可采用改土法进行修复。

　　改土法对重金属污染治理效果较为显著，不受土壤条件限制，但工程费用高，恢复土壤结构和肥力所需时间长，兑换出的土壤需妥善处理，以防止二次污染。

　　2. 热解吸技术

　　热解吸技术是通过直接或间接热交换方式，将受有机物污染的土壤加热至有机物沸点以上，使吸附于土壤中的有机物挥发成气态后再分离处理。它可分为两步：加热污染介质使污染物挥发；处理废气防止污染物扩散到大气。污染土壤热解吸修复过程见图 6-2。

　　根据土壤和沉积物的加热温度，热解吸附技术可分为高温热解吸（315～540 ℃）和低温热解吸（150～315 ℃）技术。根据加热方式，热解吸系统可分为直接和间接加热系统，其中直接加热采用火焰加热和直接接触对流加热。间接加热采用物理阻隔（如钢板）将热源和加热介质分开加热，包括间接火焰和间接接触加热。根据给料方式可将热解吸系统分为连续给料和批量给料系统。

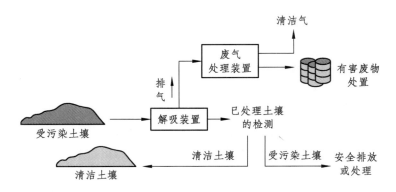

图 6-2　污染土壤热解吸修复过程示意图

　　热解吸技术是目前世界上最先进的污染土壤处理技术之一，可以用在广泛意义上的挥发性有机物（VOCs）、半挥发性有机物（SVOCs），甚至高沸点氯代化合物如多氯联苯、二噁英和呋喃类污染土壤的治理和修复上。但是，该技术对仅被无机物如重金属污染的土壤、沉积物的修复是无效的。同时，也不能把这项技术用于被腐蚀性有机物、活性氧化剂和还原剂污染的土壤处理与修复上。

　　3. 土壤气提技术

　　土壤气提技术（SVE）是去除土壤中挥发性有机污染物（VOCs）的一种原位修复技术。它将新鲜空气通过注射井注入污染区域，利用真空泵产生负压，空气流经污染区域时，解吸并夹带土壤孔隙中的 VOCs 经由抽取井流回地上；抽取出的气体在地上经过活性炭吸附法以及生物处理法等净化处理，可排放到大气或重新注入地下循环使用。

　　土壤气提技术分为原位土壤气提技术和异位土壤气提技术。原位土壤气提技术主要利用真空通过布置在不饱和土壤层中的提取井向土壤中导入气流，气流经过土壤时，挥发性和半挥发性的有机物挥发，随空气进入真空井，气流经过之后，土壤得到修复，如图 6-3 所示。该技术适用于处理污染物为高挥发性化学成分，如汽油、苯和四氯乙烯等。异位土壤气提技术是指利用真空通过布置在堆积着的污染土壤中开有狭缝的管道网络向土壤中引入气流，促使挥发性和半挥发性的污染物挥发进入土壤中的清洁空气流，进而被提取，脱离土壤，如图 6-4 所示。

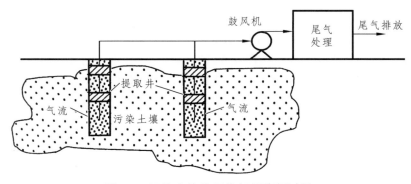

图 6-3　污染土壤的原位气提修复过程

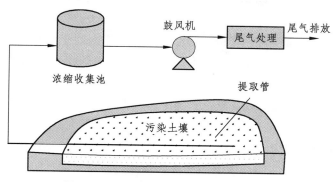

图 6-4　污染土壤的异位气提修复过程

土壤气提技术具有成本低、可操作性强、可采用标准设备、处理有机物的范围广、不破坏土壤结构和不引起二次污染等优点。苯系物等轻组分石油烃类污染物的去除率可达 90%。

三、化学修复技术

相对于物理修复，污染土壤的化学修复技术发展较早。它是指通过加入土壤化学修复剂，使其与污染物发生氧化、还原、吸附、沉淀、聚合、配合等反应，将污染物从土壤中分离、降解、转化或稳定成为低毒、无毒、无害等形式或形成沉淀除去的污染土壤修复技术。污染土壤的化学修复技术主要包括土壤固化/稳定化技术、化学淋洗技术、溶剂浸提技术、氧化-还原技术、电动力学修复技术等。

1. 固化/稳定化修复技术

固化/稳定化技术是指运用物理或化学的方法将土壤中的有害污染物固定起来，或者将污染物转化成化学性质不活泼的形态，阻止其在环境中迁移、扩散等，从而降低污染物质毒害程度的修复技术。它起源于 20 世纪 50 年代末期，早期用于处理淤泥，随后应用到土壤修复领域并逐渐发展成美国超级基金项目（注：即美国的场地修复项目）中应用最广泛的修复技术。我国一些冶炼企业场地重金属污染土壤和铬渣清理后的堆场污染土壤也采用了这种技术。

按处置位置的不同，固化/稳定化技术可分为原位和异位处置。异位固化/稳定化技术是将污染土壤挖掘出来，在地面与固化剂混合后投放到适当形状的模具中或放置到空地进行稳定化处理的技术。它能很好地控制试剂加入量，保证污染土壤与固化剂的充分混合，但挖掘、运输污染土壤增加了成本，并且增大了污染物向周围扩散的可能性，比较适合于污染深度较浅的场地。原位固化/稳定化技术是对污染土壤进行原位稳定化处理的技术。与异位固化/稳定化技术相比，它不需要搬运污染土壤，节省了运输费用，减小了污染土壤中污染物挥发的可能性；但为了实现土壤和固化剂的均匀混合，通常要利用各种挖掘、钻探和耕作设备。原位固化/稳定化技术能够处理深达 30 m 处的污染物，现场条件下可根据不同的土壤深度选择合适的混合方式。

固化/稳定化技术是较普遍应用于土壤重金属污染的快速控制修复方法，对同时处理多种重金属复合污染土壤具有明显的优势。目前，常用的固化剂有石灰、粉煤灰、水泥等碱性材料，磷灰石、羟基磷灰石、磷酸二氢钙等磷酸盐类物质，天然的以及人工合成的沸石、膨润土、海泡石等黏土矿物质类材料，金属氧化物类材料，生物污泥、秸秆、农家肥、生物炭等有机类材料以及复合类固化剂。各类固化剂对重金属的固化作用机理、效果各有差异。

固化/稳定化技术的优点：可同时处理被多种污染物污染的土壤，设备简单，费用较低。存在的缺点：没有对土壤污染中的污染物破坏和减量，仅是限制污染物对环境的有效性。被固化的污染物有可能重新释放出来，对环境造成危害。

2. 化学淋洗修复技术

化学淋洗修复技术是指借助能促进土壤环境中污染物溶解或迁移作用的溶剂，在重力作用下或通过水力压头推动淋洗液注入被污染土层中，然后再把包含污染物的液体从土层中抽提出来，进行分离和污水处理的技术。与其他处理方法相比，淋洗法不仅可以去除土壤中大量的污染物，限制有害污染物的扩散范围，还具有投资及消耗相对较少，操作人员可不直接接触污染物等优点。它分为原位化学淋洗法和异位化学淋洗法。

（1）原位化学淋洗法。原位化学修复过程是向土壤施加冲洗剂，使其向下渗透，穿过污染土壤并与污染物相互作用。在这个相互作用过程中，冲洗剂或化学助剂通过淋洗液的解吸、螯合、溶解或配合等物理、化学作用，最终形成可迁移态化合物。含有污染物的溶液可以用梯度井或其他方式收集、储存，再做进一步处理，以再次用于处理被污染的土壤，如图 6-5 所示。

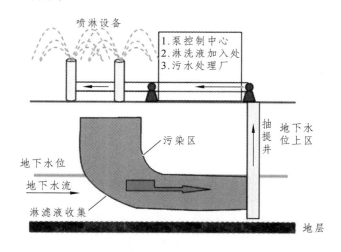

图 6-5 原位化学淋洗技术流程图

原位化学淋洗修复污染土壤有很多优点，如长效性、易操作性、高渗透性、费用合理性（依赖于所利用的淋洗助剂）等，治理的污染物范围很广泛。从污染土壤性质来看，原位化学淋洗技术最适用于多孔隙、易渗透的土壤。从污染物来看，原位化学淋洗技术适合重金属、具有低辛烷/水分配系数的有机化合物、羟基类化合物、低分子质量醇类和羧基酸类等污染物，不适用于非水溶态液态污染物，如强烈吸附于土壤的呋喃类化合物，极易挥发的有机物以及石棉等。

（2）异位化学淋洗修复。异位化学淋洗修复是指把污染土壤挖出来，用水或溶于水的化学试剂来清洗、去除污染物，再处理含有污染物的废水或废液，之后洁净的土壤可以回填或运到其他地点。

通常情况下，异位化学淋洗修复首先根据处理土壤的物理状况，将其分成不同的部分（石块、砂砾、砂、细砂以及黏粒），然后再根据二次利用的用途和集中处理需求，采用不同的方法将这些不同部分清洁到不同的程度。由于污染物不能强烈地吸附于沙质土上，所以沙质土只需要初步淋洗；而污染物容易吸附于土壤质地较细的部分，所以壤土和黏土通常需要进一步修复处理。在固液分离过程及淋洗液的处理过程中，污染物或被降解破坏，或被分离。

3. 溶剂浸提修复技术

溶剂浸提修复技术是一种利用溶剂将有害化学物质从污染土壤中提取出来或去除的技术，属于土壤异位处理。一般先要将污染土壤中大块岩石和垃圾等杂质分离去除，然后将污染土壤放置于提取罐或箱中，清洁溶剂从存储罐运送到提取罐，以漫浸方式加入土壤介质，以便与土壤污染物全面接触，在其中进行溶剂与污染物的离子交换等反应。图 6-6 所示为土壤溶剂浸提修复技术示意图。

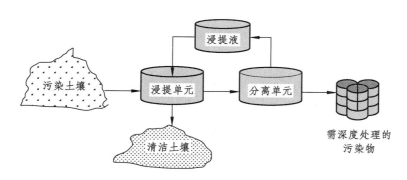

图 6-6　溶剂浸提修复技术示意图

溶剂浸提修复技术设计和运用得当，是比较安全、快捷、有效、便宜和易于推广的技术。该技术适用于多氯联苯（PCBs）、石油类碳水化合物、氯代碳氢化合物、多环芳烃、多氯二苯-p-二噁英以及多氯二苯呋喃（PCDF）等有机污染物，此外对一些有机农药污染土壤的修复也很有效。一般不适于重金属和无机污染物污染土壤的修复。低温和土壤黏粒含量高（大于 15%）是不利于溶剂浸提修复的。因为低温不利于浸提液流动和取得良好的浸提效果，黏粒含量高则导致污染物被土壤胶体强烈吸附，妨碍浸提溶剂渗透。在美国，该技术已成功地进行了多氯联苯、二噁英和有机农药污染场地的修复，平均修复费用为 165~600 美元/吨土壤，污染物去除率高达 99%。

4. 化学氧化修复技术

化学氧化修复技术是通过在污染区设置不同深度的钻井，然后通过钻井中的泵将化学氧化剂（如 H_2O_2、K_2MnO_4 和 O_3）注入土壤中，使氧化剂与污染物产生氧化反应，达到使污染物降解或转化为低毒、低迁移性产物的一项污染土壤原位氧化修复技术。

化学氧化修复技术需在钻井前对污染场地的土壤和地下水特征、污染区所在地和覆盖面积等进行勘查，否则很难将氧化剂泵入恰好的污染地点。化学氧化修复工作完成后，一般只在原污染区留下水和二氧化碳等无害化学反应产物，且不需将泵出液体送到专门的处理系统进行处理，具有省时、经济的技术优势。图 6-7 所示为污染土壤化学氧化修复技术示意图。

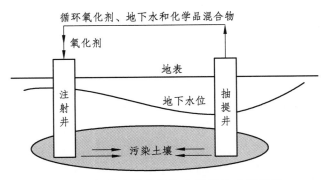

图 6-7　污染土壤化学氧化修复技术示意图

该技术主要用于分解破坏在土壤中污染期长和难生物降解的污染物，如油类、有机溶剂、多环芳烃（如萘）、PCP、农药以及非水溶态氯化物（如三氯乙烯、TCE）等。

5. 化学还原修复技术

化学还原修复主要是利用化学还原剂将污染物还原为难溶态，从而使污染物在土壤环境中的迁移性和生物可利用性降低的一项污染土壤原位修复技术。一般用于那些污染物在地面下较深范围内很大区域成斑块扩散，对地下水构成污染，且用常规技术难以奏效的污染修复。

该技术通常是通过向土壤注射液态还原剂、气态还原剂或胶体还原剂，创建一个化学活性反应区或反应墙（图 6-8），当污染物通过这个特殊区域时被降解和固定。

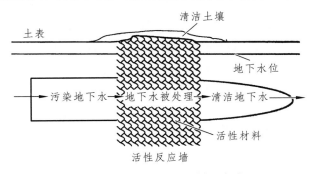

图 6-8　可透性化学活性反应墙

与化学氧化技术相似，化学还原技术的关键要素包括化学药剂和系统设计两方面。有代表性的还原剂主要有液态 SO_2、气态 H_2S 和零价 Fe 胶体。

6. 电动力学修复技术

电动力学修复技术是向污染土壤中插入两个电极形成低压直流电场，通过电化学和电动力学的复合作用，使水溶态和吸附于土壤的颗粒态污染物根据自身带电特性在电场内做定向移动，在电极附近富集或收集回收而去除的过程。污染物的去除过程涉及电迁移、电渗析、电泳和酸性迁移（pH 梯度）。电动力学修复技术主要用于均质土壤以及渗透性和含水量较高的土壤修复。它对大部分无机污染物污染土壤的修复是适用的，也可用于放射性物质和吸附性较强的有机污染物。

四、生物修复技术

污染土壤的生物修复是利用生物（包括动物、植物和微生物），通过人为调控，将土壤中有毒有害污染物吸收、分解或转化为无害物质的过程。与物理、化学修复技术相比，它具有成本低，不破坏植物生长所需要的土壤环境，环境安全无二次污染，处理效果好，操作简单等特点，是一种新型的环境友好替代技术。

生物修复技术根据土壤修复的位点可分为原位微生物修复和异位微生物修复技术，根据土壤修复的主导生物可分为微生物修复、植物修复和动物修复技术。

1. 微生物修复技术

微生物修复技术是利用土壤中的土著微生物的代谢功能，或者补充具有降解转化污染物能力的人工培养的功能微生物群，通过创造适宜环境条件，促进或强化微生物代谢功能，从而降解并最终消除污染物的生物修复技术。其实质是生物降解或者生物转化，即微生物对有机污染物的分解作用或者对无机污染物的钝化作用。利用微生物修复技术，既可治理农药、除草剂、石油、多环芳烃等有机物污染的环境，又可治理重金属等无机物污染的环境；既可使用土著微生物进行自然生物修复，又可通过补充营养盐、电子受体及添加人工培养菌或基因工程菌进行人工生物修复；既可进行原位修复，也可进行异位修复。

微生物在修复被重金属污染的土壤方面具有独特的作用。其主要作用原理是：微生物可以降低土壤中重金属的毒性；微生物可以吸附积累重金属；微生物可以改变根际微环境，从而提高植物对重金属的吸收、挥发或固定效率。如动胶菌、蓝细菌、硫酸还原菌及某些藻类，能够产生胞外聚合物与重金属离子形成配合物；Macaskie 等分离的柠檬酸菌，分解有机质产生的 HPO_4^{2-} 与 Cd 形成 $CdHPO_4$ 沉淀；李志超发现有些微生物能把剧毒的甲基汞降解为毒性小、可挥发的单质 Hg；Frankenber 等以 Se 的微生物甲基化作为基础进行原位生物修复；耿春女等利用菌根吸收和固定重金属 Fe、Mn、Zn、Cu，取得了良好的效果。

从目前来看，微生物修复是最具发展潜力的技术。不过，微生物个体微小，富集有重金属的微生物细胞难以从土壤中分离，还存在与修复现场土著菌株竞争等不利因素。近年来，微生物修复研究工作着重于筛选和驯化高效降解微生物菌株，提高功能微生物在土壤中的活性、寿命和安全性，并通过修复过程参数的优化和养分、温度、湿度等关键因子的调控，最终实现针对性强、高效快捷、成本低廉的微生物修复技术的工程化应用。

2. 植物修复技术

1983 年，美国科学家 Chaney 首次提出利用能够富集重金属的植物清除土壤重金属污染的设想，这就是最早的植物修复技术。目前，植物修复技术不仅用于修复被重金属污染的土壤，而且对有机污染物的治理也表现出积极的作用。污染土壤的植物修复技术根据植物修复的机理和作用过程可以分为 4 种基本类型（图 6-9）：植物提取、植物挥发、植物稳定和植物降解。

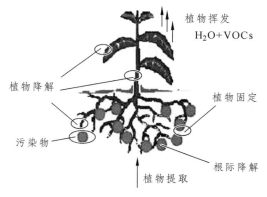

图 6-9　植物修复示意图

（1）植物提取。利用重金属超积累植物从土壤中吸取金属污染物，随后收割地上部并进行集中处理，达到降低或去除土壤重金属污染的目的。目前已发现存在 700 多种超积累重金属植物，积累 Cr、Co、Ni、Cu、Pb 的量一般在 0.1%以上，Mn、Zn 可达到 1%以上。比如，遏蓝菜属是一种已被鉴定的 Zn 和 Cd 超积累植物，柳属的某些物种能大量富集 Cd。

（2）植物挥发。其机理是利用植物根系吸收金属，将其转化为气态物质挥发到大气中，以降低土壤污染。目前研究较多的是 Hg 和 Se。湿地上的某些植物可清除土壤中的 Se，其中单质占 75%，挥发态占 20% ~ 25%。Meagher 等把细菌体中的 Hg 还原酶基因导入芥子科植物，获得耐 Hg 转基因植物，该植物能从土壤中吸收 Hg 并将其还原为挥发性单质 Hg。

（3）植物稳定。利用耐重金属植物或超累积植物降低重金属的活性，从而减少重金属被淋洗到地下水或通过空气扩散进一步污染环境的可能性。其机理主要是通过金属在根部的积累、沉淀或根表吸收来加强土壤中重金属的固化。如植物根系分泌物能改变土壤根际环境，可使多价态的 Cr、Hg、As 的价态和形态发生改变，影响其毒性效应。植物的根毛可直接从土壤交换吸附重金属增加根表固定。

（4）植物降解。通过植物根系分泌物与根际微生物联合作用而达到降解污染物的生物化学过程，主要用于处理复杂的有机物。其修复途径有两条：① 污染物质被吸收到体内后，植物将这些化合物及分解的碎片通过木质化作用储存在新的植物组织中，或者使化合物完全挥发，或者矿化成二氧化碳和水，从而将污染物转化成毒性小的或无毒的物质。如植物体内的硝基还原酶和树胶还原酶可以将弹药废物如 TNT 分解，并把断掉的环形结构加入新的植物组织或有机物片中，成为沉淀有机物的组成部分。②植物根分泌物直接降解根际圈内有机污染物质，如漆酶对 TNT 降解，脱卤酶对含氯溶剂 TCE 的降解等。

3. 动物修复技术

动物修复是利用土壤中的蚯蚓等低等动物和其体内的微生物，在污染土壤中生长、繁殖等活动过程中对土壤中的污染物进行转化和富集，最后通过对这些动物集中处理，从而降低土壤中的污染物。它分为直接作用和间接作用。直接作用如吸收、转化和分解土壤的污染物；间接作用如改善土壤理化性质，提高土壤肥力，促进植物和微生物的生长。土壤动物修复技术未来的发展方向是将土壤动物作为一种"催化剂"，将其放入被污染的土壤中，提高传统生物土壤修复技术的修复速度和效率。目前这项技术较多地应用在石油类污染中。

五、联合修复技术

联合修复技术是协同两种或两种以上的土壤修复技术，克服单项修复技术的局限性，实现对多种污染物的同时处理和对复合污染土壤的修复。该技术已成为土壤修复技术中的重要研究内容。

它包括物理-化学联合修复技术、微生物/动物-植物联合修复技术、化学/物化-生物联合修复技术等。例如，利用环己烷和乙醇将污染土壤中的多环芳烃提取，之后再进行光催化降解的溶剂萃取-光降解联合修复技术，修复多环芳烃污染土壤；利用 PdPRh 支持的催化-热脱附联合技术或微波热解-活性炭吸附技术修复多氯联苯污染土壤。种植紫花苜蓿可以大幅度降低土壤中多氯联苯浓度，根瘤菌和菌根真菌双接种则能强化紫花苜蓿对多氯联苯的修复作用。化学淋洗-生物联合修复利用有机配合剂的配位溶出，增加土壤溶液中重金属浓度，提高植物有效性，从而实现强化诱导植物吸取修复。电动力学-微生物修复技术可以克服单独的电动技术或生物修复技术的缺点，在不破坏土壤质量的前提下，加快土壤修复进程。电动力学-芬顿联合技术已用来去除污染黏土矿物中的菲，硫氧化细菌与电动综合修复技术用于强化污染土壤中铜的去除。应用光降解-生物联合修复技术可以提高石油中 PAHs 污染物的去除效率。不过，这些技术多处于室内研究的阶段。

六、土壤污染修复技术的选择原则

根据土壤污染类型，在选择土壤污染修复技术时必须考虑修复的目的、社会经济状况、修复技术的可行性等方面。

就修复的目的而言，有的是为了使污染土壤能够再安全地被农业利用，而有的则是限制土壤污染物对其他环境组分（如水体和大气等）的污染，而不考虑修复后能否被农业利用。不同修复目的可选择的修复技术不同。就社会经济状况而言，有的修复工作可以在充足的经费支撑下进行，此时可供选择的修复技术比较多；有的修复工作只能在有限的经费支撑下进行，此时可供选择的修复技术就有限。土壤是一个高度复杂的体系，任何修复方案都必须根据当地的实际情况而制订，不可完全照搬其他国家、地区和其他土壤的修复方案。因此，在选择修复技术和制订修复方案时应该考虑如下原则。

1. 因地制宜原则

土壤污染修复技术的选择受到很多因素的影响，如环境条件、污染物来源和毒性、污染物目前和潜在的危害、土壤的物理化学性质、土地使用性质、修复的有效期、公众接受程度以及成本效益等。所以，在实际应用时要根据实际情况选择适合的技术方法。

2. 可行性原则

针对不同类型的污染土壤在选择修复方法时应考虑两方面可行性：一是经济可行性。应考虑污染地的实际情况和经济承担能力，花费不宜太高。二是技术可行性。所采用的技术必须可靠、可行，能达到预期的修复目的。

3. 保护耕地原则

我国地少人多，耕地资源紧缺。选择修复技术时，应充分考虑土壤的二次污染和持续利用问题，避免处理后土壤完全丧失生产能力，如玻璃化技术、热处理技术和固化技术等。

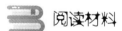 **阅读材料**

土壤修复典型案例

1. 帕尔默顿小镇跨越 3 个世纪的污染和修复

帕尔默顿因多年的锌金属冶炼，造成了严重的土壤和地下水污染。新泽西锌业公司多年倾倒的累计超过 3000 万吨的矿渣堆积成了占地数百英亩、高达数十米的矿渣山，并因长年雨水冲刷产生了高污染的渗滤液，严重影响附近河流与地下水。此外，因工厂烟囱经年累月排出含有高浓度重金属的粉尘，全镇表层土壤和地下水均受到严重的重金属污染。附近 3000 英亩（1 英亩 = 0.004 km²）山地也因此几乎寸草不生；而植被缺失造成的严重水土流失，又加剧了污染物在环境中的扩散和对附近居民健康的威胁。

1982 年，帕尔默顿整个镇区及其附近 3000 英亩山地被列为全美首批超级基金场地之一。环保局最终批准以客土覆盖为主，植物修复为辅的修复方案。以充足的客土消除雨水渗透造成的地下水污染并降低污染物扩散风险，并以客土中较高的 pH 实现重金属一定程度的稳定化。帕尔默顿小镇跨越 3 个世纪的污染和修复，留给人们很多的经验和教训，而环保局在该项目中遇到的困难也间接促成了日后超级基金和其他土壤修复相关法规的完善。

2. 上海世博园区土壤修复

上海世博园规划区域处于黄浦江两岸、南浦大桥和卢浦大桥之间的滨江地带，这是上海的老工业基地，也是我国近代工业的发祥地，里面有大大小小的几十家企业，有的企业已经有100多年的历史了。涉及的土壤污染主要分为重金属污染和多环芳烃污染两大类。

场地修复从2005年开始，2008年底修复工程基本结束，共处置了30多万立方米污染土。采用的修复技术主要有挖掘-后续处理和固化/稳定化，完成了5400 m²范围内、深度为1~4 m的7个污染地块的土壤稳定化工程。稳定化的土壤外运作为筑路材料，符合土壤环境质量标准的清洁土回填至场地。这一工程是我国第一个大规模污染土壤稳定化修复工程，对后续此类技术的实施具有很好的示范和借鉴意义。

3. 2012年伦敦奥运会土地大清洗

2012年伦敦奥运会场选在伦敦的东部，其中奥林匹克公园选址在伦敦东部斯特拉特福德的垃圾场和废弃工地上。这块2.5 km²的土地曾被数十年的工业严重污染，主要的污染物包括石油、汽油、焦油、氰化物、砷、铅和一些非常低含量的放射性物质。另外，已有大量有毒工业溶剂渗入地下水，一些重金属甚至渗入地下40 m的地下水和基岩中。

伦敦政府发布了一项可持续性开发计划，要求重新使用80%被污染的土壤，大部分受污染的土地要改造成奥运场馆、公共用地和住宅的基础。从2006年10月开始，伦敦政府对该块土地的污染情况进行了接近3000次的现场调查，制订了详细的恢复生态计划。修复工程采用土壤淋洗、生物修复、固化/稳定化技术，共修复污染土壤约200万吨，地下水2000万加仑（UKgal，1 UKgal=4.55 L）。少量包含低含量放射性物质的泥土被固化/稳定化后进行安全填埋，近100万立方米的受污染土壤采用了土壤淋洗和生物修复。这成为伦敦历史上最大的一次土壤清洁工程。

4. 北京焦化厂污染土修复

2007—2008年，北京市环保局明确了北京焦化厂污染场地土壤和地下水的修复目标与修复范围，涉及34.2万平方米范围内约153万立方米。焦化厂的污染土壤分为4层，其中地表以下0~1.5 m这一层，污染物主要是多环芳烃；1.5~6.5 m这一层是复合污染层，包括多环芳烃和苯、萘；6.5~10 m这一层是苯、萘的污染；地下10~18 m则是苯污染。

2013年5月，北京焦化厂污染土壤治理一期工程正式启动。土壤修复主要使用热解吸技术。污染土壤首先在膜结构大棚里进行筛分与翻抛预处理。每个大棚配置一个尾气处理装置，通过活性炭吸附等技术，最终让大棚内的空气达标排放。

思考题

1. 简述土壤的物质组成。

2. 土壤具有哪些基本性质？

3. 如何理解土壤背景值和土壤环境容量的概念？它们在土壤污染防治中有何意义？

4. 什么是土壤污染？土壤污染的特点有哪些？

5. 导致土壤污染的因素有哪些？土壤污染物有哪些？

6. 什么是土壤自净作用？土壤自净作用有哪些？对土壤有何意义？

7. 简述土壤污染的预防措施。

8. 污染土壤的修复途径有哪些？

9. 土壤修复技术有哪些？试述各修复技术的原理和适用范围。

参考文献

[1] 管华. 环境学概论[M]. 北京：科学出版社，2018.

[2] 赵景联，史小妹. 环境科学导论[M]. 北京：机械工业出版社，2017.

[3] 崔灵周，王传花，肖继波. 环境科学导论[M]. 北京：化学工业出版社，2014.

[4] 朱蓓丽，程秀莲，黄修长. 环境工程概论[M]. 北京：科学出版社，2016.

[5] 董玉瑛，白日霞. 环境学[M]. 北京：科学出版社，2018.

[6] 周启星，宋玉仿. 污染土壤修复原理与方法[M]. 北京：科学出版社，2004.

[7] 盛连喜. 现代环境科学导论[M]. 北京：化学工业出版社，2011.

[8] 方淑荣，姚红. 环境科学概论[M]. 北京：清华大学出版社，2018.

第七章
噪声及其他物理性污染控制

学习要求

1. 掌握噪声的定义、特点和分类；了解噪声的危害。
2. 熟悉噪声的物理量度和主观评价量，掌握分贝的计算方法。
3. 了解影响噪声衰减的因素，熟悉环境噪声标准，掌握噪声污染控制技术。
4. 了解轨道交通噪声的来源及控制措施。
5. 了解振动公害的特征和危害，掌握振动的控制技术。
6. 了解电磁辐射污染、放射性污染、光污染和热污染的概念、特点、危害和防治措施。

引言

　　声音、光和热是人类所必需的，但不适宜的声音、光和热会给人类带来危害，这就形成了噪声污染、光污染和热污染。声、光、热、电、磁、核衰变和振动都是物理学研究的范畴，故把噪声污染、光污染、热污染、电磁污染、放射性污染和振动公害归为物理性污染。随着社会经济的快速发展，物理污染逐渐成为继大气污染、水污染和固体废物污染之后人类面临的又一大环境污染问题，也是一种危害人类生存环境的公害。

第一节　噪声污染及其控制

一、噪声及噪声污染

（一）噪声的定义及分类

1. 噪声的定义

从心理学观点出发，凡是人们不需要的声音就是噪声，也就是说凡是干扰或妨碍人们正常活动（包括学习、工作、谈话、通信、休息和娱乐等）的声音均可认为是噪声。从物理学观点来看，噪声是由许多不同频率和不同强度的声波，无规则组合而成的。在示波器上观察噪声的波形，一般都是不规则的和无调的。

《中华人民共和国噪声污染防治法》（2021 年 12 月 24 日第十三届全国人民代表大会常务委员会第三十二次会议通过，2022 年 6 月 5 日起施行）中将噪声定义为：在工业生产、建筑施工、交通运输和社会生活中所产生的干扰周围生活环境的声音。

2. 噪声的分类

噪声可以从很多方面进行分类，不同的分类方法，有时对同一噪声可以有不同名称。如考虑噪声是自然现象还是人为产生的，可分为自然噪声和人为噪声；考虑噪声的频率，分为低频声（<500 Hz）、中频声（500～1000 Hz）、高频声（>1000 Hz）。通常根据噪声的来源和噪声产生的机理进行分类。

（1）按噪声的来源分类

按噪声的来源可分为工业噪声、建筑施工噪声、交通运输噪声和社会生活噪声。

① 工业噪声是指在工业生产活动中使用固定的设备（包括各种动力设备、加工机械、生产设备等）时产生的干扰周围生活环境的声音。设备噪声的声级大小与设备种类、功率、型号有关，即使同一种类、功率相同的设备，由于厂家不同和使用年限不同，声级可能会有很大差别。工业噪声的声级一般较高，对工人的危害以及工厂附近居民的干扰都很突出。

② 建筑施工噪声是指建筑施工过程中产生的干扰周围生活环境的声音。近年来，我国基础建设迅速发展，城市道路、工厂、高层建筑不断兴起，打桩机、空压机等大型建筑施工设备大量使用，建筑施工噪声污染日益严重。在距声源 15 m 处测得打桩机噪声为 95～105 dBA，混凝土搅拌机噪声为 80～90 dBA，推土机噪声为 78～96 dBA。建筑施工若在居民区较为集中的地方进行，将严重影响居民的睡眠和休息，对人们的生理和心理损害也很大。

③ 交通噪声是指机动车辆（载重汽车、客车、摩托车、手扶拖拉机等）、铁路机车、机动船舶、航空器等交通运输工具在运行时所产生的干扰周围生活环境的声音。由于城市交通干道的增加，机动车辆数目增长很快，这类噪声成为城市的主要噪声源。交通干

线的噪声，一般等效连续 A 声级可达 70～87 dBA。火车运行的噪声，在距 100 m 处约 75 dBA。民航机在起飞和着陆时，噪声在 85～105 dBA 内。

④ 社会生活噪声，是指人为活动所产生的除工业噪声、建筑施工噪声和交通运输噪声之外的干扰周围生活环境的声音。它包括人们的社会活动和家电设备发出的噪声，前者指商业、文娱、体育活动等的喧闹声，后者指空调、洗衣机、电冰箱、电风扇等发出的噪声。在距声源 1 m 处，测得洗衣机噪声为 47～71 dBA、电冰箱噪声为 34～52 dBA。社会生活噪声是影响城市声环境最广泛的噪声来源。

（2）按噪声产生的机理分类

按噪声产生的机理，可分为机械噪声、空气动力噪声、电磁噪声。

① 机械噪声是指机械运转中的部件摩擦、撞击以及动力不平衡等原因产生的机械振动而辐射出的噪声，如织布机、球磨机、车床、刨床、列车轨道振动等发出的噪声。机械噪声的特征与受激振部件的大小、形状、边界条件、激振力的特性有关。

② 空气动力噪声是指高速或高压气流与周围空气介质剧烈混合而辐射的噪声（如锅炉排气放空噪声）；或气流流经障碍物后，形成涡流辐射的噪声；或旋转的动力机械作用于气体，产生压力脉冲辐射的噪声（如飞机螺旋桨转动时发出的噪声）；或进排气时，周围空气的压强和密度不断受到扰动而产生的噪声（如内燃机、压缩机、鼓风机的进排气噪声）。也就是说，凡高速气流、不稳定气流以及气流与物体相互作用产生的噪声，都称为空气动力噪声。空气动力噪声的特征与气流的压力、流速等因素有关。

③ 电磁噪声是电磁场的交替变化，引起某些机械部件或空间容积振动产生的噪声，如电动机、发电机、变压器和日光灯镇流器等发出的噪声。电磁噪声的特征主要取决于交变磁场特性、被激发振动部件和空间的大小、形状等。

（二）噪声污染及其特点

根据《中华人民共和国噪声污染防治法》，噪声污染是指所产生的环境噪声超过国家规定的环境噪声排放标准，并干扰他人正常生活、工作和学习的现象。噪声污染与大气污染、水污染和固体废物污染不同，其特点为：

（1）噪声污染是物理性污染，没有污染物，也没有后效作用，即噪声不会残留在环境中，一旦声源停止发声，噪声也消失。

（2）噪声污染是局部的、多发性的。声音会随距离增加而衰减，因此噪声影响的范围不会很大。如汽车噪声在城市街道和公路干线两侧污染最严重。

（3）与其他污染相比，噪声的再利用价值不大。声源的声功率只是设备总功率中以声波形式辐射出去的极小部分。一台 500 kW 的鼓风机，声功率一般只有 100 W；900 万人同时讲话，所发的声能也只相当于一只 450 W 的电灯泡在相同时间内所消耗的电能。因此噪声再利用的价值不大，人们对声能的回收并不重视。

（三）噪声污染的危害

噪声的危害是多方面的，比如损伤听力、影响睡眠、诱发疾病、干扰语言交谈。特别强的噪声还会影响设备正常运转，损坏建筑结构等。

1. 噪声对听力的损伤

当人们在较强的噪声环境中待上一段时间，会感到耳鸣。此时，若到安静的环境中，会发现原来听得到的声音这时听起来弱了，有的声音甚至听不到。但这种情况持续时间并不长，只要在安静的环境里待一段时间，听觉就会恢复原状，这种现象叫作暂时性听阈迁移，亦称听觉疲劳。但如果长期暴露在高噪声环境中，听觉器官不断受到噪声刺激，暂时性听阈迁移恢复越来越慢，久而久之，听觉器官发生器质性病变，便失去恢复正常听阈的能力，成为永久性的听阈迁移，称为听力损失，即通常所说的噪声性耳聋。噪声引起的听力损失，是由于过量的噪声暴露，听觉细胞死亡，死亡了的细胞不能再生，因此噪声性耳聋是不能治愈的。

国际标准化组织规定，听力损失用 500 Hz、1000 Hz 和 2000 Hz 三个频率上的听力损失的平均值来表示。听力损失在 15 dB 以下属正常，15～25 dB 接近正常，25～40 dB 属轻度耳聋，40～65 dB 属中度耳聋，65 dB 以上属重度耳聋。一般讲的噪声性耳聋是指平均听力损失超过 25 dB。在这种情况下，人与人相距 1.5 m 外进行正常交谈会有困难，句子的可懂度下降 13%，句子加单音节词的混合可懂度降低 38%。

上述噪声性耳聋是慢性的，即指听力损失是由于强噪声环境的影响日积月累缓慢发展形成的。另外还有一种急性的噪声性耳聋称为暴振性耳聋。当突然暴露在极其强烈的噪声环境中，例如，150 dBA 以上的爆炸声，会使人的听觉器官发生急性创伤，出现鼓膜破裂、内耳出血、基底膜的表皮组织剥离等症状，可使人耳即刻失聪。

2. 噪声对睡眠的干扰

睡眠对人体是极重要的，它能使人们新陈代谢得到调节，使大脑得到充分休息，消除体力和脑力疲劳。人的睡眠一般以朦胧—半睡—熟睡—沉睡等几个阶段为一个周期。每个周期大约 90 min，周而复始。年纪越大，半睡状态增加，熟睡阶段缩短。连续噪声可以加快熟睡到半睡的回转，会使人多梦，熟睡的时间缩短。一般来说，40 dBA 的连续噪声可使 10% 的人睡眠受影响，70 dAB 可使 50% 的人受影响。突发的噪声会使人惊醒。突发性噪声在 40 dBA 时可使 10% 的人惊醒，到 60 dBA 时，可使 70% 的人惊醒。

3. 噪声能诱发多种疾病

长期暴露在强噪声环境中，会使人体的健康水平下降，诱发各种慢性疾病。比如噪声会引起人体的紧张反应，使肾上腺素分泌增加，引起心率加快，血压升高。噪声也会引起消化系统方面的疾病。据有关调查，在某些吵闹的工业行业中，消化性溃疡的发病率比低噪声条件下要高 5 倍。在神经系统方面，噪声会造成失眠、疲劳、头晕及记忆力衰退，诱发神经衰弱症。此外，噪声还会对视觉器官会产生不良影响，影响胎儿的正常发育等。

4. 噪声对语言交谈和通信联络的干扰

通常情况下，人们相对交谈距离 1 m 时，平均声级大约是 65 dBA。但是，环境噪声会掩蔽语言声，使语言清晰度降低。在噪声环境下，发话人会不自觉地提高发话声级或缩短和谈话者之间的距离。通常，噪声每提高 10 dBA，发话声级约增加 7 dBA。虽然，清晰度的降低可由嗓音的提高而得到部分补偿，但是发话人极易疲劳甚至声嘶力竭。噪声级高于语言声级 10 dBA 时，谈话声就会被完全掩蔽。当噪声级大于 90 dBA 时，即使大声叫喊也难以进行正常交谈。

5. 噪声影响工作

噪声对工作的影响是广泛而复杂的，很难定量地反映这种影响。人们在噪声的刺激下，心情烦躁、注意力分散、易疲劳、反应迟钝，从而导致工作效率降低，这对于脑力劳动者尤为明显。此外，噪声的掩蔽效应会使人不易察觉一些危险信号，从而容易造成工伤事故。

6. 噪声对动物的影响

强噪声会使鸟类羽毛脱落，不下蛋，甚至内出血，最终死亡。如 20 世纪 60 年代初期，美国 F104 喷气机做超音速飞行实验，地点是俄克拉荷马市上空，飞行高度为 10 000 m，每天飞行 8 次，共飞行 6 个月，附近一个农场的 10 000 只鸡被轰隆声杀死 6000 只，只剩下 4000 只。

7. 特强噪声对仪器设备和建筑结构的危害

噪声对仪器设备的危害与噪声的强度、频率以及仪器设备本身的结构特性密切相关。当噪声级超过 135 dBA 时，电子仪器的连接部位会出现错动，引线产生抖动，微调元件发生偏移，使仪器发生故障而失效。当噪声级超过 150 dBA 时仪器元器件可能失效或损坏。在特强噪声作用下，声频交变负载的反复作用会使机械结构或固体材料产生声疲劳现象而出现裂痕或断裂。

在冲击波的影响下，建筑物会出现门窗变形、墙面开裂、屋顶掀起、烟囱倒塌等破坏。当噪声级达到 140 dBA 时，轻型建筑物就会遭受损伤。此外剧烈振动的振动筛、空气锤、冲床、建筑工地的打桩和爆破等也会使振源周围的建筑物受到损害。

二、噪声的量度

描述噪声特性的方法可分两类：一类是把噪声单纯地作为物理扰动，用描述声波客观特性的物理量来反映声音，这是对噪声的客观量度；另一类涉及人耳的听觉特性，根据听者感觉到的刺激来描述，称为噪声的主观评价。

（一）噪声的客观量度

1. 描述声波的基本物理量

噪声也是一种声音，因此它具有声音的一切声学特性和规律，常用频率、波长、声速来描述。频率（f）、波长（λ）、声速（c）三个物理量的关系如式（7-1）所示。

$$c = \lambda f = \lambda / T \tag{7-1}$$

式中　*T*——波的周期，它表示声波行经一个波长的距离所需要的时间；

　　　f——每秒物体振动的次数，Hz。

频率高，声调尖锐；频率低，声调低沉。人耳能听到的声波的频率范围是 20 ~ 20 000 Hz。20 Hz 以下称为次声，20 000 Hz 以上称为超声。人耳对 3000 ~ 4000 Hz 内的声音敏感性最大。人耳对低频噪声容易忍受，而对高频噪声则感觉烦躁。

2. 声音频谱和频程

在噪声控制中，要了解某噪声源所发出的噪声特性，往往需要详细分析它的各个频率成分和相应的强度，也就是频谱分析。通常以频率为横坐标，声音强度为纵坐标，作图来表示它们的关系，叫频谱图。

频谱的形状大体可分为三种（图 7-1）。各种乐器所发声音的频谱，具有一系列独立的频率成分，在频谱图上是一系列竖直线段[图 7-1（a）]，称为线状谱。一定频率范围内含有连续频率成分的声音，在频谱图上是一条连续曲线[图 7-1（b）]，称为连续谱。复合谱是连续频率成分和离散频率成分组成的谱[图 7-1（c）]。大部分噪声属于连续谱，有调噪声属于复合谱。

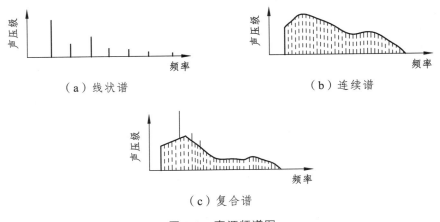

（a）线状谱　　　　　　　　　　　　　　（b）连续谱

（c）复合谱

图 7-1　声源频谱图

一般的机械噪声，声能连续地分布在宽阔的频率范围内，相应的每个频率成分竖线排列得非常紧密，没有显著的频率成分。对于这样的连续频谱，不需要也不可能对每个频率成分进行具体分析，因此一般是在整个声频范围内划分若干个段落，大致地进行分析。有些噪声源如鼓风机、空调机、球磨机等所发出的声音为有调噪声，频谱属于复合谱。分析有调噪声时，对频谱中较突出的频率成分要特别注意。

目前，噪声控制中一般是按倍频程或 1/3 倍频程来划分频带，有时也根据不同的目的和要求采用其他方式，然后再分析各频带的情况。

关于倍频程（倍频带）的划分方法是将 20 ~ 20 000 Hz 的声频范围，按频率倍比关系划分为 11 个区间，每个区间称为一个频带或一个频程。若每个区间的上限和下限频率相差一倍，即频率比为 2^1 的频程，称为倍频程。若每个区间的上限和下限频率比为 2^2，则为 2 倍频程；若每个区间的上限和下限频率比为 2^3，则为 3 倍频程；依此类推，区间的上限和下限频率比为 2^n，则为 n 倍频程。若每个区间的上限和下限频率比为 $2^{1/3}$，则为 1/3 倍频程。目前，在声频范围内划分的 11 个倍频程，其中心频率为 16、31.5、63、125、250、500、1000、2000、4000、8000、16 000 Hz，在实际噪声测量工程中使用中间的 8 个倍频程就足够了。有时，为了取得比较详细的分析也常用 1/3 倍频程。

在噪声的治理工程中，首先要测量噪声各中心频率下的声压级。之后，从噪声频谱中，分析了解噪声的成分和性质。频谱分析时，通常要了解峰值噪声在低频、中频还是高频，为噪声控制提供依据。

3. 噪声强度

噪声强弱的客观量度用声功率、声强和声压等物理量来表示。声压和声强反映声场中声音的强弱，声功率反映声源辐射噪声本领的大小。声压、声强和声功率等物理量的变化范围非常宽广，在实际应用中一般采用对数标度，以分贝（dB）为单位，分别用声压级、声强级和声功率级等无量纲的量来度量噪声。

（1）声功率

声功率是表示声源特性的物理量，是单位时间内声源辐射出来的总声能量，单位是瓦（W）。这里需要指出的是，声功率只是设备总功率中以声波形式辐射出去的一个极小部分。声源工作状况一定时，辐射的声功率是一恒量。

不同的声源辐射的声功率有很大的不同，大型宇宙火箭发射的声功率约达 4×10^7 W，轻声耳语的声功率只有 10^{-9} W，相差 4×10^6 倍。表 7-1 所示为几种声源声功率的典型数值。

表 7-1　几种声源声功率的典型数值

噪声源	宇宙火箭	喷气飞机	大型鼓风机	气锤	汽车（72 km/h）	轻声耳语
声功率/W	4×10^7	10^4	10^2	1	10^{-1}	10^{-9}
噪声强度/dB	196	160	140	120	110	30

（2）声强

单位时间内，垂直于声音传播方向的单位面积上通过的声音能量叫声强。声强是衡量声音强弱的标志，通常用 I 来表示，度量单位为瓦/米^2（W/m^2）。

声强的大小和离开声源距离远近有关，这是因为声源每秒钟内发出的声能量是一定的，离声源的距离越远，声能分布的面积越大，通过单位面积的声能量就越小，因此声强就小。我们平时都会有这样的体会：距声源近，感觉声音响；离开声源远些，感觉声音就弱了，就是这个道理。

（3）声压

在声波传播过程中会使空间各处的空气压强产生起伏变化。通常用 p 来表示压强的起伏变化量，即空气压强与静态压强的差 $p = (p_{空} - p_0)$，称为声压。声压的单位是帕斯卡（Pa），1 Pa = 1 N/m^2。

声音在传播的过程中，声压 p 实际上随时间迅速地起伏变化，称为瞬时声压。由于鼓膜的惯性作用，人耳感受到的只是瞬时声压在一段时间内的平均值，叫有效声压 P_e。

在实际应用中，如未特别说明，声压 p 的就指有效声压 p_e。当声波在自由声场中传播时，在传播方向上声强 I 与声压 p 的关系如式（7-2）所示。

$$I = \frac{p^2}{\rho_0 c} \qquad (7\text{-}2)$$

式中　p——有效声压，Pa 或 N/m²；

　　　I——声强，W/m²；

　　　ρ_0——空气密度，kg/m³；

　　　c——声音速度，m/s；

　　　$\rho_0 c$——空气的特性阻抗，瑞利[1 瑞利 = 1 kg/(m²·s)]。

从式（7-2）可以看出，声强和声压的平方成正比，因此测量出了声压，进而可以求出声强和声功率。

（4）声压级、声强级、声功率级

大量实测表明：一定频率声波的声压或声强有上、下两个限值。在下限以下，人耳听不到声音，在上限以上，人耳会有疼痛的感觉。频率不同，上、下限值不同。一般称下限值为听阈值，上限值为痛阈值。空气中传播的声波，在 1000 Hz 时，正常人耳的听阈是 2×10^{-5} Pa，痛阈声压是 20 Pa。对应的听阈声强为 10^{-12} W/m²，痛阈声强为 1 W/m²。

从听阈到痛阈，声音强弱变化的范围非常宽。1000 Hz 时，痛阈声压是听阈声压的 10^6 倍，痛阈声强是听阈声强的 10^{12} 倍。由此可见，声音强弱变化之大，也说明人耳听觉范围之广，在这样宽广的范围内用声压或声强的绝对值来衡量声音的强弱是很不方便的，因此在实践中人们引出"级"的概念。这类似地震按"级"计算。尽管绝对值相差悬殊，但相应的"级"的数值差别不大。声音的物理量声压、声强和声功率的级的划分是采用数学中常用对数标度来表达，单位叫分贝，记作 dB。

声压级：某一声压与基准声压（频率为 1000 Hz 时的听阈声压 2×10^{-5} Pa）之比的常用对数乘以 20，用式（7-3）表示为：

$$L_p = 20 \lg \frac{p}{p_0} \qquad (7\text{-}3)$$

式中：L_p——声压级，dB；

　　　p——声压，Pa（或 N/m²）；

　　　p_0——基准声压（1000 Hz 时听阈声压），2×10^{-5} Pa。

用声压级代替声压的好处是把刚刚听到的声压与震耳欲聋的声压由差值为数百万倍的范围改为 0~120 dB，在计算上用小的数字来代替大的不方便数字，这就简化多了。用声压级的差值来表示声压的变化，这也与人耳判断声音强度的变化大体一致。例如，声压变化 1.4 倍，就等于声压级变化 3 dB，这种声音强度的变化人耳刚刚可以分辨。又如，声压变化 7.16 倍，声压级变化 10 dB，人耳感到响度约增加一倍（或减轻 1/2）。各种环境下的声压和声压级如表 7-2 所示。

表 7-2　一些噪声源或噪声环境的声压和声压级

噪声源和噪声环境	声压/Pa	声压级/dB
导弹发射场	2000	160
锅炉排气放空，距喷口 1 m	200	140
汽车喇叭，距离 1 m	20	120
织布机车间，织机间走道	7.17	104
大型卡车，车厢内	0.63	90
大声讲话，距离 1 m	0.2	80
轻声耳语，距离 0.3 m	0.000 63	30

　　与声压一样，声强也可用声强级来表达，它的单位也是分贝（dB）。声强级 L_I 由式（7-4）确定：

$$L_I = 10 \lg \frac{I}{I_0} \qquad (7\text{-}4)$$

式中　I_0——基准声强（听阈值），1.0×10^{-12} W/m²。

　　声功率用级表示，就是声功率级，它的单位也是分贝（dB），由式（7-5）确定：

$$L_W = 10 \lg \frac{W}{W_0} \qquad (7\text{-}5)$$

式中：W_0——基准声功率，1.0×10^{-12} W。

　　（5）分贝运算

　　当人进入车间，听到通风机、泵等机械设备噪声源各自发出声功率和声强不相同的声音，这些声音叠加起来，它们的总噪声级应该如何计算呢？

　　两台同样响的风机，发出的都是 90 dBA 的声音，二者同时发声时，声压级是 93 dBA 而不是 180 dBA；10 台同样响的风机，声音叠加起来也不过增加 10 dBA，这说明噪声源的声压级不能简单用算术相加。

　　当空间存在多个噪声源时，空间总的声场强度将按能量叠加原理来计算。即某一点的总声强是各声源在该点声强之和，见式（7-6）：

$$I_t = I_1 + I_2 + \cdots + I_n \qquad (7\text{-}6)$$

　　由式（7-2）声强 I 与声压 p 的关系，可得：

$$p_t^2 = p_1^2 + p_2^2 + \cdots + p_n^2 \qquad (7\text{-}7)$$

　　又由式（7-3），有：

$$10^{0.1L_{p_t}} = 10^{0.1L_{p_1}} + 10^{0.1L_{p_2}} + \cdots + 10^{0.1L_{p_n}} \qquad (7\text{-}8)$$

$$L_{p_t} = 10 \lg (10^{0.1L_{p_1}} + 10^{0.1L_{p_2}} + \cdots + 10^{0.1L_{p_n}}) \qquad (7\text{-}9)$$

式中　L_{p_t}——总的声压级，dBA；

　　　L_{p_i}——第 i 个噪声源的声压级，dBA。

【例1】已知三个噪声源分别为 L_{p_1}=90 dBA、L_{p_2}=95 dBA、L_{p_3}=88 dBA，求总声压级。

解：按式（7-9）得：

$$L_{p_t} = 10\lg(10^9 + 10^{9.5} + 10^{8.8})$$
$$= 10\lg(4.97 \times 10^9)$$
$$= 96.8 \, (dB)$$

分贝和还可利用表 7-3 和图 7-2 进行计算，图和表是通过式（7-9）推导出的。设两声压级 L_{p_1} 和 L_{p_2}，且 $L_{p_1} > L_{p_2}$，$L_{p_1} - L_{p_2} = \Delta L_p$，由 ΔL_p 查图或表求声压级增量 $\Delta L'_p$，则

$$L_{p_t} = L_{p_1} + \Delta L'_p \qquad (7-10)$$

表 7-3　分贝和增值表

δ/dB	0	1	2	3	4	5	6	7	8	9	10
ΔL/dB	7.0	2.5	2.1	1.8	1.5	1.2	1.0	0.8	0.6	0.5	0.4

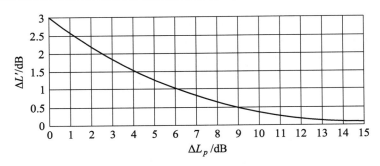

图 7-2　分贝和增值图

【例2】已知 2 个噪声源分别为 L_{p_1}=90 dBA、L_{p_2}=90 dBA，求总声压级。

解：$\Delta L_p = L_{p_1} - L_{p_2} = 0$，由 ΔL_p 查图或表求声压级增量 $\Delta L'_p$=3 dB，则

$$L_{p_t} = 90 + 3 = 93 \, (dB)$$

当有数台不同声压级的噪声源同时发声时，其总压级的计算是先将声级大小依次排列，找出其中两个最大的声压级相加，得出叠加后的声压级，再与第三个最大的相加，依此类推，直加到合成声压级比其他待加声压级高 10 dBA 以上，则其余声压级可以忽略。

由此可知，当车间内有很多声源，而声压级各不相等时，应该抓住最大的几个主要声源采取措施。

（二）噪声的主观评价

噪声控制的效果最终要人来评价，噪声评价量必须考虑噪声对人的影响。不同频率的声音对人的影响不同，中高频噪声比低频噪声对人的影响更大。噪声涨落对人的影响存在差异，涨落大的噪声及脉冲噪声比稳态噪声更能引起人的烦恼。噪声出现时间的不

同对人的影响也不一样，同样的噪声出现在夜间比出现在白天对人的影响更明显，休闲时的动听歌曲在你需要休息时会成为烦人的噪声。不同心理和生理特征的人群对同样的声音反应不同，一些人认为优美的音乐，在另一些人听来却是噪声。噪声的主观评价量就是为了研究人们对噪声反应的方方面面的不同特征而提出的。下面介绍几种常用的噪声主观评价量。

1. 响度级、等响曲线、响度

声音传入人耳，人们首先感觉到的是声音的强弱变化。通常人们简单地用"响"与"不响"来描述声波的强弱，但这一描述与声波的强度又不完全等同。人耳对声波强弱的感觉还与声波的频率有关。相同声压级但频率不同的声音，人耳听起来会不一样响。例如同样是 60 dB 的两种声音，一个频率为 100 Hz，另一个频率为 1000 Hz。人耳听起来1000 Hz 的声音要比 100 Hz 的声音响。而不同声压级且频率不同的声音，人耳听起来可能会一样响。例如 100 Hz、67 dB 的声音与 1000 Hz、60 dB 的声音听起来是同样的响。

为了定量地确定声音轻或响的程度，通常采用响度级这一量。对于某一待定纯音，通过调节 1000 Hz 纯音的声压级，让其听起来与待定纯音同样响，这时 1000 Hz 纯音的声压级就为该声音的响度级。响度级的符号为 L_N，单位方（phon）。响度级是一个表示声音响度的主观量，它把声压级和频率用一个概念统一起来了。例如，100 Hz、67 dB 的声音与 1000 Hz、60 dB 的声音的响度级均为 60 phon。

对许多不同频率、不同强度的声音做这样的试听比较，可得到等响曲线。图 7-3 是对正常听力听者测试得出的一系列等响曲线，同一条曲线上的各个纯音听起来一样响，但其频率、声压级又各不同。例如，图 7-3 中 70 phon 曲线上，30 Hz、95 dB 纯音，100 Hz、75 dB 纯音以及 4000 Hz、61 dB 纯音听起来和 1000 Hz、70 dB 纯音一样响。

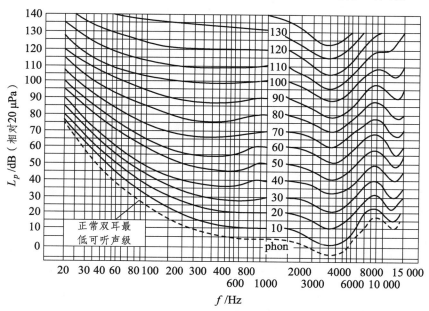

图 7-3　等响曲线

图 7-3 中，最下面的一条曲线（虚线）表示人耳刚能听到的声音，其响度级为零，称为听阈曲线；120 phon 的曲线为痛阈曲线，超过此曲线的声音，人耳感受到的就只是疼痛了。听阈和痛阈之间，是人耳的正常可听声音范围。任一条等响曲线均可看出：低频部分声压级高，高频对应的声压级低（尤其是 2000 ~ 5000 Hz）。这说明人耳对低频声不敏感，而对高频声敏感。当声压级高于 100 dB，等响曲线逐渐拉平，说明当声压级高于 100 dB 时，人耳分辨高、低频声音的能力变差。

响度级的方值，是对应 1000 Hz 声音的声压级，实质上仍是对数标度单位，并不能线性地表明不同响度级之间的轻响程度。也就是说，响度级为 80 phon 的声音并不比 40 phon 的声音响一倍。为此，引入与声音轻响程度成正比的参量，即响度，它的符号为 N，单位为宋（sone）。定义频率为 1000 Hz，声压级为 40 dB 的纯音所产生的响度为 1 sone，也就是说响度级为 40 phon 的声音的响度为 1 sone。正常听者判断一个声音比 40 phon 参考声强响的倍数，强几倍，就是几宋。另外，实验表明，响度级每增加 10 phon，响度增加 1 倍。

2. 计权 A 声级

由等响曲线可以看出，人耳对不同频率的声音的反应是不一样的。人耳对于高频声音，特别是频率在 1000 ~ 5000 Hz 的声音比较敏感；而对于低频声音，特别是对 100 Hz 以下的声音不敏感。即声压级相同的声音会因为频率的不同而产生不一样的主观感觉。为了使声音的量度和人耳的听觉主观感受近似取得一致，通常对声音各组成频率的声压级经某一特定的计权修正后，再叠加计算可得到该声音总的声压级，称为计权声级。

通常采用的有 A、B、C、D 四种计权网络。图 7-4 所示的是国际电工委员会（IEC）规定的四种计权网络曲线。其中 A 计权网络相当于 40 phon 等响曲线的倒置；B 计权网络相当于 70 phon 等响曲线的倒置；C 计权网络相当于 100 phon 等响曲线的倒置。B、C 计权已较少被采用。D 计权网络常用于航空噪声的测量。

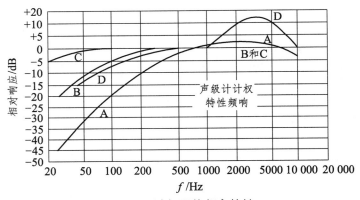

图 7-4　计权网络频率特性

A 计权的频率响应与人耳对宽频带的声音的灵敏度相当，目前 A 计权已被所有管理机构和工业部门的管理条例所普遍采用，成为最广泛应用的评价参量。表 7-4 给出了 A 计权响应与频率的关系。由噪声各频带的声压级和对应频带的 A 计权修正值，就可计算出噪声的 A 计权声级。

表 7-4　A 计权响应与频率的关系

频率/Hz	A 计权修正/dB	频率/Hz	A 计权修正/dB
20	-50.5	630	-1.9
25	-44.7	800	-0.8
31.5	-39.4	1000	0
40	-34.6	1250	0.6
50	-30.2	1600	1.0
63	-26.2	2000	1.2
80	-22.5	2500	1.3
100	-19.1	3150	1.2
125	-16.1	4000	1.0
160	-17.4	5000	0.5
200	-10.9	6300	-0.1
250	-8.6	8000	1.1
315	-6.6	10000	-2.5
400	-4.8	12500	-4.3
500	7.2	16000	-6.6

注：表中频率指各频带的中心频率。

【例 3】已知某噪声的倍频带声级如表 7-5 所示，试计算该噪声的 A 计权声级。

表 7-5　某噪声的倍频带声级

中心频率/Hz	31.5	63	125	250	500	1000	2000	4000	8000
倍频带声级/dB	60	65	73	76	85	80	78	62	60

解：计算结果如表 7-6 所示。

表 7-6　某噪声的 A 计权声级

中心频率/Hz	31.5	63	125	250	500	1000	2000	4000	8000
倍频带声级/dB	60	65	73	76	85	80	78	62	60
A 计权修正值/dB	-39.4	-26.2	-16.1	-8.6	-7.2	0	+1.2	+1.0	-1.1
修正后倍频带声级/dB	20.6	38.8	56.9	67.4	81.8	80	79.2	63	58.9
各声级叠加	略	略	略	略	84.0		79.2	略	略
总的 A 计权声级/dBA	85.2								

3. 等效连续 A 声级

前面讲到的 A 计权声级对于稳态的宽频带噪声是一种较好的评价方法。但对于一个声级起伏或不连续的噪声，A 计权声级就很难确切反映噪声的状况。例如，交通噪声的声级是随时间变化的，当有车辆通过时，噪声可能达到 85 ~ 90 dBA；而当没有车辆通过时，噪声可能仅有 55 ~ 60 dBA，并且噪声的声级还会随车流量、汽车类型等的变化而改变，这时就很难说交通噪声的 A 计权声级是多少分贝。又例如，两台同样的机器，一台连续工作，而另一台间断性地工作，其工作时辐射的噪声级是相同的，但两台机器的噪声对人的影响是不一样的。

对于这种声级起伏或不连续的噪声，采用噪声能量按时间平均的方法来评价噪声对人的影响更为确切，为此提出了等效连续 A 声级评价量。等效连续 A 声级的定义是：某时段内的不稳态噪声的 A 声级，用能量平均的方法，以一个连续不变的 A 声级来表示该时段内噪声的声级，这个"连续不变的 A 声级"就为该噪声的等效连续 A 声级，用 L_{eq} 来表示。用公式（7-11）表示为

$$10^{0.1L_{eq}} \cdot T = \int_0^T 10^{0.1L_{A(t)}} \, dt$$

$$L_{eq} = 10 \lg \frac{1}{T} \int_0^T 10^{0.1L_{A(t)}} \, dt \tag{7-11}$$

式中　L_{eq}——等效连续 A 声级，dBA；

　　　T——噪声暴露时间，h 或 min；

　　　$L_{A(t)}$——t 时刻的 A 声级，dBA。

当测量值 L_A 是一系列离散值时，式（7-11）可写为

$$L_{eq} = 10 \lg \left[\frac{1}{\sum\limits_{i=1}^n t_i} \left(\sum_{i=1}^n 10^{0.1L_{A_i}} \cdot t_i \right) \right] \tag{7-12}$$

式中　L_{eq}——等效连续 A 声级，dBA；

　　　t_i——第 i 段时间，h 或 min；

　　　L_{A_i}——t_i 时间段内的 A 声级，dBA。

在对不稳态噪声的大规模调查中，已证明等效连续 A 声级与人的主观反应有很好的相关性。不少国家的噪声标准都采用了该评价量。

4. 昼夜等效声级

同样的噪声在白天和夜间对人的影响是不一样的，而等效连续 A 声级并不能反映这一特点。为了考虑噪声在夜间对人们烦恼的增加，规定在夜间测得的所有声级均加上 10 dB（A 计权）作为修正值，再按昼夜噪声能量的加权平均，由此构成昼夜等效声级这一评价量，用 L_{dn} 表示，如式（7-12）所示。

$$L_{dn} = 10 \lg \left[\frac{5}{8} \cdot 10^{0.1L_d} + \frac{3}{8} \cdot 10^{0.1(L_n+10)} \right] \tag{7-13}$$

式中　L_d——昼间（07:00—22:00）等效连续 A 声级，dBA；

　　　L_n——夜间（22:00—07:00）等效连续 A 声级，dBA。

昼夜等效声级主要估计人们昼夜长期暴露在噪声环境中所受的影响。昼间和夜间的时段可以根据当地的情况做适当的调整，或根据当地政府的规定。

昼夜等效声级可用来作为城市噪声全天候的单值评价量。自美国环境保护局 1974 年 6 月发布以来，等效连续 A 声级 L_{eq} 和昼夜等效声级 L_{dn} 逐步代替了以前的一些其他评价

参量，成为各国普遍采用的环境噪声评价量。

5. 统计声级

在现实生活中经常碰到的是非稳态噪声，用等效连续 A 声级 L_{eq} 来反映对人影响的大小，但噪声的随机起伏程度却没有表达出来。这种起伏可以用噪声出现的时间概率或累计概率来表示，目前采用的评价量为统计声级（或称累积百分声级）L_n。它表示在测量时间内高于 L_n 声级所占的时间为 $n\%$。例如，$L_{10} = 70$ dBA，表示在整个测量时间内，噪声级高于 70 dB 的时间占 10%，其余 90% 的时间内噪声级均低于 70 dBA。通常认为，L_{90} 相当于本底噪声级，L_{50} 相当于中值噪声级，L_{10} 相当于峰值噪声级。

统计声级和人的主观反映的相关性调查中，发现 L_{10} 用于评价涨落较大的噪声时相关性较好。交通噪声通常采用统计声级作为评价量。

三、噪声标准

噪声标准是噪声控制的基本依据，但噪声标准随着时间与地区的不同而不同，因此在制定噪声标准时，应有所区别。对环境影响大的噪声源，也应有特定的标准。此外，制定噪声标准时，还应以保护人体健康为依据，以经济合理、技术可行为原则。环境噪声标准主要包括声环境质量标准和环境噪声排放标准。

1. 声环境质量标准

环境噪声标准制定的目的，就是保障环境安静，使人们不受噪声干扰。由于经济能力和技术条件的差异，不同国家的环境噪声标准并不一致。我国《声环境质量标准》（GB3096—2008）中规定了城市 5 类声功能区划分及其环境噪声等效声级限值（表 7-7）。乡村生活区域可参照本标准执行。

表 7-7 声环境质量标准

声功能区类别		时 段	
		昼 间	夜 间
0 类		50	40
1 类		55	45
2 类		60	50
3 类		65	55
4 类	4a 类	70	55
	4b 类	70	60

注：0 类声功能区指康复疗养区等特别需要安静的区域。1 类声功能区指以居民住宅、医疗卫生、文化教育、科研设计、行政办公为主要功能，需要保持安静的区域。2 类声功能区指以商业金融、集市贸易为主要功能，或者居住、商业、工业混杂，需要维护住宅安静的区域。3 类声功能区指以工业生产、仓储物流为主要功能，需要防止工业噪声对周围环境产生严重影响的区域。4 类声功能区指交通干线两侧一定距离之内，需要防止交通噪声对周围环境产生严重影响的区域，包括 4a 类和 4b 类两种类型：4a 类为高速公路、一级公路、二级公路、城市快速路、城市主干路、城市次干路、城市轨道交通（地面段）、内河航道两侧区域；4b 类为铁路干线两侧区域。

各类声功能区夜间突发噪声，其最大值不允许超过标准值 15 dBA。

2. 环境噪声排放标准

主要包括《工业企业厂界环境噪声排放标准》（GB12348—2008）、《建筑施工场界环境噪声排放标准》（GB12523—2011）、《机场周围飞机噪声环境标准》（GB9660—88）等。

《工业企业厂界环境噪声排放标准》见表 7-8。

表 7-8　工业企业厂界环境噪声排放标准（GB12348—2008）　　单位：dBA

厂界外声环境功能区类别	昼 间	夜 间
0	50	40
1	55	45
2	60	50
3	65	55
4	70	55

注：0 类标准适用于以居住、文教机关为主的区域。1 类标准适用于居住、商业、工业混杂区。2 类标准适用于工业区。3 类标准适用于交通干线道路两侧区域。4 类标准适用于工厂及有可能造成噪声污染的企事业单位的边界。

夜间频繁突发的噪声（如排气噪声），其峰值不允许超过标准值 10 dBA；夜间偶然突发的噪声（如短促鸣笛声），其峰值不允许超过标准值 15 dBA。标准昼间、夜间的时间由当地政府按当地习惯和季节变化划定。

建筑施工场界环境噪声排放标准见表 7-9。

表 7-9　建筑施工场界环境噪声排放标准（GB12523—2011）　　单位：dBA

施工阶段	主要噪声源	噪声限值	
		昼间	夜间
土石方	推土机、挖掘	75	55
打桩	各种打桩机等机、装载机等	85	禁止施工
结构	混凝土搅拌机、振捣棒、电锯等	70	55
装修	起重机、升降机等	65	55

注：表中所列噪声值是指与敏感区域相应的建筑施工场地边界线处的限值。如有几个施工阶段同时进行，以高噪声阶段的限值为准。

机场周围飞机噪声环境标准见表 7-10。

表 7-10　机场周围飞机噪声环境标准（GB9660—88）

使用区域	标准值/dB
一类区域	≤ 70
二类区域	≤ 75

注：一类区域指特殊住宅区、居住、文教区。二类区域指除一类区域以外的生活区。

四、噪声在传播中的衰减

日常生活中，人们感觉到离噪声源近时声音大，离噪声源远时声音小。这是因为声波在传播过程中不只会产生反射、折射和衍射等现象，而且在传播过程中会引起衰减。噪声衰减主要有下述几方面原因。

（一）扩散引起的衰减 ΔA_{d}

声源在辐射噪声时，声波向四面八方传播，波阵面随距离增加而增大，声能分散，因而声强随传播距离的增加而衰减。这种波阵面扩展而引起声强减弱的现象称为扩散衰减。

1. 点声源

当声源的几何尺寸比声波波长小得多时，或者测量点离开声源相当远时，则宜将声源看成一个点，称为点声源。生活中大多数声源可看作点声源。在自由声场或半自由声场中，点声源辐射球面或半球面波，其声压随距离衰减如式（7-14）所示。

$$\Delta A_{\mathrm{d}} = L_{p1} - L_{p2} = 20\lg\frac{r_2}{r_1} \tag{7-14}$$

式中　　L_{p1}——离声源 r_1 处的声压级，dB；

　　　　L_{p2}——离声源 r_2 处的声压级，dB。

从式（7-14）可以看出，当离开点声源的距离加倍（$r_2=2r_1$）时，声压级衰减 6 dB。

2. 线声源

公路上络绎不绝行驶的汽车产生的噪声、火车噪声、输送管道的噪声，常常可以看作线声源。设声源长 L，测点 P 到声源的距离为 r。

当 $r \leqslant \dfrac{l}{\pi}$，声源视为无限长线声源，则

$$\Delta A_{\mathrm{d}} = L_{p1} - L_{p2} = 10\lg\frac{r_2}{r_1} \tag{7-15}$$

从式（7-15）可以看出，当离开线声源的距离加倍（$r_2=2r_1$）时，声压级衰减 3 dB。

当 $r > \dfrac{l}{\pi}$，声源视为点声源，按式（7-14）计算。

3. 面声源

声源若为一矩形的面声源，其边长为 a、b，且 $a<b$，测点 P 到声源中心距离为 r。

当 $r \leqslant \dfrac{a}{\pi}$，声源辐射平面面波，声压级不随距离衰减；当 $\dfrac{a}{\pi} < r < \dfrac{b}{\pi}$ 时，按无限长线声源考虑，即应用式（7-15）计算；当 $r \geqslant \dfrac{b}{\pi}$ 时，按点声源考虑，即按式（7-14）计算。

（二）空气吸收引起的衰减 ΔA_a

空气吸收引起的衰减与空气的温度、湿度和声波的频率有关。空气吸收之所以能引起衰减是因为：① 声波在空气中传播，由于空气中相邻质点的运动速度不同，产生黏滞力，使声能转变为热能；② 声波传播时，空气产生压缩和膨胀的变化，相应地出现温度的升高和降低，温度梯度的出现，将以热传导方式发生热交换，声能转变为热能；③ 空气中主要成分是双原子分子的氧和氮，一定状态下，分子的平动能、转动能和振动能处于一种平衡状态。当有声扰动时，这三种能量发生变化，打破原来的平衡，建立新的平衡，这需要一定的时间，此种由原来的平衡到建立新平衡的过程，称为热弛豫过程，热弛豫过程将使声能耗散。

（三）声屏障引起的衰减 ΔA_b

为了降低公路、铁路交通噪声的影响，工程中常在道路一侧或两侧修建一些墙板结构。这种位于声源和接受点之间的材料足够密实的墙板，会引起较大的噪声衰减，称为声屏障。实际上，围墙、建筑物、土坡或地堑等都可以起到声屏障的作用。

噪声在传播途径中遇到声屏障，若屏障尺寸远大于声波波长时，大部分声波被反射和吸收，一部分绕射，于是在屏障背后一定距离内形成“声影区”。在这个声影区内，人们可以感到噪声明显地减弱了，这就是声屏障的减噪效果。声影区的大小与声音的频率和屏障高度等有关，频率越高，声影区的范围越大。

（四）地面效应衰减 ΔA_g

地面类型可分为三种：① 坚实地面，包括铺筑过的路面、水面、冰面以及夯实地面。② 疏松地面，包括被草或其他植物覆盖的地面，以及农田等适合于植物生长的地面。③ 混合地面，由坚实地面和疏松地面组成。

实验表明：相同距离，噪声衰减值为疏松地面>混合地面>坚实地面。

（五）气象条件引起的衰减 ΔA_m

空气中的尘粒、雾、雨、雪，对声波的散射会引起声能的衰减，但这种衰减量很小，每 1000 m 衰减量不到 0.5 dB，可忽略不计。为了避免气象条件对环境噪声测试结果的影响，标准规定要无雨、无雪，风力小于四级（5.5 m/s）。

五、噪声污染控制

噪声源发出噪声，噪声通过传播途径到达接受者，接受者受到影响或危害，形成噪声污染。因此，噪声污染必须有三个环节：噪声源、噪声传播途径和接受者。只有这三个要素同时存在才能构成噪声对环境的污染或对人的危害。相应地，控制噪声污染也必须从这三方面着手，既要对其分别进行研究，又要将它们作为一个系统综合考虑。优先的次序是：噪声源控制、传播途径控制和接受者保护。噪声控制的一般程序是：首先进行现场调查，测量现场的噪声级和频谱；然后按有关的标准和现场实测数据确定所需降噪量；最后制订技术上可行、经济上合理的控制方案。

（一）噪声污染控制途径

1. 声源控制

控制噪声污染的最有效方法是控制声源发声。通过研制和选用低噪声设备、改进生产加工工艺、提高机械设备的加工精度和安装技术，以及对振动机械采用阻尼隔振措施，可达到减少声源数目或降低发声体声源辐射声功率。这是控制噪声的根本途径。

2. 传播途径控制

由于技术和经济原因，当从声源上难以实施噪声控制时，就需要从噪声传播途径上加以控制。具体方法如下。

（1）合理布局。在城市规划时把高噪声工厂或车间与居民区、文教区等分隔开。在工厂内部把强噪声车间与生活区分开，强噪声源尽量集中安排，便于集中治理。

（2）充分利用噪声随距离衰减的规律。如距离大于噪声源最大尺寸 3～5 倍以外的地方，距离若增加一倍，噪声衰减 6 dB。因而，在厂址选择上把噪声级高、污染面大的工厂、车间设在远离需要安静的地方。

（3）利用屏障改变噪声传播。可以在噪声严重的工厂和施工现场周围或交通道路两侧设置足够高度的围墙或隔声屏，也可以利用天然地形如山冈、土被、树木等。绿化不仅能改善城市环境，而且一定密度和宽度种植面积的树丛、草坪也能引起声衰减。一般的宽林带（几十米甚至上百米）可以降噪 10～20 dB。在城市里可采用绿篱、乔灌木和草坪的混合绿化结构，宽度 5 m 左右的平均降噪效果可达 5 dB。

（4）利用声源指向性特点降低环境噪声。高频噪声的指向性较强，可改变机器设备安装方位降低对周围的噪声污染。

（5）采用技术措施局部降噪。在上述措施均不能满足环境要求时，可采用声学技术来降噪，如吸声处理、隔声、消声、隔振、阻尼减振等。这要对噪声传播的具体情况进行分析后，综合应用这些措施，才能达到预期效果。

3. 接受者防护

在某些情况下，限于技术上或经济上的原因，采取以上两种措施不可能或不合理时，便采取接受者被动防护的办法，即佩戴护耳器，如耳塞、耳罩或头盔等，或采取轮班作业，缩短在高噪声环境中的工作时间。

（二）噪声控制技术

1. 吸声技术

在未做任何声学处理的车间或房间，壁面和地面多是一些硬而密实的材料，如混凝土天花板、抹光的墙面及水泥地面等。这些材料与空飞的特性阻抗相差很大，很容易发生声波的反射。若室内声源向空间辐射声波时，接收者听到的不仅有从声源直接传来的直达声，还会有一次与多次反射形成的反射声。通常将一次与多次反射声的叠加称为混响声。就人的听觉而言，当两个声音到达人耳的时间差在 50 ms 之内时，就分辨不出是两个声音。因此由于直达声与混响声叠加，会增强接收者听到的噪声强度。所以同一机器在室内时，常感到比在室外响得多。若用可以吸收声能的材料或结构装饰在房间内表面，便可吸收掉投射到上面的部分声能，使反射声减弱，接收者这时听到的只是直达声和已减弱的混响声，总噪声级已降低，这便是吸声降噪的基本原理。

能够吸收较高声能的材料或结构称作吸声材料或吸声结构。利用吸声材料和吸声结构吸收声能以降低室内噪声的办法称作吸声降噪，通常简称吸声。吸声处理一般可使室内噪声降低 3 ~ 5 dB，使混响声很严重的车间降噪 6 ~ 10 dB。吸声是一种最基本的减弱噪声传播的技术措施。

（1）多孔性吸声材料吸声结构

多孔性吸声材料的内部有许多微小细孔直通材料表面，且其内部有许多相互连通的气泡。多孔吸声材料正是利用其内部疏松多孔的特性来吸收声能的。当声波入射到多孔材料的空隙后，能引起空隙中的空气和材料的细小纤维发生振动。由于空气与孔壁的摩擦阻力、空气的黏滞阻力和热传导等作用，相当一部分声能就会转变成热能而耗散掉，从而起到吸收声能的作用。

吸声材料的种类很多。我国目前生产的吸声材料大体可分四大类：① 无机纤维材料，如玻璃棉、岩棉及其制品。② 有机纤维材料，如棉麻植物纤维及木质纤维制品（软质纤维板等）。③ 泡沫材料，如泡沫塑料和泡沫玻璃、泡沫混凝土等。④ 吸声建筑材料，如膨胀珍珠岩、微孔吸声砖等。

多孔吸声材料对于中高频声波有很大的吸收作用。在工程中，常把多孔吸声材料做成各种吸声制品或结构，常见的有护面的多孔材料吸声结构、空间吸声体、吸声尖劈等，如图 7-5 所示。

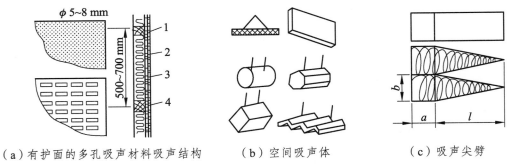

（a）有护面的多孔吸声材料吸声结构　　（b）空间吸声体　　（c）吸声尖劈

1—木龙骨；2—轻织物；3—多孔材料；4—穿孔板。

图 7-5　多空吸声材料吸声结构

（2）共振吸声结构

由于共振作用，结构在共振频率附近对入射声能有较大的吸收，这种结构称为共振吸声结构。常见的有穿孔板吸声结构（图7-6）、微穿孔板吸声结构、薄板和薄膜吸声结构等。

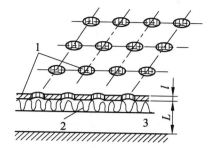

1—穿孔板；2—吸空腔声材料；3—空腔。

图 7-6 穿孔板共振吸声结构

2. 隔声技术

隔声是噪声控制工程中常用的一种技术措施。它利用墙体、各种板材及构件作为屏蔽物或利用围护结构把噪声源控制在一定范围之内。声音在大气中传播时遇到这些障碍物，由于界面处声阻抗的改变，部分声能被反射回去，部分声能为墙面所吸收，仅有少部分声能透过墙体传到墙的另一面去，如图7-7所示。

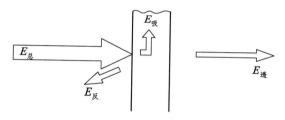

图 7-7 隔声原理示意图

如果在与接受者之间设置这样的障碍物，就降低了传播到接受者的噪声水平。具有隔声能力的屏蔽物称作隔声构件或者隔声结构、如砖砌的隔墙、水泥砌块路、隔声罩体等。

3. 消声器

许多机械设备的进、排气管道和通风管道都会产生强烈的空气动力噪声，而消声器是防治这种噪声的主要装置。它既阻止声音向外传播，又允许气流通过。它装在设备的气流通道上，可使该设备本身发出的噪声和管道中的空气动力噪声降低。根据其消声原理，消声器包括阻性消声器（图7-8）、抗性消声器（图7-9）、阻抗复合式消声器及微穿孔板消声器。

（a）片式　　　　　　　（b）折板式　　　　　　　（c）蜂窝式

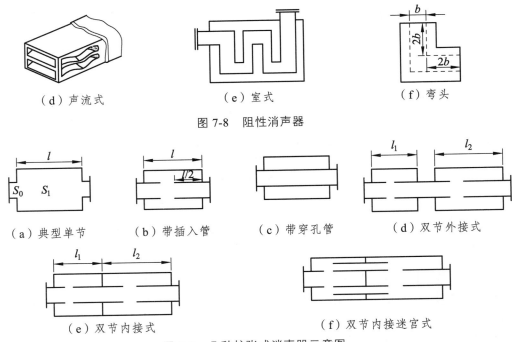

（d）声流式 （e）室式 （f）弯头

图 7-8 阻性消声器

（a）典型单节 （b）带插入管 （c）带穿孔管 （d）双节外接式

（e）双节内接式 （f）双节内接迷宫式

图 7-9 几种扩张式消声器示意图

六、轨道交通噪声及控制措施

（一）轨道交通噪声的来源

轨道交通噪声污染是个非常复杂的问题，它与车辆形式、轮轨接触、轨道结构、路基、隧道、桥梁、车站结构、车辆运行速度、是否有噪声防护措施以及周边环境都有密切关系。

轨道交通按铺设方式分为地下、地面和高架三种。主要噪声源可以归纳为：由列车高速运行时走行部的车轮与钢轨之间产生的轮轨噪声、集电弓与接触网高速摩擦产生的集电系统噪声、高速列车牵引电机等设备噪声、高速行车引起的空气动力噪声、行车激励引起的桥梁结构构件及其附属物的振动而产生的结构噪声，如图 7-10 所示。

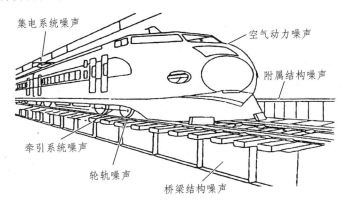

图 7-10 轨道交通结构的噪声源

1. 轮轨噪声

轮轨噪声的发生原理如图 7-11 所示，通常可分为以下三种。

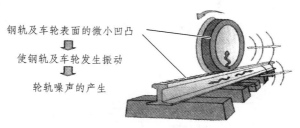

钢轨及车轮表面的微小凹凸
⇩
使钢轨及车轮发生振动
⇩
轮轨噪声的产生

图 7-11　轮轨噪声的发生原理

（1）滚动噪声

滚动噪声指没有擦伤的车轮在状态良好的直线钢轨上滚动时产生的噪声。这是由轮和钢轨的表面粗糙度引起的。车轮在钢轨上运行不是单纯的滚动，而是滚动的同时在极小的范围产生跳动，使钢轨上的车轮产生强迫振动而发出噪声。

（2）轮轨冲击噪声

轮轨冲击噪声是车轮通过钢轨接头、道岔部分以及车轮踏面擦伤、剥离后在钢轨上运行时由于冲击而产生的噪声。从噪声源考虑，分为轨道振动和车轮振动两种情况引起的冲击噪声。冲击噪声与滚动噪声不同，它是由冲击导致的，而且是不连续的。

（3）摩擦噪声

当车辆通过小曲线半径时，尽管车轮踏面有一定锥度，但由于受转向架的约束不能正切于钢轨运行，引起车轮沿着钢轨滚动时横向滑过轨头，由此产生轮轨接触表面的黏着和空转，引起车轮共振而产生强烈的窄缸频带尖叫噪声，为摩擦噪声。

国内外对铁路噪声源的测试结果表明：当列车速度在 250 km/h 以下时，以轮轨噪声为主，占到总噪声源的 50%～70% 甚至以上，其能量集中在 800～2500 Hz 内。车速越低，轮轨噪声所占的比重越大。随着车速的提高，空气动力噪声和集电系统噪声所占比重越来越大。当车在 250 km/h 以上时，以空气动力噪声和集电系统噪声为主，最多可占到总噪声的 70% 以上。图 7-12 所示为不同车速下我国铁路轮轨噪声频谱测试结果。

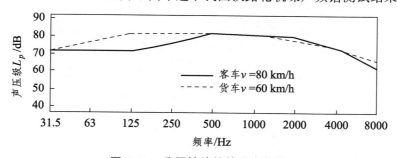

图 7-12　我国铁路轮轨噪声频谱

2. 空气动力噪声

空气动力噪声声源如图 7-13 所示。气流受空气动力扰动产生局部压力脉动，并以波的形式通过周围的空气向外传播而形成空气动力噪声。空气动力噪声与车辆的速度和外部轮廓有关。当速度达到 300 km/h 以上时，空气动力噪声急剧增大，其增加的比率与速度的 6 次方成正比。通过对日本新干线的噪声调查，当速度从 300 km/h 增加至 450 km/h 时，声音增大 10～11 dB。因此，对高速列车而言，控制空气动力噪声是一个重要的课题。

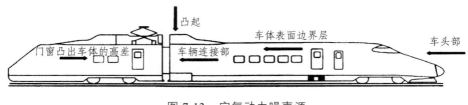

图 7-13　空气动力噪声源

3. 设备噪声

设备噪声主要是由通风机、压缩机、牵引电机等引起的噪声。其中由通风机和压缩机引起噪声随列车运行速度的提高而明显增大，其程度有时会大于轮轨噪声。

4. 结构振动噪声

对于地铁来说，由于列车是在地面下行驶，可以避免噪声通过空气直接传向地面，但是地铁列车运行中引起的轨道结构的振动，通过隧道结构传播，引起周围建筑的振动，向建筑物内部辐射噪声，如图 7-14 所示。地铁振动引起的周围建筑物振动而辐射的噪声给人的感觉是低频的隆隆声，频率一般在 20～200 Hz，有时也会伴着由门窗等振动产生的高频噪声。

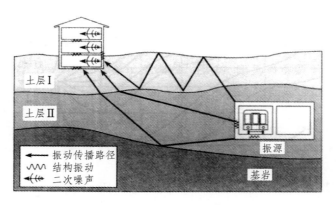

图 7-14　地铁噪声传播示意图

地面上行驶的列车，传递到道床的振动通过周围土层的传播，也会引起周围建筑物的振动而向建筑物内部辐射噪声。

在高架上行驶的列车，轮轨表面相互作用产生的振动通过轨道、桥梁、地基等导致桥梁、地下结构、附近建筑墙壁、楼板振动而辐射噪声（图 7-15）。对于高架车站，车站的墙壁和顶棚会因为振动而辐射噪声。图 7-16 所示为一座高架桥附近综合噪声声场的分布。可以看出，高架桥附近噪声影响的距离和强度都是可观的。

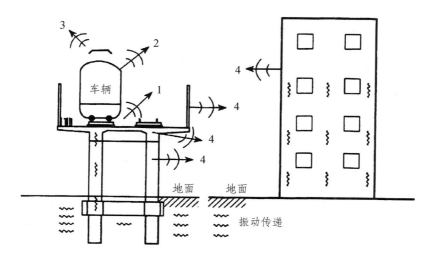

1—轮轨噪声；2—车体设备噪声；3—空气动力噪声和集电系统噪声；4—结构噪声。

图 7-15　高架结构噪声源

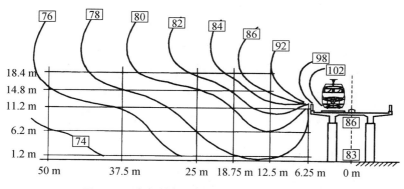

图 7-16　高架结构噪声场分布（单位：dB）

5. 乘客引起的社会生活噪声

乘客引起的社会生活噪声，主要包括地铁车站内、车厢内的广播声和人群嘈杂声。此类噪声尤其是广播噪声，有时也会成为主要噪声源。

（二）轨道交通噪声的控制

轨道交通噪声是流动噪声，影响范围遍及轨道沿线。其噪声防治是一项系统工程，主要从声源降噪和传播途径降噪两个方面来考虑。一般来说，通过这两方面的控制，能够使轨道交通噪声满足相关标准的要求。

轨道交通噪声控制，应针对不同的噪声敏感区段分别采取措施进行控制，达到处理效果明显、投入经济合理的目的。欧盟许多国家对铁路噪声的防治采取了比较现实的做法，对既有线路和新建线路实施不同的控制目标值。我国的《铁路建设项目环境影响评价噪声振动源强取值和治理原则指导意见》中提出："既有铁路、铁路工程建设及既有铁路有关的铁路噪声、振动污染防治，应结合既有铁路技术改造、城市总体规划按计划逐步解决。铁路部门和城市环保等有关部门应在当地人民政府组织下，共同制定减轻铁路噪声、振动污染的规划，并纳入城市国民经济和社会发展计划分期逐步实施。有关部门应当按照规划的要求，合理划分投资，采取有效措施进行综合治理。"

1. 合理规划

轨道交通线路的选择，既要考虑充分发挥其交通干线的作用和为经济效益服务，也要尽量避开居民集中的地区，减少对居民的影响。在城市发展规划中，居民住宅和医院、学校等噪声敏感建筑物应远离铁路。例如美国芝加哥的城市轨道交通就建在高速公路的中间，距离公路两旁的建筑物很远，其噪声影响显然低于公路交通噪声。

2. 车辆设备噪声控制

车辆设备噪声是轨道交通重要的噪声源，它主要由电机、空调系统和车体本身的振动产生。车辆设备噪声的控制主要是由车辆生产厂家采用新技术、新工艺，对车厢结构及设备进行优化设计，主要工作内容如下。

（1）开发低噪声空调系统，做好压缩机的隔声和消声，优化上述设备的减振系统，降低振动水平，从而降低此类设备振动引起的结构辐射噪声。

（2）在车辆连接部位采用遮棚或橡胶风挡，以降低由于振动和相互碰撞产生的噪声。

（3）选用动力性能优良的车辆，尽量降低车体重量和轴重，减弱轮轨冲击。

（4）车辆外轮廓按流线型设计，车体表面尽可能光滑，以减小高速行车时的空气动力噪声。

（5）采用先进径向转向架，以消除列车在曲线上运行时产生的蠕滑，消除列车通过曲线"尖啸声"。例如，直线电机列车采用径向转向架，车辆能够顺利地通过曲线，噪声比一般车辆降低近 20 dBA，特别适用于高架轨道交通系统。

（6）在车体向下延伸部分装设车裙及车底设置吸声结构，可起到阻挡齿轮箱等牵引系统噪声由底架向外辐射的作用。我国香港西铁采用的就是这种形式的车辆。

（7）在车体钢结构内表面喷涂减振阻尼层后，钢结构的声频振动转化为热能消散，可减少声波的辐射和声波振动的传递，同时也提高了钢板的隔声性能。车体的隔板采用双层结构代替单层板，双层墙中间有起缓冲作用的空气层，隔声量可增加 4～5 dB。

（8）在车窗的结构上进行改进，减小车厢内噪声。采用固定式并带有空气层的双层玻璃窗，可明显提高隔声性能，降低车厢内噪声。

（9）在车厢内部出入口的围壁、隔墙、顶棚等处都可用吸声材料加以处理，以达到降低噪声辐射和传递的效果。

（10）对于高速列车，改进接触网线和集电弓架的结构减低集电系统噪声。例如，将接触网悬挂间隔缩短、增加接触网线的刚度、采用微动滑板式集电弓架等，都可改善集电系统的接触性能，减小电火花音和摩擦音。在车顶集电弓架处设置外罩也可降低集电系统噪声。

3. 降低轮轨噪声

轮轨噪声是轨道交通噪声的另一个主要噪声源。

（1）降低钢轨噪声

从前面的论述可知，在轮轨噪声中，钢轨是主要的辐射源。因此，对钢轨进行适当的处理，可有效地减少噪声的辐射。一般可采取以下措施：

① 尽量采用大半径曲线，以减少钢轨磨耗，降低噪声和振动。

② 采用重型钢轨，重型钢轨受冲击振动相对较小，可以减小噪声辐射。

③ 当车轮滚过钢轨顶面时，由于钢轨腹板的厚度较薄，轨腰产生振动，向空气辐射产生噪声。为了有效地减小钢轨振动引起的噪声，可在钢轨上设置复合阻尼板，即在钢轨腹部和底部粘贴减振橡胶或吸音材料。一般是在橡胶外面再粘上一钢板，以增加振动质量，并起到保护作用。

④ 铺设无缝钢轨线路，减少钢轨接头数量，减少车轮和钢轨的撞击声。实测数据表明：在钢轨无接头处，轮轨噪声比有接头部位降低 5 ~ 7 dB（A）。

⑤ 在轨道施工阶段，保证钢轨铺设平顺，在运营阶段，定期打磨钢轨顶面，都是降低滚动噪声的有效措施。

（2）降低车轮噪声

对车轮采取降噪措施可有效地降低轮轨噪声，主要包括：

① 增加车轮阻尼。例如，在车轮的辐板上增加抑制层，降低车轮辐板的辐射噪声从而降低车轮的辐射噪声。

② 采用弹性车轮。轮轨接触刚度增加，轮轨接触力增大，振动和噪声随之增加。对于车轮来说，可以通过改变车轮材料，增加车轮弹性，减小接触刚度，最终减小轮轨噪声。

③ 随着接触点轮对踏面横向半径的增加，接触区面积增大，能够有效地降低轮轨辐射噪声。如弹性踏面车轮就是根据这一原理设计的。

④ 改变车轮结构来降低轮轨噪声。国外一些城市，把制动盘放在轮辐上来减少噪声的发射。如德国的一些车辆就采用这种方法，试验证明对 1000 Hz 上的噪声有明显的改善，大约减少噪声 5 dB。

⑤ 当车轮踏面存在扁疤时，车轮踏面与轨面不规则接触，而产生强烈的稳态振动和噪声。因此，适时检测车轮的踏面，并定期进行磨削和镟修，提高其表面光洁度，是降低滚动噪声行之有效的措施。

⑥ 在转向架两侧面设置隔声罩，对于滚动和制动噪声以及二次噪声的降低有明显的效果，能有效地降低列车辐射噪声对周围环境的影响。

⑦ 采用径向转向架。常规转向架的两个轮轴是固定的，径向转向架的两个轮轴能自

动调整其相对位置，使轮轴始终处于曲线的径向位置，使车轮能够顺利通过曲线，从而减少轮轨的磨耗并且减小噪声。

⑧ 采用磁悬浮和直线电机技术。对于直线电机列车，车轮也不是驱动轮，没有动力轮对与钢轨蠕滑滚动产生的振动和噪声。另外，直线电机传动是利用电磁效应产生列车的牵引力，省去了齿轮箱传动，消除了齿轮箱噪声。

此外，优化轨道结构也是减振降噪技术的关键。轨道结构主要由钢轨、扣件及轨下基础构成。大量研究表明：不同形式的轨道结构，其振动与噪声也不相同。

道碴可以显著吸收轮轨噪声。日本新干线对道碴轨道与无碴板式轨道进行了比较，在多个区间、多台车辆的测试结果表明，同样水平的轨道振动所对应的噪声级，有碴轨道比无碴轨道平均降低了 3~5 dB。

4. 高架结构噪声控制

目前，国内外城市轨道交通的高架桥结构大多采用箱形梁形式。由于箱形梁的内部空腔在轨道噪声主要频段内存在声学模态，腔内的声场共振可能使桥梁上下两个面的辐射声增加，而且箱形梁桥的底面是大面积的平面，声辐射效率比较高。目前箱形梁的降噪处理有以下几类技术。

（1）在箱形梁腔内设置隔声板，将箱形梁腔内的声学共振频率向下移至轨道交通噪声的主要频段以外，可有效降低桥梁振动噪声。

（2）在箱形梁腔内安装动力吸振器，这是控制桥梁振动噪声的有效方法。

（3）铺设轻质吸声桥面和路面。高架轨道交通线的桥面是声反射面，降低桥面的声反射可以大大降低列车通过时的噪声。近年发展起来的各种多孔混凝土都可以有效降低桥面的声反射。在桥面铺浇一定厚度的多孔混凝土，既不影响检修人员行走，又有一定的吸声效果。

（4）在高架桥上安装吸声天棚或悬挂空间吸声体等吸声结构，可以大大降低桥梁振动的辐射噪声。高架轨道交通噪声的各个声源中，桥梁振动的辐射噪声对周边环境尤其是低楼层有较大影响。高吸声、安全、美观、易清洗保养是设计这类吸声结构的要点。

（5）高架桥梁也可配合使用叠层高阻尼橡胶支座或铅芯叠层橡胶支座，以降低由梁体到墩台的振动传递。采用调频质量阻尼器也可以减小梁体振动。

5. 修建声屏障

为降低铁路噪声，荷兰的 Janssen 研究了铁路噪声研究费用和效果的关系：从降低车辆和轨道辐射噪声方面去研究降噪措施，随着降噪效果的提高，所需投入的研究费用将明显增大；对噪声传播途径采取措施时，所投入的研究费用反而随着降噪效果提高而降低。因此，研究降低车辆和轨道辐射噪声的同时，对噪声传播途径采取措施，是降低研究投入的有效措施。建声屏障就是一种通过改变噪声传播途径来降噪的有效方法，它们被广泛应用于各种需要隔声降噪的场合，其中轨道交通声屏障在降低铁路噪声污染中起着极其重要的作用。

在不考虑声屏障长度及材质的前提下，影响声屏障降噪效果的主要因素有：① 声屏障的高度；② 声屏障设置的位置；③ 声屏障内侧吸声材料的设置；④ 声屏障的形状。

声屏障有直立形、内倾形、倒 L 形、T 形、Y 形及山形等不同的形式。

6. 利用自然环境控制噪声

在轨道交通的规划布局中，应充分考虑利用天然屏障，如河流、树林、山丘、高大建筑物等，以隔绝振动和噪声的影响。线路两侧绿化，既可以改善城市生态环境，又可以降低轨道交通的噪声。绿化降噪主要是利用植物对声波的吸收和反射作用来降低噪声。

为了使绿地更好地发挥减噪作用，绿地应采用乔、灌、草复层种植结构，这样可以使种植面的每个层次都有茂密的树冠层，更多地吸收噪声。另外，在条件允许的地带，可以发展垂直绿化，还可以将人工声屏障和绿篱植物相结合。

如果条件允许，可采用凹堤和凸堤道路断面布置方法，起到声屏障的作用。例如，柏林的一条地铁，当穿过高档别墅区时，为了降低噪声，采用了穿越深路堑的方式。在有条件的路口，还可以通过建人工地形景点来降低噪声。

7. 轨道交通沿线建筑物噪声控制措施

轨道交通沿线的建筑物在选材及结构选型方面应予以重视。在地铁及高架轻轨沿线的建筑物应以基础结构牢固的楼房为主，避免建造轻质结构或基础较浅的房屋。建筑物的动力特性应合理设计，以防止其振动频率与列车产生的振动一致而产生共振。特别应选择隔声性能好、抗振性能好、质量轻的建筑材料以及低噪声的结构形式。如陶粒混凝土材料，具有良好的吸声隔声能力和良好的动力性能，容重轻、弹性模量低、变形性能好，可以用于轨道沿线建筑物的建设；而空间网架结构，因其良好的动力性能，也可以作为轨道沿线大跨建筑物的合理选型加以考虑。

建筑物本身可采用宽基础，加固地板、隔振垫等，也可对建筑物表面贴附吸声、隔声材料。这些方法都可以在一定程度上起到降噪作用。

第二节　振动公害及其控制

一、振动公害的特征与危害

1. 振动公害的特征

振动是一种普遍的运动形式，指一个物体在其平衡位置附近做一种周期性的往复运动。如工厂车间机器、建筑施工机具、交通运输工具的振动。这些振动多数都通过地基传播，随着离振源的距离增加而减弱。对单个振动来说，其影响是局部的。但随着现代科技的发展，大量高转速、高效率的先进机械装备的采用，使得剧烈振动的发生率有上升的趋势。剧烈振动常使人不舒服、疲劳，甚至造成人体损伤，使仪器设备和建筑物损坏。

振动公害和噪声公害密切相关。当振动的频率在 20~20 000 Hz 时，振动源同时也就是噪声源。当振源直接与空气接触，形成声波的辐射，称为空气声。若振源的振动以弹性波的形式在固体中传播，称为固体声。固体声的传播在与空气接触的界面处会再引起声辐射，称为结构噪声。因此，隔绝振动在固体构件中的传递，改变固体界面声辐射效率都有利于控制噪声（前者称为隔振，后者称为阻尼）。所以降噪问题实质上也是一个减振的问题。振动控制和噪声控制两者是密切相关的。

2. 振动的危害

（1）振动造成环境污染。首先，振动会引起强烈的空气噪声，如冲床、锻床工作时不仅产生强烈的地面振动，而且会产生很大的撞击噪声，可高达 100 dBA 以上；其次，振动引起结构噪声。机器振动通过基础、楼板、墙壁可以迅速传递到很远处，造成较大范围内的振动和噪声的环境污染。

（2）振动对设备、建筑物会产生很多不良后果。当振动作用于仪器和设备，会影响仪器设备的精度、功能和正常使用寿命，严重时还会直接损坏仪器设备。振动作用于建筑物，会使建筑物发生开裂、变形，当振级超过 140 dBA 时，有可能使建筑物倒塌。

（3）振动会对人的身心健康产生伤害。例如长期使用振动工具，会产生手部职业病，使手指端间断性发白、发紫、发抖、麻木发热等，称为雷诺式症状。当振动的频率接近人体某一器官的固有频率时，还会引起共振，对该器官产生严重影响和危害。

综上，振动也是环境物理污染的因素之一。振动的控制不仅是防治噪声的重要方法，也是减少振动的不利影响和危害的必不可少的措施。

二、振动控制技术

控制振动和控制噪声一样，可以从振源、传递途径和接受体三方面着手。

（一）振源控制

振源控制法是减少和消除振源振级，这是最彻底最有效的方法。首先是减少机器扰动，如通过改造机械的结构，改善机器的平衡性能；提高设备制造精度，减少振动结构的装配公差；改变干扰力方向等。其次是控制共振。可以通过改变机械结构的固有频率、改变机器转速来避免共振；或将振源安装在非刚性基础上，管道和传动轴采用隔离固定，在仪表柜等薄壳体上采用阻尼减振技术等，可大大减少共振的影响。

（二）传递途径控制

传递途径控制可通过隔振、阻尼、吸振等方法减弱振动到接受体的传输。

1. 隔　振

隔振是利用弹性波在物体间的传播规律，在振源和需要防振的设备之间安置隔振装置，使振源产生的大部分振动能量为隔振装置所吸收，减少振源对设备的干扰，从而达到减少振动的目的。

根据隔振的对象不同可分为积极隔振和消极隔振。积极隔振也称为动力隔振，是隔离机械设备本身的振动通过其机脚、支座传到基础或基座，以减少振源对周围环境或建筑结构的影响，也就是隔离振源。一般的动力机器、回转机械、锻冲压设备均需要积极隔振。消极隔振也称为运动隔振或防护隔振，是防止周围环境的振动通过地基（或支承）传到需要保护的仪表、器械。电子仪表、精密仪器、贵重设备、消声室、车载运输物品等均需进行隔振。一般来讲，积极隔振的频率范围在 3 ~ 1000 Hz，消极隔振的频率范围在 3 ~ 30 Hz。

隔振装置可分为两大类：隔振器和隔振垫。隔振器是经专门设计制造的、具有确定的形状和稳定的性能的弹性元件，使用时可作为机械零件进行装配。常用的有金属弹簧隔振器、橡胶隔振器、钢丝绳隔振器和空气弹簧隔振器等（图 7-17 至图 7-19）。隔振垫是利用弹性材料本身的自然特性，一般没有确定的形状尺寸，可根据实际需要来拼排或裁剪。常见的有软木、毛毡、泡沫塑料、玻璃纤维隔振垫和橡胶隔振垫等。

（a）螺旋弹簧隔振器　　　　　　（b）板条式隔振器

图 7-17　金属弹簧隔振器

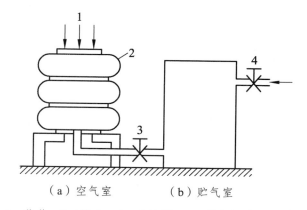

（a）空气室　　　　（b）贮气室

1—载荷；2—橡皮；3—节流阀；4—进气压缩空气阀。

图 7-18　空气弹簧的构造原理

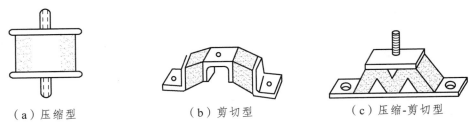

（a）压缩型　　　　　　　（b）剪切型　　　　　　　（c）压缩-剪切型

图 7-19　橡胶隔振器

2. 阻尼减振

阻尼减振主要是通过减弱金属板弯曲振动的强度来实现的。在金属薄板上涂敷一层阻尼材料，当金属薄板发生弯曲振动时，振动能量就迅速传给涂贴在薄板上的阻尼材料，并引起薄板和阻尼材料之间以及阻尼材料内部的摩擦。由于阻尼材料内损耗、内摩擦大，相当一部分金属振动能量被损耗而变成热能，减弱了薄板的弯曲振动，并能缩短薄板被激振后的振动时间，从而降低了金属板辐射噪声的能量。这就是阻尼减振的原理。

阻尼材料通常指沥青、软橡胶和各种高分子涂料。根据阻尼材料与金属板结合的形式，有自由阻尼层结构和约束阻尼层结构两种基本的阻尼结构，见图 7-20。

（a）自由阻尼层结构　　　　　　　　（b）约束阻尼层结构

图 7-20　阻尼结构示意图

（三）接受体的控制

接受体的控制是通过接受体系统参数的改变（加强筋、阻尼等）来减弱接受体处振动强度或降低接受体对振动的敏感程度。

三、铁路环境振动控制技术

1. 积极减振（又称主动减振）

主要是指振动源（污染源）的控制。就铁路环境振动而言，主要是列车振动源的控制，其中包括降低列车轮轨的激励力，钢轨、道床、桥梁等结构的振动控制。主要治理措施有：提高机车车辆的性能、降低机车车辆的轴重；采用重型钢轨及无缓冲区无缝线路、高弹性扣件、弹性支承轨道结构、道砟垫层；高架桥采用混凝土梁式结构及橡胶支座，另外还有钢轨打磨和解决轨道平顺性等减振措施。

根据多年来我国铁路环境振动实测和日本新干线有关资料，表明高架桥线路的环境振动比路堤线路要大幅度降低。因此，在线路通过居民集中区和村庄，可采用高架桥线路，以满足标准要求。

对于无砟轨道，要采用减振性能好的类型，特别是要解决低频（50 Hz 以下，10 ~ 20 Hz 尤为重要）的减振性能。

2. 利用传递过程中的衰减作用

铁路列车在轨道上行驶时，由于车轮与不平顺的轨道发生撞击而引起的地面振动，通过土介质传播得较远。影响地面振动衰减的因素，主要是能量的扩散和土类等介质对振动能量的吸收。铁路地面振动频率范围虽然比较宽，但出现最大振幅的频率，在亚黏土层大部分密集于 6 ~ 15 Hz，在坚硬土层频率较高，可达 20 ~ 30 Hz；在淤泥质地基上频率较低，一般在 5 ~ 10 Hz。一般情况下，距轨道附近频率高，而远处较低。因此可以利用振动在传递过程中的衰减，根据不同用途的敏感建筑，将建筑物建造在离轨道不同的距离处。国外曾有设置"防振沟""防振墙"的隔振措施。

3. 被动减振（消极减振）

被动减振指采取措施降低对受振部位的振动影响，一般用于敏感建筑或仪器设备本身采取隔振措施。其中主要有采用抗震结构，应用阻尼材料抑制共振，采用各种隔振器等。

铁路环境振动治理原则，主要是采取"积极减振"，即列车振动源的控制，这些是最积极、有效的治理措施。

第三节　电磁辐射污染及其防护

一、电磁辐射污染概述

（一）电磁辐射和电磁辐射污染的概念

电磁辐射是指电场和磁场周期性变化产生波动通过空间传播的一种能量，也称电磁波。电磁辐射的能量大小，称为辐射强度，通常以功率密度表示，单位为 W/cm² 或 mW/cm²。实际测量中，也有以磁感应强度表示，单位为高斯 Gs（或毫高斯 mGs）。

电磁辐射污染是指各种天然的和人为的电磁波干扰和对人体有害的电磁辐射。

（二）电磁污染源的分类

电磁污染源按其来源可分为天然污染源和人为污染源。天然污染源主要来自地球的热辐射、太阳的辐射、宇宙射线和雷电等。人为电磁污染源来自人类开发和利用以电为能源的活动，如广播、电视、移动通信、卫星通信、雷达、工医科射频设备等，在营运和使用过程中向周围环境发射的电磁辐射。目前，环境中的电磁辐射主要来自人为辐射，可粗略地划分为工频、射频和微波三个频段。

工频电场、磁场：我国使用的交流电频率为 50 Hz。工频电场、磁场较强的地方通常是在高压送电线路的附近，尤其是在其下方。

射频电磁场：射频是指 10 kHz～300 MHz 频段，主要包括 100 m 波（中波）、10 m 波（短波）、米波（超短波）。属于该频段的有无线电广播、电视、微波通信、工医科射频设备等。

微波场源：微波是指 300 MHz～300 GHz 频段，主要包括分米波、厘米波、毫米波及亚毫米波。属于该频段的有移动通信、卫星通信、微波通信、雷达等。

（三）电磁辐射的危害

电磁辐射污染是一种能量流污染，看不见，摸不着，但却实实在在存在着。它不仅危害人类健康，还不断地"滋生"电磁辐射干扰事端，进而威胁人类生命。

1. 干扰信号

电磁辐射会干扰电子设备、仪器仪表的正常工作，造成信息失真、控制失灵，以致酿成大祸。例如，移动电话的工作频率会干扰飞机与地面的通信信号和飞机仪器的正常工作，引起飞机导航系统偏向，对飞行安全带来隐患，因此在飞机上要关闭所有的移动电话、电脑和游戏机。移动电话和通信卫星所发射的电磁波若闯入了天文射电望远镜使用的频带，将严重干扰天文观测。

2. 引燃引爆

极高频辐射场可使导弹系统控制失灵，造成电爆管效应的提前或滞后。更为严重的是高频电磁的振荡可使金属器件之间相互碰撞产生火花，引起火药、可燃油类和可燃气体爆炸。

3. 危害人体健康

当生物体暴露在电磁场中时，大部分电磁能量可穿透肌体，少部分能量被肌体吸收。由于生物肌体内有导电体液，能与电磁场相互作用，产生电磁场生物效应。

电磁的生物效应分热效应和非热效应。热效应是高频电磁波直接对生物肌体细胞产生加热作用引起的。电磁波穿透生物表层直接对内部组织"加热"，而生物体内部组织散热又困难，所以往往肌体表面看似正常，而内部组织已严重"烧伤"。非热效应是电磁辐射长期作用而导致人体某些体征的改变。非热效应还会影响心血管系统，影响人体的循环系统、免疫功能、生殖和代谢功能，严重的甚至会诱发癌症。

电磁辐射对人体的影响程度与电磁辐射强度、接触时间、设备防护措施等因素有关。

二、电磁辐射的防护

（一）电磁辐射的防护标准

电磁场的生物效应如果控制得好，可对人体产生良好的作用，如用理疗机治病。但当它超过一定范围时，就会破坏人体的热平衡，对人体产生危害。

电磁辐射的防护标准经历了较长时间的探讨，至今仍没有全世界统一的标准，各国各行其是。目前，我国最常用的电磁方面的标准是《电磁环境控制限值》（GB8702—2014）、《工业、科学和医疗（ISM）射频设备骚扰特性限值和测量方法》（GB4824—2013）。

（二）防护原则

电磁辐射污染的防护需采取综合防治措施，从产品设计入手，考虑屏蔽与吸收，治标与治本相结合的方法。通常有以下几条防护原则。

（1）减少电磁泄漏，这是解决污染源的问题。比如，各类高频与微波设备的机箱挡板及防护装置对防止电磁波泄漏均是有效的，工作期间应按出厂要求装备妥当，不应随意拆除或敞开。

（2）通过合理的工业布局，使电磁污染源远离居民稠密区，尽量减少受体遭受污染危害的可能。比如，大功率的发射设备必须安置在远郊，且电台附近不应建设居民区及学校；已设立在中心区域的无线电发射台应限期迁至郊区；新建电台不宜建在高层建筑物顶；对集中使用辐射源设备的单位，划出一定的范围，并确定有效的防护距离，以免居民受到电磁波的辐射污染。

（3）对于已经进入环境的电磁辐射，采取一定的技术防护手段，以减少对人与环境的危害。

（三）防护措施

对不同类型的辐射源应根据各种不同的具体情况，分别采取屏蔽、隔离、吸收等有效治理措施，使泄漏量最大限度地减少，达到消除污染的目的。

1. 屏蔽防护

采用某种能抑制电磁辐射能扩散的材料——屏蔽材料将电磁场源与其环境隔离开来，使辐射能被限制在一定范围内，防止电磁污染，这种技术称为屏蔽防护。

电磁屏蔽的实施分为两种：① 将辐射污染源加以屏蔽，使之不对限定范围以外的生物机体或仪器设备产生影响，称为主动或有源场屏蔽。其特点是辐射场源与屏蔽体之间的距离较小，因而可服务于强度较大的辐射源，但屏蔽体需有良好的接地条件。② 将指定范围之内的人员或设备加以屏蔽，使其不受电磁辐射的干扰，称作被动或无源场屏蔽。屏蔽体与辐射源的距离较大，不需要接地。

屏蔽材料可选用铜、铁、铝，涂有导电涂料或金属镀层的绝缘材料。电场屏蔽选用铜材料为好，磁场屏蔽选用铁材。钢材导电率低，还会使辐射源因产生过大能量消耗而影响设备工作状态，一般不会选用。普通玻璃、胶合板、纤维板、有机玻璃、塑料板等材料缺少屏蔽电磁波性能，不宜单独使用。

屏蔽体的形式有罩式、屏风式、隔离墙式等，可结合设备情况、现场布局、操作方式等情况区别选用。

2. 接地防护

将辐射源的屏蔽部分或屏蔽体通过感应产生的高频电流导入大地，以免屏蔽体本身再成为二次辐射源。接地法的效果与接地极的电阻值有关，使用电阻值越低的材料，其导电效果越好。

3. 吸收防护

吸收防护是选用适宜的吸收电磁辐射能的材料，敷设于场源外围，使辐射场强度大幅度衰减下来，达到防护目的。吸收防护主要用于微波防护。

常用的吸收材料有谐振型吸收材料和匹配型吸收材料。实际的材料可用塑料、胶木、橡胶、陶瓷等中加入铁粉、石墨、活性炭等。

4. 个人防护

要避免电磁辐射的直接影响，除了要注意设备性能、操作技术与辐射源间距外，作业人员特别是在漏能的大功率设备附近值班时，更需重视劳保制度，穿戴特别配备的防护服、防护眼罩等防护用品。

第四节　放射性污染及其防护

一、放射性污染概述

（一）放射性污染及其来源

一些物质由于其原子核内部发生衰变而放射出射线（α、β、γ射线与中子射线等）的性质叫作放射性。放射性污染是指放射性物质造成的污染。

现代生活中的放射性污染源分为天然辐射源与人工辐射源。

1. 天然辐射源

环境中天然辐射源主要由宇宙射线、宇生放射性核素和原生放射性核素三部分组成。宇宙射线主要来源于地球的外层空间，包括由高能质子组成的初级宇宙射线和这些粒子与大气中的氧、氮原子核碰撞产生的次级宇宙射线粒子。宇生放射性核素是高能初级宇宙射线与大气的原子核发生核反应时产生的放射性核素，种类不少，但在空气中的含量很低，对环境辐射的实际贡献不大。原生放射性核素是从地球形成开始，迄今为止还存在于地壳中的那些放射性核素，其中最主要的有铀（U）、钍（Th）以及钾（K）、碳（C）和氚（H）等。这些放射源自人类诞生起就已如此，人类已适应了这种辐射。因此，天然辐射源所产生的总辐射水平可视为环境的辐射背景值，它是判断环境是否受到放射性污染的基准。

2. 人工辐射源

人工辐射源是指由生产、研究和使用放射性物质的单位所排放出的放射性废物和核武器试验所产生的放射性物质，是对环境造成放射性污染的主要来源。

（1）核爆炸的沉降物

核武器试验是全球性放射性污染的主要来源。核爆炸的一瞬间能产生穿透性很强的核辐射，主要是中子和 γ 射线。爆炸后还会留下很多继续发射 α、β 和 γ 射线的放射性污染物，通常称为放射性沉降物，又叫落下灰。排入大气中的放射性污染物与大气中的飘尘相结合，甚至可到达平流层并随大气环流流动，经很长时间（可达数年）才落回到对流层。放射性沉降物播散的范围很大，往往可以沉降到整个地球表面。这些放射性物质中对人体危害较大、半衰期又相当长的有铅（Pb）、铯（Cs）、碘（I）和碳（C）。但据联合国辐射影响问题委员会估计，核试验引起全球性污染而给全世界人口的平均照射剂量，比试验场附近居民的剂量小得多，因而对核试验污染不需要过分恐惧。

（2）核工业过程的排放物

正常运行时核电站对环境排放的气态和液态放射性废物很少，固态放射性废物又被严格地封装在巨大的钢罐中，不渗入生物链。在放射性废物的处理设施不断完善的情况下，正常运行时对环境不会造成严重污染。严重的污染往往都是由事故造成的，如 1986 年 4 月苏联切尔诺贝利核电站事故。

（3）医疗照射

随着现代医学的发展，辐照作为诊断、治疗的手段越来越广泛应用。辐照方式除外照射外，还发展了内照射，如诊治肺癌等疾病，就采用内照射方式，使射线集中照射病灶，但这同时也增加了操作人员和病人受到的辐照。因此，医用射线也成为环境中的主要人工污染源之一。

（4）其他方面的污染源

某些用于控制、分析、测试的设备使用了放射性物质，对职业操作人员会产生辐射危害。某些生活消费品中使用了放射性物质，如夜光表、彩色电视机等；某些建筑材料如含铀、镭量高的花岗岩和钢渣砖等，对它们的使用也会增加室内的辐照强度。

（二）放射性对人类的危害

放射性实际是一种能量形式。这种能量被人体组织吸收时，吸收体的原子就发生电离作用，将能量转变为另一种形式，而这种能量在一定阶段又要释放出来并在吸收体内引起其他反应。具体讲有两类损伤作用：① 直接损伤，即辐射直接将肌体物质的原子或分子电离，从而破坏肌体内某些大分子结构，如蛋白质分子、脱氧核糖核酸、核糖核酸分子等；② 间接损伤，即射线先将体内的水分子电离，使之生成具有很强活性的自由基，并通过它们的作用影响肌体的组成。由此可见，放射性不仅可干扰、破坏肌体细胞和组织的正常代谢活动，而且能直接破坏它们的结构，从而对人体造成危害。

　　放射性物质主要是通过食物链经消化道进入人体，其次是经呼吸道进入人体；通过皮肤吸收的可能性很小。放射性核素进入人体后，其放射线对机体产生持续照射，直到放射性核素蜕变成稳定性核素或全部排出体外为止。放射性核素在人体内的分布是不均匀的，往往只对某些器官产生局部效应。当一次或短期内受到大剂量照射时，会产生放射损伤的急性效应，使人出现恶心、呕吐、脱发、食欲减退、腹泻、喉炎、体温升高、睡眠障碍等神经系统和消化系统的症状，严重时会造成死亡。例如，在数千拉德（rad）高剂量照射下，可以在几分钟或几小时内将人致死；受到 600 rad 以上的照射时，在两周内的死亡率可达 100%；受照射量在 300～500 rad 时，在四周内死亡率为 50%。

　　在急性放射病恢复以后，经一段时间或在低剂量照射后的数月、数年、甚至数代后还会产生辐射损伤的远期效应，如致癌、白血病、白内障、寿命缩短、影响生长发育等，甚至对遗传基因产生影响，使后代身上出现某种程度的遗传性疾病。如 1945 年原子弹在日本广岛、长崎爆炸后，当地居民长期受到辐射远期效应的影响，肿瘤、白血病的发病率明显增高。1986 年切尔诺贝利核爆炸，到 2006 年为止，俄罗斯、乌克兰和白俄罗斯三个国家由于辐射而死亡 20 万人，其中最常见的是甲状腺疾病、造血功能障碍、神经系统疾病以及恶性肿瘤等。

二、放射性污染的防护

　　放射性废物不像一般工业废物和垃圾等极容易被发现和预防其危害。它是无色无味的有害物质，只能靠放射性测试仪才能探测到，因此对放射性废物的处理与其他工业污染物处理有根本的区别。放射性物质的管理、处理和最终处置必须严格科学地按国际标准和国家标准进行，以期把对人类的危害降低到最低水平。

（一）放射性辐射的防护标准

　　目前，我国采用"最大容许剂量当量"来控制从事放射性工作人员的照射剂量，在这样的剂量下对人体及其后代都不会产生明显的危害。

　　我国《电离辐射防护与辐射源安全基本标准》（GB 18871—2002）对放射性工作人员的年剂量当量限值的规定为：全身均匀外照射 50 mSv/年，眼晶状体 150 mSv/年，其他单个器官或组织 500 mSv/年。特殊照射：一次不大于 100 mSv，一生中不大于 250 mSv。

　　国家环境保护局在 1987 年颁布的《城市放射性废物管理办法》中规定：含人工放射性核素比活度大于 2×10^4 Bq/kg，或含天然放射性核素比活度大于 7.4×10^4 Bq/kg 的污染物，应作为放射性废物看待；小于此水平的放射性污染物也应妥善处置。

（二）放射性辐射防护方法

辐射防护的目的主要是减少射线对人体的照射，具体方法如下。

1. 时间防护

人体受照的时间越长，则接受的照射量也越多。因此要求工作人员操作准确敏捷以减少受照时间，或增配人员轮流操作以减少每个工作人员的受照时间。

2. 距离防护

人距辐射源越近，则受照量越大，因此尽可能远距离操作以减少受照量。

3. 屏蔽防护

源强越强，受照时间越长，距辐射源越近，受照量越大。为了尽量减少射线对人体的照射，可采用屏蔽的办法。在辐射源与人之间放置一种合适的屏蔽材料，利用屏蔽材料对射线的吸收降低外照射剂量。

（1）α射线的防护：α射线射程短，穿透力弱，在空气中易被吸收，用几张纸或薄的铝膜即可将其屏蔽。

（2）β射线的防护：β射线是带负电的电子流，穿透物质的能力较强，因此对屏蔽β射线的材料可采用有机玻璃、烯基塑料、普通玻璃和铝板等。

（3）γ射线的防护：γ射线是波长很短的电磁波，穿透能力很强，危害也最大。常用具有足够厚度的铝、铁、钢、混凝土等屏蔽材料来屏蔽γ射线。

另外，为防止人们受到不必要的照射，在有放射性物质和射线的地方应设置明显的危险标记。

第五节　光污染及其防护

一、光污染概述

光对人类的生产和生活至关重要，但人类活动造成的过量光辐射对人类生活和生产环境会形成不良影响，称为光污染。光污染是伴随着工业和城市发展所带来的一种新污染，它主要体现在波长 100 nm～1 mm 的光辐射污染，即紫外光污染、可见光污染和红外光污染。

（一）可见光污染

1. 强光污染

电焊时产生的强烈眩光，在无防护情况下会对人眼造成伤害。汽车头灯的强烈灯光，会使人视物极度不清，造成事故。长期工作在强光条件下，视觉受损。光源闪烁，如闪动的信号灯，电视中快速切换的画面，使眼睛感到疲劳，还会引起偏头疼以及心动过速等。

2. 灯光污染

城市夜间灯光不加控制，会使夜空亮度增加，影响天文观测。路灯控制不当或工地聚光灯照进住宅，影响居民休息。我们每天使用的人工光源——灯，也会损伤眼睛。研究表明：普通白炽灯红外光谱多，易使眼睛中晶状体内晶状液浑浊，导致白内障；而日光灯紫外光成分多，易引起角膜炎。另外，日光灯是低频闪光源，容易造成屈光不正常，引起近视。

3. 激光污染

激光具有指向性好、能量集中、颜色纯正的特点，在科学研究各领域得到了广泛应用。当激光通过人眼晶状体聚焦到达眼底时，其光强度可增大数百至数万倍，对眼睛产生较大伤害。大功率激光能危害人体的深层组织和神经系统。

4. 其他可见光污染

随着城市建设的发展，建筑物的大面积玻璃幕墙也会造成光污染。它的危害表现为：对阳光或强烈灯光的反射会扰乱驾驶员或行人的视觉，成为交通事故的隐患；如反射光进附近居民的房内，会影响居民的日常生活，形成光污染和热污染。

（二）红外光污染

红外光辐射又称热辐射。自然界中以太阳的红外辐射最强。红外光穿透大气和云雾的能力比可见光强，因此在军事、科研、工业、卫生、安全防盗装置等方面应用日益广泛。另外，在电焊、弧光灯、氧乙炔焊操作中也会辐射红外线。

红外线会产生高温灼伤人的皮肤；还可透过眼睛角膜对视网膜造成伤害，波长较长的红外线还能伤害角膜；长期的红外照射可以引起白内障。

（三）紫外光污染

自然界中的紫外线来自太阳辐射，人工紫外线是由电弧和气体放电产生的。其中波长为 250～320 nm 的对人体具有伤害作用，轻者引起红斑，重者表现为角膜损伤、皮肤癌、眼部烧灼等。另外，当紫外线作用于大气中的 NO_x 和碳氢化合物等污染物时，会发生光化学反应形成具有毒性的光化学烟雾。这方面的知识已在第四章中讨论过了。

二、光污染的防护

在工业生产中，对操作人员最有效的措施是佩戴护目镜和防护面罩，以保护眼部和裸露皮肤不受光辐射的影响；对周围其他人员的防护，常常用可移动屏障将操作区围住，防止其受到有害光源的直接照射。在城市生活方面，市政当局除需限制或禁止在建筑物表面使用玻璃幕墙外，还应完善立法加强灯火管制，避免光污染的产生。在日常生活中，要大力提倡和开发绿色照明，即对眼睛没有伤害的光照。它首先要求是全色光，光谱成分均匀无明显色差；其次，光色温贴近自然光（在自然光下视觉灵敏度比人工光高 20%以上）；再次，必须是无频闪光。

光对环境的污染是实际存在的，但目前由于缺少相应的法规和标准，因而不能形成较完整的环境质量要求与防范措施，今后需要在这些方面进一步探索。

第六节　热污染及其控制

一、热污染概述

在能源消耗和能量转换的过程中，常常有大量热能排入环境中，使空气和水体的温度升高。这种由工业生产和现代生活排入水和空气中的废热而造成的环境污染称为热污染。

热污染主要表现在对全球性的或区域性的自然环境热平衡的影响，使热平衡遭到破坏。目前尚不能定量地确定由热污染所造成的环境破坏和长远影响，但已证实热污染使大气和水体产生了增温效应，对生态环境会产生危害。

（一）大气热污染

由于向大气排放含热废气和城市热岛效应的存在，局部大气温度升高影响气象条件或产生其他不良影响的现象，称为大气热污染。

工业废热排向空中或城市热岛效应的存在，不仅会导致局部大气中的热量增加，影响大气循环过程，给一些城市和地区带来异常天气现象（如暴雨、飓风、酷热、暖冬等），而且会加重工业区或城镇的环境污染，或者引起致病微生物滋生，危害人类健康。

（二）水体热污染

很多工业生产部门，如电力、冶金、化工和纺织等。其中的一些工艺流程，如蒸馏、漂洗、稀释、冲刷和冷却等，都有可能产生大量的废热水。这些废热水排入水体后，使水体的热负荷或温度增高，从而引起水体物理、化学和生物方面的改变，对生态环境和人类的生产、生活活动产生不良影响，称为水体热污染。

水体热污染的不良影响主要表现如下。

1. 使水体中某些重金属及有毒物质的毒性增强

水温升高后，水体生物化学的反应速度随着温度的上升也会加快，水中原有的氰化物、重金属离子等污染物毒性将随之增加。

2. 降低水体溶解氧含量

随着水温增高，水中氧气逸出，降低了水体中溶解氧的含量，从而影响鱼类和其他水生生物的正常生活。一般来说，温度及毒物浓度一定时，溶解氧下降，有害物质的毒性增强。氰化物、NH_3、氮、氯、重金属及一些合成洗涤剂的毒性，都有此特点。当水中溶解氧不能满足鱼类及水生生物所必需的最低值时，则水体将成为没有生命的"死水"。

3. 影响鱼类生长、繁殖

工业排水会使水温发生变化。在温度适宜时，会促进鱼类生长、发育和繁殖；但如果超出了适温范围，就会给鱼类的生存造成较大的威胁。

最适温度指有机体新陈代谢最为旺盛，生长发育也最快的温度值。温度过高成过低，特别是超出一定极限，都会抑制鱼类生长，甚于引起死亡。另外，温度过高或过低会对鱼类胚胎发育产生影响，增温也会使鱼类感染疾病的概率增加，从而使某些种类减少。

4. 加速水体富营养化

水体富营养化通常是指湖泊、水库和海湾等封闭性或半封闭性水体，以及某些河流水体内的氮（N）、磷（P）营养元素的富余，水体生产力提高，某些藻类（主要是蓝藻、绿藻）及其他浮游生物异常增殖，使水质恶化的现象。增温可加速水体富营养化的进程。

二、热污染的防治

1. 提高热能利用效率

目前，燃烧装置效率较低，使得大量能源以废热形式消耗，产生热污染。据统计，民用燃烧装置的热效率为 10% ~ 40%，工业锅炉为 20% ~ 70%，火力发电厂能量利用效率为 40%，核电站约为 33%。我国热能平均有效利用率仅为 30% 左右。如果把热能利用率提高 10%，就意味着热污染的 15% 得到控制。我国把热效率提高到 40% 左右（相当于工业发达国家水平）是完全可能的。

2. 废热利用

人们把工农业生产和交通运输中排出的含有大量热能的废气、废水习惯上称作废热。废热排放是环境热污染和能源浪费的重要原因。如果把废热当作宝贵的资源和能源来看待，加以利用，不仅可以节约大量能源，还可以减少热污染。比如，利用电站排放的温水在冬季供暖，既节能又卫生。用温热水在冬季灌溉农田，能保持地温促进种子发芽和植物生长。在温水暖房，还能种植一些冬季少见的新鲜蔬菜和热带植物。

3. 降温冷却

用冷却塔或冷却水池把含热废气、废水冷却降温后排放，是解决热污染的简便办法。冷却塔有干塔和湿塔两种。干塔通过热传导和对流达到冷却的目的，湿塔通过水的喷淋、蒸发达到冷却的目的。冷却塔降温在电站、冶金等行业有着广泛的应用。冷却水池是通过自然蒸发达到冷却目的。冷却水池与冷却塔相比，投资比较少，但占地面积较大，所以多用于冷却水量比较小的场合。有时两种冷却降温方法在同一个厂同时被采用。

4. 其他措施

为了控制热污染对大气的影响，植物绿化、植树造林不失为一项较好的措施。植物具有美化自然环境、调节气候、截留飘尘、吸收大气中有害气体成分等功能，在大面积范围内可长时间连续对大气进行净化，特别是当大气中污染物浓度低、分布面广时更显成效。在城市和工业区有计划地利用空闲地栽种植物扩大绿化面积，对包括控制热污染在内的大气污染综合防治，改善城市居民生活环境等方面都是十分有利的。

开发和利用少污染或无污染的新能源，也是减少热污染的重要途径和办法。利用太阳能发电、海潮发电、风能发电、地热取暖等新能源技术，对节约矿物能源、控制环境热污染有着极其重要的意义。在新能源的开发利用方面，各国都在进行着大量的研究和应用工作。

思考题

1. 什么叫作噪声？美妙的音乐能称为噪声吗？
2. 噪声污染的特征是什么？有哪些危害？
3. 噪声强度为什么用"级"来量度？
4. 试比较噪声公害与其他公害的异同。
5. 什么叫 A 声级?为什么在噪声控制中常用 A 声级作为衡量指标？
6. 60 dB 声压级、60 phon 响度级、60 dBA 计权声级各有何区别？
7. 一台机器发动前测出环境噪声为 72 dBA，发动后总噪声为 78 dBA，问机器本身的噪声是多少？
8. 防止噪声污染的主要技术方法有哪些？
9. 轨道交通噪声有哪些来源?简述其控制措施。
10. 简述振动的危害及其控制技术。
11. 什么叫电磁辐射污染？它对环境和人类有何危害？如何防护？
12. 什么是放射性污染?其危害有哪些?防治放射性污染有哪些措施?
13. 在你居住区周围存在哪些光污染？应采取什么措施加以防护？
14. 什么叫热污染？它对环境有哪些危害？如何防治？

参考文献

[1] 洪宗辉. 环境噪声控制工程[M]. 北京：高等教育出版社，2002.
[2] 李家华. 环境噪声控制[M]. 北京：冶金出版社，1997.
[3] 陈秀娟. 实用噪声与振动控制[M]. 北京：化学工业出版社，1996.

[4] 李耀中. 噪声控制技术[M]. 北京：化学工业出版社，2001.

[5] 雷晓燕，圣小珍. 铁路交通噪声与振动[M]. 北京：科学出版社，2004.

[6] 张林. 噪声及其控制[M]. 哈尔滨：哈尔滨工程大学出版社，2002.

[7] 肖洪亮. 噪声污染控制[M]. 武汉：武汉工业大学出版社，1999.

[8] 马大猷. 噪声与振动控制工程手册[M]. 北京：机械工业出版社，2002.

[9] 张邦俊，翟国庆. 环境噪声学[M]. 杭州：浙江大学出版社，2001.

[10] 林培英，杨国栋，等. 环境问题案例教程[M]. 北京：中国环境科学出版社，2002.

[11] 朱蓓丽. 环境工程概论[M]. 北京：科学出版社，2001.

[12] 苏琴，吴连成. 环境工程概论[M]. 北京：国防工业出版社，2004.

[13] 蒋展鹏，等. 环境工程学[M]. 北京：高等教育出版社，1992.

[14] 黄儒钦. 环境科学基础[M]. 成都：西南交通大学出版社，2006.

[15] 马大猷. 噪声与振动控制工程手册[M]. 北京：机械工业出版社，2002.

[16] 苏志华. 环境学概论[M]. 北京：科学出版社，2018.

第八章

环境影响评价

学习要求

1. 了解环境影响评价的作用，与环境影响评价有关的基本概念，环境影响评价对象。
2. 了解环境影响评价的工作程序，熟悉环评介入时期。
3. 了解建设项目环境影响评价的分类管理以及分级审批的基本要求。
4. 掌握建设项目环评报告的基本内容，熟悉环境影响评价的主线。
5. 了解规划环境影响评价文件的基本内容和要求。

引 言

我国的环境影响评价制度是一项强制性制度。按照制度要求，规定范围内的规划，以及在中华人民共和国领域和中华人民共和国管辖的其他海域内建设对环境有影响的项目应当进行环境影响评价。环境影响评价的实施，对明确开发建设者的环境责任，为环境管理者实施项目有效管理，减少项目建设对环境的破坏，促进经济建设和环境保护的协调发展起到非常重要的作用。

第一节　环境影响评价简介

一、环境影响评价发展

1. 国外环境影响评价的发展情况

环境影响评价的概念，最早是在 1964 年加拿大召开的国际环境质量评价会议上提出来的，而第一次把环境影响评价以法律形式固定下来，并建立了环境影响评价制度的国家是美国。1969 年，美国的《国家环境政策法》中提出，在对人类环境质量具有重大影响的每项生态建议、其他重大联邦行动等，均应说明拟议中的行动将会对环境和自然资源产生的影响、采取的减缓措施以及替代方案等，并按法定程序进行审查。

日本最早在 1963 年的"产业公害调查"中有了环境影响评价的雏形，之后在 1997 年出台了环境影响评价法。韩国于 1977 年开始正式实施环境影响评价制度，并且在 1993 年颁布了环境影响评价法，规定了环评的对象、主体、时机、评价程序、公众意见及事后管理等。德国在 1995 年初颁布《环境影响评价管理实施条例》，2010 年 2 月颁布《联邦环境影响评价法》，规定了环境影响评价的内容、流程、执行主体等。

现如今，已经有 100 多个国家先后建立了环境影响评价制度；同时，国际上也成立了许多环境影响评价的研究机构。各国环评研究者之间的交流与合作，有效促进了环境影响评价的应用与发展，也使环境影响评价的深度和广度得到不断丰富和发展，从最初关注单一的大气、地表水、噪声等环境质量影响，到综合考虑生态影响、环境风险、社会环境的影响。同时也将公众参与纳入到环评要求中，开始实施区域开发环境影响评价和战略环境影响评价，关注累积性影响，并开展环境影响后评价，逐步实现环评工作贯穿项目事前、事中、事后全过程，不断丰富环境影响评价的内容，对保护环境质量，减少生态破坏起到很好的保障作用。

2. 我国环评制度的建立与变迁

我国的环境影响评价制度是在借鉴国外经验的基础上，结合国情逐步建立和发展起来的一项具有中国特色的环境管理制度。在 1973 年第一次全国环境保护会议召开之后，环境影响评价的概念开始引入我国。1979 年 9 月，《中华人民共和国环境保护法（试行）》颁布，其中规定："一切企业、事业单位的选址、设计、建设和生产，都必须注意防止对环境的污染和破坏。在进行新建、改建和扩建工程中，必须提出环境影响报告书，经环境保护主管部门和其他有关部门审查批准后才能进行设计。"自此，环境影响评价制度得以法律的形式正式确立下来。同年，在国家支持下，北京师范大学等单位率先在江西永平铜矿开展了我国第一个建设项目的环境影响评价工作。

从 2003 年开始，《中华人民共和国环境影响评价法》正式在全国范围内实施，标志着我国的环境影响评价制度逐步迈向规范和完善。环评法明确了环境影响评价的内容，增加了编制规划环境影响评价的要求，扩大了实施环境影响评价的范围。之后，与环评相关的政策法规不断进行修订完善，环评形式、环评内容和管理制度随着环保要求和经济发展的需求不断调整，推动环评行业步入良性发展轨道。在环评管理上，从最初的环评从业人员持证上岗、环评单位按资质范围承接项目、颁发环评工程师资格证书，到取消环评上岗证、取消环评资质限制……逐步与社会经济发展接轨，推进环评市场化。在环评编制的具体要求上，从建设项目分类管理名录的不断调整，到环评导则的相继修订……环境影响评价的内容和要求从粗到细，又从繁入简，经历了大幅度的变革过程，突出了环评的实用性，也体现了现今环评行业的显著特色。

二、环境影响评价的作用

1. 环境影响评价的目的

环境影响评价制度作为我国一项重要的环境管理制度，在组织实施中必须坚持可持续发展战略和循环经济理念，严格遵守国家有关法律、法规和政策，做到科学、公正、实用，为环境决策和管理提供服务。为此，开展环境影响评价之前，需要判断规划或建设项目在以下几个方面的符合性。

（1）符合国家环境保护政策和法规。

（2）符合流域、区域功能区划，生态保护规划和城市发展总体规划，布局合理。

（3）符合国家有关生物化学、生物多样性等生态保护的法规和政策。

（4）符合国家资源综合利用的政策。

（5）符合国家和地方规定的污染物总量控制的要求。

（6）符合污染物达标排放和区域环境质量的要求。

2. 环境影响评价的作用

环境影响评价是一项技术，也是正确认识经济发展、社会发展和环境发展之间相互关系的科学方法，是促使各项活动符合国家总体利益和长远利益、强化环境管理的有效手段，对确定经济发展方向和保护环境等一系列重大决策都有重要的指导作用。它根据一个地区的环境、社会、资源的综合能力，把人类活动对环境的不利影响限制到最小，其作用和意义表现在以下几个方面。

（1）保证建设项目选址和布局的合理性。合理的经济布局是保证环境与经济持续发展的前提条件，而不合理的布局则是环境污染的重要原因。环境影响评价从建设项目所在地区的整体出发，考察建设项目的选址和布局对区域整体的影响，并进行不同方案的比较和取舍，选择环境最优办法，保证建设选址和布局的合理性。

（2）指导环境保护设计，强化环境管理。一般来说，开发建设活动和生产活动，都要消耗一定的资源，给环境带来一定的污染与破坏，因此必须采取相应的环境保护措施。环境影响评价针对具体的开发建设活动或生产活动，综合考虑开发活动特征和环境特征，通过对污染治理设施的技术、经济和环境论证，可以得到相对合理的环境保护对策和措施，把因人类活动而产生的环境污染或生态破坏限制在最小范围内。

（3）为区域的社会经济发展提供导向。环境影响评价，特别是规划环境影响评价，可以通过对区域的自然条件、资源条件、社会条件和经济发展等进行综合分析，掌握该地区的资源、环境和社会经济状况，从而对该地区的发展方向、发展规模、产业结构和产业布局等做出科学的决策和规划，以指导区域活动，实现可持续发展。

（4）促进相关环境科学技术的发展。环境影响评价涉及自然科学和社会科学的广泛领域，包括基础理论研究和应用技术开发。环境影响评价工作中遇到的问题，必然会对相关环境科学技术提出挑战，进而推动相关环境科学技术的发展。

三、环境影响评价相关的概念

1. 环境影响

环境影响是指人类活动对环境的作用，以及环境对人类社会经济活动的制约。因此，环境影响包括人类活动对环境的影响和环境对人类的影响两个层次，既强调人类活动对环境的作用，又强调环境变化对人类的反作用。

环境影响的分类有很多种：按影响来源分，环境影响分为直接影响、间接影响和累积影响；按影响效果分，环境影响可分为有利影响和不利影响；按影响性质分，环境影响可分为可恢复影响和不可恢复影响；另外，从影响时限看，环境影响还可分为短期影响和长期影响；从影响地域分，可以分为地方、区域影响或国家、全球影响等；从项目生命周期角度，可分为准备期、施工期、运行期、服务期满（或退役期）的环境影响等。

2. 环境影响评价

根据《中华人民共和国环境影响评价法》，环境影响评价是指对规划和建设项目实施后可能造成的环境影响进行分析、预测和评估，提出预防或者减轻不良环境影响的对策和措施，进行跟踪监测的方法与制度。

由此可见，环境影响评价主要的评价对象是规划和建设项目，评价的主要目的是保护自然和生态环境，实现经济建设与环境保护的双赢。

3. 环境影响后评价

环境影响后评价是在项目建成且稳定运行一定时期后，对其实际产生的环境影响及污染防治、生态保护、风险防范措施的有效性进行跟踪监测和验证评价，提出补救方案或改进措施，以提高环境影响评价有效性的方法与制度。

需要开展环境影响后评价的项目，包括水利水电、采掘、港口、铁路等环境影响程度和范围较大，且主要环境影响在项目建成运行一定时期后逐步显现的建设项目；以及其他行业中穿越重要生态环境敏感区的建设项目；还包括冶金、石化和化工行业中有重大环境风险，建设地点敏感，且持续排放重金属或者持久性有机污染物的建设项目等。

开展环境影响后评价有两方面的目的：① 对环境影响评价的结论、环境保护对策措施的有效性进行验证；② 对项目建设中或运行后发现或产生的新问题进行分析，提出补救或改进方案，并报原环境影响文件审批部门和项目审批部门备案。这一举措，是环境影响评价工作的延续，使得监督、促进项目全过程的环境管理成为可能。

4. 环境敏感区

环境敏感区是环境影响评价的重点分析对象。依据《建设项目环境影响评价分类管理名录》，环境敏感区是指依法设立的各级各类保护区域和对建设项目产生的环境影响特别敏感的区域，主要包括如下区域：

（1）国家公园、自然保护区、风景名胜区、世界文化和自然遗产地、海洋特别保护区、饮用水水源保护区。

（2）除（1）外的生态保护红线管控范围，永久基本农田、基本草原、自然公园（森林公园、地质公园、海洋公园等）、重要湿地、天然林，重点保护野生动物栖息地，重点保护野生植物生长繁殖地，重要水生生物的自然产卵场、索饵场、越冬场和洄游通道，天然渔场，水土流失重点预防区和重点治理区、沙化土地封禁保护区、封闭及半封闭海域。

（3）以居住、医疗卫生、文化教育、科研、行政办公为主要功能的区域，以及文物保护单位。

环境影响评价中的"环境敏感区"是非常重要的内容，在确立环境影响评价文件类型（环境影响报告书、报告表或登记表），以及确定环境要素的评价等级时，环境敏感区通常起着决定性作用。

四、环境影响评价的评价对象及分类

1. 环境影响评价的评价对象

根据《环境影响评价法》，环境影响评价的对象是规划和建设项目。

规划的环境影响评价文件分为环境影响报告书和篇章说明。对于"一地三域"的指导性规划，编制篇章或说明即可；对于设区的市级以上人民政府有关部门编制的"十个专项"规划，需要编制环境影响报告书。

2017年1月颁布的修订后的《建设项目环境影响评价技术导则　总纲》，弱化了对社会环境的影响，因此，目前建设项目对环境的影响评价内容主要集中在环境污染和生态环境影响。其中化工企业、钢铁企业等工业生产行业，主要产生的是环境污染；而水利、水电、交通运输、矿山开采等项目，主要产生的是生态破坏。

2. 环境影响评价的分类

（1）以环境影响评价文件类型来看，从评价对象的角度，环境影响评价可以分为规划环境影响评价和建设项目环境影响评价。根据建设项目的环境影响大小，可以分成环境影响报告书、环境影响报告表、环境影响登记表三种。

（2）从评价的环境要素角度，可以分为大气环境影响评价、地表水环境影响评价、地下水环境影响评价、声环境影响评价、生态环境影响评价、土壤环境影响评价，以及景观环境影响评价等。

（3）根据编制内容的时间顺序，环境影响评价一般分为回顾性评价、环境现状评价、环境影响预测评价及环境影响后评价。

第二节　建设项目环境影响评价管理

一、概　述

（一）介入时期

一般来讲，建设项目从前期准备到服务结束，有设计期（或准备期）、施工期、运行期、服务期满四个阶段。根据建设规模和建设类型不同，前期准备阶段的主要工作内容和深度存在较大差异。大型建设项目，如高速铁路、公路、大型化工企业一般会设置项目建议书、预可研、可研、初步设计、施工图设计等多个阶段，中型的项目可能只有项目建议书、可研、初步设计、施工图阶段，而小型的项目可能只有项目建议书或可研阶段，有些项目甚至可能连项目建议书都没有，如餐饮、干洗店等小型项目。

环评工作可以从项目建议书、可研等阶段开始介入，但不管是大中型，还是小型建设项目，都必须在项目开工建设之前完成环评手续。根据环评法及有关规定，建设单位未依法报批建设项目环境影响报告书、报告表，或者未依规定重新报批或者报请重新审核环境影响报告书、报告表，擅自开工建设的，由县级以上生态环境主管部门责令停止建设，根据违法情节和危害后果，处建设项目总投资额百分之一以上百分之五以下的罚款，并可以责令恢复原状；对建设单位中直接负责的主管人员和其他直接责任人员，依法给予行政处分。建设单位有关责任人员属于公职人员的，应按照国家有关规定将案件移送有管辖权的监察机关，依纪依规依法给予处分。

（二）分类管理

建设项目对环境的影响大小同建设地点、建设内容与规模、工艺过程等有密切关系。我国的环境影响评价文件分为三种类型，对环境可能造成重大不利影响的需要编写环境影响报告书，对环境可能产生有限的不利影响直接编写环境影响报告表，对环境影响极小的建设项目只填报环境影响登记表。

建设项目环境影响评价文件类型的具体划分依据，参考《建设项目环境影响评价分类管理名录》。下面以公路项目为例说明。

需要做环境影响报告书的项目有：新建 30 km（不含）以上的二级及以上等级公路；新建涉及环境敏感区的二级及以上等级公路。

需要做环境影响登记表的项目有：配套设施；不涉及环境敏感区的三级、四级公路。

需要做环境影响报告表的项目有：其他（配套设施除外；不涉及环境敏感区的三级、四级公路除外）。

建设项目环境影响评价分类管理，突出了环境管理的科学性和有效性，既可以有效预防项目建设对环境产生重大不利影响，又可以简化环境影响小的项目的环评手续，加快前期工作进度，从而让环评制度更适应目前我国社会经济发展和环境保护形势的变化需求，提高建设项目环境影响评价效能，增强环境影响评价的可操作性和实用性。

（三）分级审批

环评文件原则上按照建设项目的审批、核准和备案权限及建设项目对环境的影响的深度和广度确定，分为生态环境部、省（自治区、直辖市）、市、县（区）等不同级别的审批权限。其中，由生态环境部负责审批下列类型的建设项目环境影响评价文件。

（1）核设施、绝密工程等特殊性质的建设项目。

（2）跨省、自治区、直辖市行政区域的新建铁路、水库、输油（气）干线管网等建设项目。

（3）由国务院审批或核准的建设项目，由国务院授权有关部门审批或核准的建设项目，由国务院有关部门备案的对环境可能造成重大影响的特殊性质的建设项目。

其余建设项目，由各省、自治区、直辖市制定相应的分级审批要求，将环境影响评价文件的审批权限再细分为省（自治区、直辖市）、市、区（县）不同级别。建设项目可能造成跨行政区域的不良环境影响，有关环境保护部门对该项目的环境影响评价结论有争议的，其环境影响评价文件由共同的上一级环境保护部门审批。

（四）工作程序

一般环境影响评价工作分为三个阶段，即调查分析和工作方案制订阶段、分析论证和预测评价阶段、环境影响报告书（表）编制阶段。

1. 调查分析和工作方案制订阶段

首先研究建设项目与相关法律法规、各类相关规划、国家和地方环境保护要求的符合性，初步确定项目建设的可行性。

编制环评文件之前，需要先确定项目的环境影响评价文件类型。参照《建设项目环境影响评价分类管理名录》，依据项目的行业类别、建设规模，建设性质，以及项目的环境敏感程度等，确定建设项目应该编制环境影响报告书，或环境影响报告表、环境影响登记表。

确定环境影响评价文件类型之后，结合项目可研或其他设计文件，熟悉项目建设内容，开展初步工程分析和现状调查，确定评价等级、评价范围、评价重点及环境保护目标等，制定工作方案。

2. 分析论证和预测评价阶段

开展详细的环境现状调查和工程分析，分析项目区域的大气、地表水、噪声环境现状，必要时进行现状监测。调查区域生态环境现状，确定主要生态环境问题和敏感生态目标。

预测项目在施工期、运行期等不同时期对大气、地表水、地下水、噪声、生态等各环境要素的影响，开展各专题环境影响分析与评价。

3. 环境影响报告书（表）编制阶段

根据环境影响预测结果，拟定污染物排放清单，分析拟采取的环境保护措施的可行性，给出环评结论，编制环境影响评价文件。

（五）环境影响评价的主线

开展环境影响评价的主要目的，是为了实现项目内部、项目外部环境保护的要求。其中，项目内部的环境制约指的是建设项目内部污染物要实现达标排放；项目外部环境保护指的是项目施工和运行要满足受影响区域环境质量及生态环境管理要求。

由于建设项目所属行业类别、建设地点和规模各不相同，对环境的影响差别很大，环评文件的具体编制内容也就有很大差异。不过，虽然众多项目产生的环境影响各不相同，但是环境影响评价的主线基本是确定的，即环境影响评价的编制要点集中在影响源分析、环境现状调查、环境影响预测、环保措施制定四大内容。

1. 影响源分析

建设项目的施工和运行对环境产生的影响主要是污染影响和生态影响，因此影响源分析主要集中在污染源源强分析和生态影响源强分析两个方面。

2018 年，生态环境部颁布了一系列污染源源强核算技术指南，包括污染源源强核算准则和火电、造纸、水泥、钢铁等行业污染源源强核算技术指南，明确规定源强核算的相关要求，包括污染源识别、污染物确定、核算方法、参数确定、结果汇总等。源强分析要根据正常工况和非正常工况的不同排污情况，详细分析污染物的产生位置、产生量、产生浓度、排放方式等，为开展进一步的环境影响预测提供基础资料。

生态影响源分析的主要内容包括项目的施工时序、施工方式、运行和调度方式等。如水利水电项目，对环境的影响主要在占地施工造成的土地利用性质变化、运行调度引起的水文情势改变等生态环境变化。

2. 环境现状调查

环境现状调查的主要内容是利用现有资料或现状监测数据，分析大气、地表水、噪声等环境质量达标、超标情况，以明确区域的环境容量。同时，需要调查区域生态环境现状，分析生态系统类型、珍稀植物和动物分布情况，关注主要生态环境敏感目标及生态环境问题。

3. 环境影响预测

在源强分析的基础上，运用导则推荐的预测模型，分析污染排放对区域环境质量的影响，判断项目达标排放和区域环境质量达标的可行性。

对生态影响型项目，要确定生态环境影响的范围和影响程度，预测占地开挖引起的植被破坏，以及项目调度运行引起的水文情势改变等生态环境变化，以及对自然保护区等环境敏感保护目标产生的不良影响等。

4. 环保措施制定

根据环境影响预测及环境现状分析结果，分析大气、地表水、地下水、噪声、固体废物的环保措施，并评价实现污染物达标排放以及区域环境质量达标的可行性。

针对项目可能产生的生态环境影响，分析可行的生态环境保护措施，包括施工方式及施工时序、弃土场设置与生态恢复、水库运行调度，以及珍稀野生动物和植物的保护措施等。

对有可能产生环境风险的项目，要进行环境风险识别，并开展环境风险预测，进一步提出合理的环境风险防范措施。

环评文件包括环境影响报告书和环境影响报告表，其中环境影响报告书的内容非常详细、深入，而环境影响报告表的内容更为简化、精炼。环境影响报告表的具体编制内容和要求按照生态环境部颁布的《建设项目环境影响报告表（污染影响类）》《建设项目环境影响报告表（生态影响类）》和相关的编制指南展开，重点分析项目建设内容、生态环境及环境质量现状，预测可能产生的主要环境影响，并提出相应的环境保护措施。

二、建设项目环境影响报告书的编写要求

（一）建设项目环境影响报告书的基本内容

根据《中华人民共和国环境影响评价法》，以及《建设项目环境保护管理条例》等相关法律法规的要求，建设项目的环境影响报告书应当包括下列内容：

（1）建设项目概况。

（2）建设项目周围环境现状。

（3）建设项目对环境可能造成影响的分析、预测和评估。

（4）建设项目环境保护措施及其技术、经济论证。

（5）建设项目对环境影响的经济损益分析。

（6）对建设项目实施环境监测的建议。

（7）环境影响评价的结论。

建设项目环境影响评价应当避免与规划环境影响评价相重复，已经进行了环境影响评价的规划所包含的具体建设项目，其环境影响评价内容可以简化。一般建设项目的环境影响报告书包括总则、工程概况及工程分析、环境现状评价、环境影响预测、环保措施、环境风险分析，以及环评结论等。

（二）总　则

在开展环境影响现状评价与影响预测之前，要结合项目污染产生及排放情况、区域环境现状调查，说明环境影响评价的目的、评价依据、评价标准、主要环境保护目标，确定评价因子、评价等级和评价范围等。

1. 主要环境保护目标

环境保护目标首先考虑《建设项目环境影响评价分类管理名录》中所规定的环境敏感区，包括国家公园、自然保护区、风景名胜区、重要湿地、重要水生生物的自然产卵场等生态环境保护目标，还有文物保护单位，以及以居住、医疗卫生、文化教育、科研、行政办公为主要功能的社会环境保护目标等。

具体的环境保护目标要结合现场调查，按照大气、地表水、地下水、噪声、生态各环境要素分别确定。

2. 确定评价因子

结合项目影响区域的生态及环境质量现状，充分考虑项目区域的环境特征、环境功能要求和环境制约因素等等多方面内容，根据工程特性及环境影响的主要特征，筛选大气、地表水、地下水、生态等各环境要素的评价因子。

一般来讲，评价因子主要为项目排放的基本污染物及特征污染物，须能够反映与项目建设有关的区域环境的基本状况、建设项目特点和排污特征。对生态影响型项目，评价因子主要是植被覆盖率、水土流失、生物多样性等。

3. 评价等级划分

为突出重点、提高环评效率，环境影响报告书一般对需要评价的环境要素（大气环境、水环境、声环境、生态环境等）分别划分评价等级。依据环评导则，结合建设项目的工程特点、项目所在地区的环境特征、相关环境标准、环境保护规划、环境敏感区等等，划分成三个工作等级，其中一级评价最详细，二级次之，三级较简略。

一般来说，各单项影响评价的工作等级根据各自的划分要求确定。同一个环评报告中不同环境要素的评价等级不一定相同，如地表水为三级评价时，大气环境评价等级可以是一级，噪声环境评价等级可以是二级等。

对编制环境影响报告表的建设项目，各单项影响评价的工作等级一般均低于三级，故一般不再单独进行等级划分。个别影响较大的项目须设置评价专题的，其评价等级按单项环境影响评价导则要求进行划分。

4. 确定评价范围

一般依据建设项目所在地区的环境特点、环境敏感目标的分布情况，结合各单项评价的工作等级，按环境要素（大气环境、水环境、声环境、生态环境等）分别确定环境影响评价范围。原则上现状调查及预测范围应大于评价区域，对评价区域边界以外的附近地区，若遇有重要的污染源时，调查范围应适当扩大。

大气、地表水、地下水、噪声、生态等各项环境要素的环境影响评价范围的具体划分，要依据环保部门颁布的各项环评技术导则。以大气环境影响评价为例，按照《环境影响评价技术导则大气环境》，一级评价项目根据建设项目排放污染物的最远影响距离（$D_{10\%}$）确定大气环境影响评价范围。即以项目厂址为中心区域，自厂界外延 $D_{10\%}$ 的矩形区域作为大气环境影响评价范围。当 $D_{10\%}$ 超过 25 km 时，确定评价范围为边长 50 km 的矩形区域；当 $D_{10\%}$ 小于 2.5 km 时，评价范围边长取 5 km。二级评价项目大气环境影响评价范围边长取 5 km。三级评价项目不需设置大气环境影响评价范围。

（三）项目概况及工程分析

编制环评报告之前，首先要详读项目有关的可行性研究报告或者初步设计、施工图设计等相关文件，并与业主、设计单位有效沟通，详细分析项目的建设性质、规模、地点、建设内容、原材料消耗及产品情况、工艺流程及产污环节分析、拟采取的环境保护措施等。明确项目组成，依据工艺流程确定排污环节和主要污染物，分析项目排放污染物的位置、种类、数量、方式等，特别说明与环境保护相关的建设内容，初步分析可能产生的主要环境问题及可行的环保措施。

对生态影响型项目，主要分析项目建设性质、地点、主要建设内容、规模，施工方式、施工时序，以及运行调度方式等，确定项目组成以及可能产生的生态环境问题等，特别关注国家公园、自然保护区、风景名胜区、水源保护区等生态敏感保护目标。以新建公路甘孜—云南通道的项目组成表（表 8-1）为例。

表 8-1　甘孜—云南通道项目组成表

项目组成		建设内容及规模	可能产生的主要环境问题
主体工程	路基、路面工程	总挖方 76.86 万立方米（路基挖方 68.54 万立方米，隧道出渣 8.32 万立方米），填方 15.96 万立方米，弃方 60.90 万立方米（自然方，换算为压实方 79.04 万立方米，换算成松方为 92.99 万立方米） 路面性质：沥青混凝土	施工期主要是土石方工程造成的占地、水土流失、植被破坏、沥青烟、扬尘、废气、交通与机械噪声，以及隧道工程对地表水、地下水的影响； 营运初期水土流失有轻度影响。 营运期降雨时的桥面径流、事故时污染物通过桥面影响水质，交通噪声和汽车尾气对居民的影响
	桥涵工程	新建中、小桥 5 座，改建 1 座，主要是简支板桥、箱形拱桥、简支 T 梁桥，新建涵洞 33 道，盖板涵	
	隧道工程	1#隧道 K76+080～K76+480 2#隧道 K78+720～K79+180 3#隧道 K79+350～K80+130 均分布在得荣境内	
辅助工程	取土场	本工程取土来源主要是项目本身的挖方利用，未设专门取土场	—
	弃渣场	新设置 5 处渣场，渣场容量 98.01 万立方米（松方），能容纳全部弃渣	占地、植被破坏、水土流失、不良景观影响
	施工人员生活营地	新建施工营地 4 处，其余尽量利用当地民居	植被破坏，水土流失、施工人员生活"三废"
	施工便道	新设施工便道约 3.05 km	占地、植被破坏、景观影响
附属工程	工程拆迁	项目评价区域内涉及村镇极少，房屋稀少，基本不涉及房屋拆迁问题	—
	环境保护工程	有条件的路段进行带状区域性绿化；设置排水沟、沉淀池收集处理路面径流，加强环保交通管理	对水环境实施保护，对破坏的植被予以补偿，改善环境
公用工程	交通工程	交通标志	—
贮运工程	材料运输	利用车辆运输建筑材料	扬尘、交通噪声，主要集中在施工期

（四）环境现状调查

环境现状调查是预测评价的基础，开展现状调查的目的是充分掌握项目所在区域环境质量现状或本底值，为后续的环境影响预测评价、累积效应分析以及环境管理提供基础数据。

环境现状调查的重点在于调查自然地理、气候、水文、生态环境等，还有大气、地表水等环境质量现状，以及区域污染源分布等相关内容，通常包括如下内容。

（1）地理位置。

（2）地貌、地质和土壤情况，水系分布和水文情况，气候与气象。

（3）矿藏、植被、水产、野生动植物、农产品、动物产品等情况。

（4）大气、水、声、土壤等环境质量现状。

（5）环境功能情况（特别注意环境敏感区）及重要的政治文化设施。

（6）人群健康状况及地方病情况。

（7）其他环境污染和破坏的现状。

环境现状调查首先应尽量搜集工程资料和环境质量现状资料，开展现场踏勘，必要时开展大气、地表水、地下水、噪声等环境要素的现状监测。如项目区域涉及环境敏感区的，应开展环境敏感区保护规划、保护对象、保护区范围及与项目位置关系等内容的详细调查。

（五）环境影响预测与评价

环境影响预测主要是对大气、水、声、生态等各环境要素的影响预测评价。

建设项目从筹备到服务结束，一般有准备期、施工期、运行期、服务期满（或退役）四个阶段。通常情况下，项目环评均需要预测施工期、运行期环境影响。由于每个项目环境影响特征各不相同，在勘察前期或项目结束后可能产生环境污染、生态破坏的项目需要做准备期或者服务期满的环境影响评价。

对前期准备期中有勘察选线、钻探等现场作业的项目，应该预测准备期的环境影响。而需要对服务期满进行环境影响评价的，主要是项目结束后仍然会产生环境影响的项目，如垃圾填埋场、矿产开采、核设施等等。以垃圾填埋场项目为例，填埋场封场后还会在相当长的时间内产生渗滤液和填埋气体污染环境，因此必须对封场后，即服务期满进行环境影响评价，并提出相应的环境保护措施。

预测时段应考虑污染物在环境中的衰减变化，一般情况要重点考虑两个时段，即污染物衰减能力最差的时期（即环境净化能力最低的时期）和污染物衰减能力一般的时期。如果评价时间较短，评价工作等级又较低时，可只预测环境净化能力最低的时期。

污染物预测的主要内容是分析项目排放的污染物进入环境之后可能引起的各种环境质量参数变化。环境质量参数包括两类：一类是常规参数，另一类是特征参数。常规参数反映该评价项目的一般质量状况，特征参数反映与该评价项目排放污染物有关的评价因子的环境质量状况。

生态环境影响的项目，主要预测项目施工与运行造成的土地利用改变、植被破坏、水土流失、水文情势改变等。评价范围内有环境敏感区的，还需预测项目建设对环境敏感区的影响，特别是涉及到自然保护区、世界遗产地等特殊敏感目标的，应该预测项目选址选线与保护区规划的符合性，以及项目施工和运行对保护区保护对象的影响等等。

（六）环保措施

环境保护措施要根据项目情况和环境特征确定。不同项目类型、不同地区的建设项目，其环境保护措施均有较大差异。

对污染影响型项目，应根据工程分析及环境影响预测结果，分析地表水、地下水、大气、噪声、固废等环保措施实现达标排放的可能性。如不能实现达标排放，要结合项目周边环境、基础设施建设和技术经济发展现状，提出可行的替代方案和建议。

对于生态影响型项目，需要根据项目可能产生的生态破坏的范围、影响程度、影响方式等预测结果，提出相应的绕避、补偿、重建、恢复等生态环境保护措施。

（七）其他专题评价

除了大气、地表水、噪声、生态等环境要素的专题评价外，对于可能造成环境风险的建设项目，还需要进行环境风险评价。另外，还应该进行项目的环境经济损益分析，同时要分析和评价项目的环境管理与监测计划等其他内容。

（八）环境影响评价结论

结合环境现状调查、预测评价、环保措施论证等分析结果，明确建设项目的环境影响可行或不可行的结论。

第三节　规划环境影响评价管理

一、概　述

我国环境影响评价的对象是建设项目和规划，其中规划环评有两种形式，分别是规划环境影响报告书和与规划有关的篇章或说明。"一地三域"的指导性规划需要编制与规划有关的环境影响的篇章或说明，"十个专项"的规划需要编制环境影响报告书。

（一）规划环境影响评价文件类型

1. 编制环境影响篇章或说明的规划的具体范围

按照环评法，国务院有关部门、设区的市级以上地方人民政府及其有关部门，对其组织编制的土地利用的有关规划，区域、流域、海域的建设、开发利用规划，应当在规划编制过程中组织进行环境影响评价，编写该规划有关的环境影响的篇章或者说明。

目前来讲，范围较大的综合性规划，如国家经济区规划、水资源战略规划、防洪规划、工业有关行业发展规划、乡镇企业发展规划及渔业发展规划、旅游区的总体发展规划，以及设区的市级以上矿产资源勘查规划等指导性规划，需要编制环境影响篇章或说明。

2. 编制环境影响报告书的规划的具体范围

按照环评法的规定，国务院有关部门、设区的市级以上地方人民政府及其有关部门，对其组织编制的工业、农业、畜牧业、林业、能源、水利、交通、城市建设、旅游、自然资源开发的规划，应当在该专项规划草案上报审批前，组织进行环境影响评价，并向审批该专项规划的机关提出环境影响报告书。

对于省、市、地区设置的工业园区、经济开发区规划，以及流域的水利水电开发规划、城市建设发展规划、城市轨道交通规划等专项规划，通常要编制规划环境影响报告书，详细分析规划实施可能造成的环境影响。

（二）评价范围

评价范围可以从两个角度进行划分，一是按照规划实施的时间维度，另外一个是按照可能影响的空间尺度确定。

时间维度上，规划环评一般应包括整个规划周期。对于中、长期规划，通常是以近期规划为评价的重点时段；必要时，也可根据规划方案的建设时序选择评价的重点时段。

空间跨度上，规划环评的范围一般应包括规划空间范围、规划实施可能影响的周边区域。其中，周边区域确定应考虑各环境要素评价范围，兼顾区域、流域污染物传输扩散特征、生态系统完整性和行政边界。

（三）工作程序

规划环境影响评价应在规划编制的早期阶段介入，并与规划编制、论证及审定等关键环节和过程充分互动。

第一阶段：规划分析与现状评价阶段

前期工作阶段主要是进行规划分析与现状评价，主要内容包括研究与规划相关的法律法规、环境政策，以及规划所在区域战略环评和"三线一单"体系管控要求，对规划区及可能受影响的区域进行现场踏勘，收集相关基础数据资料，开展生态环境现状评价及回顾性分析，分析提出规划实施的资源、生态、环境制约因素。

第二阶段：规划预测评价阶段

结合"三线一单"管控体系要求，在规划分析和环境现状评价的基础上，确定环境目标，建立评价指标体系，分析、预测和评价拟定规划方案实施的环境影响，进行规划区域的资源与环境承载力评估。

第三阶段：措施论证阶段

论证规划方案的环境合理性和环境效益，提出减轻不良环境影响的对策和措施，制定分区环境管控要求，形成必要的优化调整或放弃规划的建议，制定环境影响跟踪评价计划，完成规划环境影响评价文件（报告书、规划环境影响篇章或说明）的编写。

（四）评价方法

规划环境影响评价各工作环节常用的方式和方法参见表8-2。进行具体评价工作时可根据需要选用，也可选用其他成熟的技术方法。

表 8-2　规划环境影响评价的方法

评价环节	可采用的主要方式和方法
规划分析	核查表、叠图分析、矩阵分析、专家咨询（如智暴法、德尔斐法等）、情景分析、类比分析、系统分析
环境现状调查与评价	现状调查：资料收集、现场踏勘、环境监测、生态调查、问卷调查、访谈、座谈会现状分析与评价：专家咨询、指数法（单指数、综合指数）、类比分析、叠图分析、生态学分析法（生态系统健康评价法、生物多样性评价法、生态机理分析法、生态系统服务功能评价方法、生态环境敏感性评价方法、景观生态学法等，以下同）、灰色系统分析法
环境影响识别与评价指标确定	核查表、矩阵分析、网络分析、系统流图、叠图分析、灰色系统分析法、层次分析、情景分析、专家咨询、类比分析、压力-状态-响应分析
规划开发强度估算	专家咨询、情景分析、负荷分析（估算单位国内生产总值物耗、能耗和污染物排放量等）、趋势分析、弹性系数法、类比分析、对比分析、投入产出分析、供需平衡分析
环境要素影响预测与评价	专家咨询、情景分析、负荷分析（估算单位国内生产总值物耗、能耗和污染物排放量等）、趋势分析、弹性系数法、类比分析、对比分析、投入产出分析、供需平衡分析
环境风险评价	灰色系统分析法、模糊数学法、数值模拟、风险概率统计、事件树分析、生态学分析法、类比分析
累积影响评价	矩阵分析、网络分析、系统流图、叠图分析、情景分析、数值模拟、生态学分析法、灰色系统分析法、类比分析
资源与环境承载力评估	情景分析、类比分析、供需平衡分析、系统动力学法、生态学分析法

二、规划环评文件编写内容

规划环境影响评价文件应图文并茂、数据翔实、论据充分、结构完整、重点突出、结论和建议明确。

1. 规划环境影响报告书

规划环境影响报告书应该包括下面内容。

（1）总则。概述任务由来，明确评价依据、评价目的与原则、评价范围、评价重点、执行的环境标准、评价流程等。

（2）规划分析。介绍规划不同阶段目标、发展规模、布局、结构、建设时序，以及规划包含的具体建设项目的建设计划等可能对生态环境造成影响的规划内容；给出规划与法规政策、上层位规划、区域"三线一单"管控要求、同层位规划在环境目标、生态保护、资源利用等方面的符合性和协调性分析结论，重点明确规划之间的冲突与矛盾。

（3）现状调查与评价。通过调查评价区域资源利用状况、环境质量现状、生态状况及生态功能等，说明评价区域内的环境敏感区、重点生态功能区的分布情况及其保护要求，分析区域水资源、土地资源、能源等各类自然资源现状利用水平和变化趋势，评价区域环境质量达标情况和演变趋势，区域生态系统结构与功能状况和演变趋势，明确区域主要生态环境问题、资源利用和保护问题及成因。对已开发区域进行环境影响回顾性分析，说明区域生态环境问题与上一轮规划实施的关系，明确提出规划实施的资源、生态、环境制约因素。

（4）环境影响识别与评价指标体系构建。识别规划实施可能影响的资源、生态、环境要素及其范围和程度，确定不同规划时段的环境目标，建立评价指标体系，给出评价指标值。

（5）环境影响预测与评价。设置多种预测情景，估算不同情景下规划实施对各类支撑性资源的需求量和主要污染物的产生量、排放量，以及主要生态因子的变化量。预测与评价不同情景下规划实施对生态系统结构和功能、环境质量、环境敏感区的影响范围与程度，明确规划实施后能否满足环境目标的要求。根据不同类型规划及其环境影响特点，开展人群健康风险分析、环境风险预测与评价。评价区域资源与环境对规划实施的承载能力。

（6）规划方案综合论证和优化调整建议。根据规划环境目标可达性论证规划的目标、规模、布局、结构等规划内容的环境合理性，以及规划实施的环境效益。介绍规划环评与规划编制互动情况。明确规划方案的优化调整建议，并给出调整后的规划布局、结构、规模、建设时序。

（7）环境影响减缓对策和措施。给出减缓不良生态环境影响的环境保护方案和管控要求。

（8）如规划方案中包含具体的建设项目，应给出重大建设项目环境影响评价的重点内容要求和简化建议。

（9）环境影响跟踪评价计划。说明拟定的跟踪监测与评价计划。

（10）说明公众意见、会商意见回复和采纳情况。

（11）评价结论。归纳总结评价工作成果，明确规划方案的环境合理性，以及优化调整建议和调整后的规划方案。

另外，规划环境影响评价文件还需要附上图件，一般包括规划内容相关图件，环境现状和区域规划相关图件，现状评价、环境影响评价、规划优化调整、环境管控、跟踪评价计划等成果图件。成果图件应包含地理信息、数据信息，依法需要保密的除外。

2. 规划环境影响篇章（或说明）

规划环境影响篇章（或说明）应包括以下主要内容。

（1）环境影响分析依据。重点明确与规划相关的法律法规、政策、规划和环境目标、标准。

（2）现状调查与评价。通过调查评价区域资源利用状况、环境质量现状、生态状况及生态功能等，分析区域水资源、土地资源、能源等各类资源现状利用水平，评价区域环境质量达标情况和演变趋势，区域生态系统结构与功能状况和演变趋势等，明确区域主要生态环境问题、资源利用和保护问题及成因。明确提出规划实施的资源、生态、环境制约因素。

（3）环境影响预测与评价。分析规划与相关法律法规、政策、上层位规划和同层位规划在环境目标、生态保护、资源利用等方面的符合性和协调性。预测与评价规划实施对生态系统结构和功能、环境质量、环境敏感区的影响范围与程度。根据规划类型及其环境影响特点，开展环境风险预测与评价。评价区域资源与环境对规划实施的承载能力，以及环境目标的可达性，给出规划方案的环境合理性论证结果。

（4）环境影响减缓措施。给出减缓不良生态环境影响的环境保护方案和环境管控要求。针对主要环境影响提出跟踪监测和评价计划。

（5）根据评价需要，在篇章（或说明）中附必要的图、表。

3. 规划环评结论

评价结论是对整个评价工作内容和成果的归纳总结，应文字简洁、论点明确、结论清晰准确。在评价结论中应明确以下内容。

（1）区域生态保护红线、环境质量底线、资源利用上线，区域环境质量现状和变化趋势，资源利用现状和变化趋势，区域主要生态环境问题、资源利用和保护问题及成因，规划实施的资源、生态、环境制约因素。

（2）规划实施对生态、环境影响的程度和范围，区域水、土地等资源和大气、水等环境对规划实施的承载能力，规划实施可能产生的环境风险，明确规划实施后能否满足生态保护红线、环境质量底线、资源利用上线的要求。

（3）规划的协调性分析结论，规划方案的环境合理性和环境效益论证结论，环境目标可达性评价结论，规划优化调整建议等。

（4）减缓不良环境影响的生态环境保护方案和管控要求。

（5）规划包含的具体建设项目环境影响评价的重点内容和简化建议等。

（6）规划实施环境影响跟踪评价计划的主要内容和要求。

（7）公众意见、会商意见的回复和采纳情况。

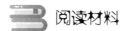 **阅读材料**

1989 万的罚单

2017 年 12 月 20 日，环保部在评估菏泽牡丹机场建设投资有限公司的《山东菏泽民用机场建设项目环境影响报告书》中，发现该项目在尚未获得环评批复的情况下已擅自开工建设，之后环保部终止了该项目环评审批程序，退回环境影响报告书。2018 年 2 月 1 日，菏泽市定陶区环境保护局出具"菏泽市定陶区环境保护局行政处罚决定书"，对菏泽牡丹机场建设投资有限公司未获得环评手续擅自开工建设进行行政处罚，责令立即停止建设并处罚款 1989 万元。

这笔巨额罚单的依据是《中华人民共和国环境影响评价法》。按照环评法要求，建设项目必须在开工建设前报批环评手续，若未依法报批建设项目环境影响报告书、报告表擅自开工建设的，由县级以上生态环境主管部门责令停止建设，并根据违法情节和危害后果，处建设项目总投资额百分之一以上百分之五以下的罚款；对建设单位直接负责的主管人员和其他直接责任人员，依法给予行政处分。

思考题

1. 简述环境影响评价的作用和工作程序。
2. 说明环境影响评价的对象和分类。
3. 简述环境影响评价的主线。
4. 简述建设项目环境影响评价的主要内容和要求。
5. 说明规划环境影响评价文件类型及划分要求。

参考文献

[1] 司林波，李雪婷，孙菊. 日本、韩国、新加坡与中国生态问责制比较[J]. 贵州省党校学报，2017（2）：102-110.

[2] 蔡毅春. 德国环境影响评价流程及其启示[J]. 绿色建筑，2018（2）21-25.

[3] 陆书玉，等. 环境影响评价[M]. 北京：高等教育出版社，2001.

[4] 郭廷忠. 环境影响评价学[M]. 北京：科学出版社，2007.

[5] 陆雍森等. 环境评价[M]. 上海：同济大学出版社，1990.

[6] 环境保护部. 建设项目环境影响评价技术导则　总纲：HJ 2.1—2016[S]. 北京：中国环境科学出版社，2016.

[7] 生态环境部. 规划环境影响评价技术导则　总纲：HJ 130—2019[S]. 北京：中国环境科学出版社，2019.

[8] 环境保护部. 环境影响评价技术导则 声环境：HJ 2.4—2009[S]. 北京：中国环境科学出版社，2009.

[9] 环境保护部. 环境影响评价技术导则 地下水环境：HJ 610—2016[S]. 北京：中国环境科学出版社，2016.

[10] 生态环境部. 环境影响评价技术导则 大气环境：HJ 2.2—2018[S]. 北京：中国环境科学出版社，2018.

[11] 生态环境部. 环境影响评价技术导则 地表水环境：HJ 2.3—2018[S]. 北京：中国环境科学出版社，2018.

[12] 环境保护部. 环境影响评价技术导则 生态环境：HJ 19—2011[S]. 北京：中国环境科学出版社，2011.

[13] 生态环境部. 建设项目环境风险评价技术导则：HJ 169—2018[S]. 北京：中国环境科学出版社，2018.